U0295661

水中气泡学
引　论

Introduction to the Analysis of
Underwater Bubbles Movement

王　涌　苑志江　蒋晓刚　郑智林　编著

上海交通大学出版社
SHANGHAI JIAO TONG UNIVERSITY PRESS

内容提要

本书从水中气泡的基本特性、含气泡水体的物理特性等基础理论出发,分析了水中气泡的生长和上升演变规律,并就上浮气泡对周围水体的携带作用进行了理论分析、测量实验及表征研究。

全书共分 8 章,包括绪论、含气泡水体的物理特性、水中气泡生长规律、单气泡上升演变规律、气泡群上升演变规律、气泡运动对水体的携带作用、上升气泡水体携带能力的测量、上升气泡水体携带能力的表征等内容。本书可供舰船隐身技术相关专业的大学生、研究生,以及从事气泡尾流等相关研究的科技人员阅读参考。

图书在版编目(CIP)数据

水中气泡学引论/ 王涌等编著. —上海:上海交通大学出版社,2023.5

ISBN 978 - 7 - 313 - 27654 - 4

Ⅰ.①水⋯　Ⅱ.①王⋯　Ⅲ.①气泡动力学　Ⅳ.①O362

中国版本图书馆 CIP 数据核字(2022)第 246420 号

水中气泡学引论
SHUIZHONG QIPAOXUE YINLUN

编　　著:王　涌　苑志江　蒋晓刚　郑智林

出版发行:上海交通大学出版社　　　　　地　　址:上海市番禺路 951 号

邮政编码:200030　　　　　　　　　　　电　　话:021 - 64071208

印　　制:常熟市文化印刷有限公司　　　经　　销:全国新华书店

开　　本:710 mm×1000 mm　1/16　　印　　张:17.5

字　　数:291 千字

版　　次:2023 年 5 月第 1 版　　　　　印　　次:2023 年 5 月第 1 次印刷

书　　号:ISBN 978 - 7 - 313 - 27654 - 4

定　　价:78.00 元

版权所有　侵权必究

告读者:如发现本书有印装质量问题请与印刷厂质量科联系

联系电话:0512 - 52219025

前　言

随着现代探测设备和武器向高精度、远距离的发展,舰船暴露和被命中概率大幅提高,生存力和战斗力受到严重威胁。为了降低舰船暴露率和敌方武器的命中率,提高己方舰船对目标的发现、跟踪和打击能力,舰船隐身技术开始受到重视,舰船自身及其周围的物理场特征成为研究的热点。本书聚焦舰船尾流气泡场展开研究,总体构架分为8章。第1、2章为基本理论部分,主要介绍水中气泡基本特性、分布特征、动力学特性、含气泡水体的物理特性等背景知识,由蒋晓刚编写;第3章重点阐述水中气泡生长规律,由郑智林编写;第4、5章分别研究了单气泡和气泡群的上升演变规律,由苑志江编写;第6、7、8章聚焦气泡上升运动对周围水体的携带作用,研究了气泡上升携带水体的测量及表征,由王涌编写。全书统稿和修改由王涌、苑志江完成。

由于舰船隐身技术是新兴学科,与尾流隐身密切相关的水中气泡学研究还不够完善,在理论研究、分析计算、试验检测和工程应用等方面还有待深入。希望本书的出版能引起读者对水中气泡学的关注,持续深入地开展进一步研究,助力舰船隐身技术新发展,更好地服务于舰艇生存力和战斗力的提升。书中难免存在错漏之处,恳请读者不吝批评指正。

目　录

第 1 章
绪　论

无论在自然界还是人类社会中，气泡的存在都起到非常重要的作用。在自然界中，气泡在气液两相的物质交换中扮演着非常关键的角色。海洋中波浪每一次的冲击回落，都会将海水上方空气中的气体以气泡形式卷入海水中，大大提高海水中的气体含量，对海洋的气液两相交换以及生态系统的气体循环输送有着重要作用。在化工领域，将气体以气泡的形式注入反应液体中可实现加快反应速率的目的。在医学领域，通过微气泡来包裹药物和控制气泡运动来实现药物的定向输送。在冶金领域，气泡存在会影响金属制品的物理特性从而降低其使用寿命。在军事航海领域，螺旋桨桨叶处产生的空泡在溃灭时会对螺旋桨桨面造成剥蚀，与此同时还形成了大量微气泡，使得舰船尾流存留时间较长，易于遭受尾流自导鱼雷的攻击。因而，结合工程应用实际，探究气泡生成过程、分布特性及其运动特征，是对气泡趋利避害加以运用的基础，具有重大现实意义。

1.1　水中的气泡

液体中气泡产生的形式多种多样，如液滴冲击液面、水下爆破、液体振动、化学反应、人工注入气体等，都会在液体中形成一定数量、不同尺度的气泡。

1.1.1　液体中气泡的形成

气泡是由于液体的表面张力而形成的，这种张力是物体受到拉力作用时，存在于其内部而垂直于相邻两部分接触面上的相互牵引力。若液体分子间的相互吸引力比液体分子与空气之间的吸引力强，这些液体分子就像被粘在一起，气泡就不易形成。

气体和液体的输运现象不同。在气体中,任何分子性质的输运主要是由于分子本身随机运动到不同位置而致的;而在液体中,分子间通过分子力的作用而交换能量、动量,故占有重要的地位。大多数液体的黏性系数表现出随温度而显著变化,温度增加使得液体单个分子的活动增加,分子簇变小,对液体变形的抵抗也就降低,当温度从 10 ℃上升到 40 ℃时,水的运动学黏性系数减小约 50%。对于气体而言这种行为正相反,当温度增加时,由于在较高温度时分子有更快的迁移速度而使之对变形的抵抗更大。气液两相的分子松弛效应也有所区别。在气体中,由于存在以分子平动模为一方,旋转及振动模为另一方之间分派分子能量的调整,所以会引起松弛效应。在液体中分子松弛效应的机制不同,这种效应会引起高频声波的附加的衰减。

空气和水是最通常的流体,它们都没有特定形状,外观特性直接与其分子结构及分子间力的性质有关。当外力作用于其上时,无论这个力多么小,其组成微元间的相对位置都可以产生不小的变化,使流体呈现出流动性或者说易变形性。空气和水的力学性质的最重要区别在于其体积弹性,即可压缩性不同。空气远比水容易压缩,因而在有显著压力变化的任何运动中,对于空气而言随之产生的比容变化比水要大得多。

气液两相之间边界上的条件决定了平衡态的发展,流体的总能量及功在任何情形下都正比于其体积。如空气中的小液滴及水中的小气泡通常呈圆形以及诸如此类的其他现象,可以用一种假设来解释,即处于彼此平衡的两介质间的边界是大小与交界面积成比例的一种特殊形式的能量所寄寓的住所。假设在两种均匀介质的交界面处(两介质密度与体积分别为 ρ_1、ρ_2 和 V_1、V_2,交界面积为 a)有一个膜,它像一均匀伸张膜似的处于均匀拉伸状态,则系统的总自由能为 $\rho_1 V_1 F_1 + \rho_2 V_2 F_2 + a\gamma$。当对系统做功时,交界面的面积 a 就可能被改变,它对该系统的总 Helmholtz 自由能的贡献是 $a\gamma$,其中比例常数 γ 是系统的状态函数,既可以解释为每单位面积交界面的自由能,又可以解释为表面张力,即在交界面上画出的任一线,在垂直于该线并与该交界面相切的方向上总有大小为 γ 的作用力。在 15 ℃时,空气与纯水的交界面 $\gamma=73.5$ 达因/厘米;对于油-水交界面,γ 在典型情况下是正的(液体配伍不能混合),而且比空气-水的交界面的值要小;若与其他液体配伍,如酒精与水,如无特殊措施则无法观测到其交界面,此时对应负的 γ 值,交界面处于压缩而趋向于变得尽可能大,因而迅速导致两液体的完全混合。

气液两相交界面平衡的条件是:表面张力引起的等效压力和弯曲交界面两侧流体的压力是大小相等方向相反且平衡。如果两种介质在一边界接触,此边界允许通过分子相互作用而在其上进行热和动量的输运,当两介质处于平衡时,则温度与速度在通过边界处时均必须连续。即使对于相对运动的流体,在绝大多数实际的非平衡场合下,流体中那些可应用输运关系的量都是连续的。在两种不同介质间的界面上,分子的迁移及相互作用在使局部温度或速度变得一致方面,应在一种流体中两相邻位置处使它们一致上同样有效,因而将到处建立起近似的平衡状态。这一特性使得气泡在不同性质液体中的形状和运动特征有所区别,小气泡多呈现为稳定的球形,大尺度气泡的形状则始终处于复杂的动态变化中。

1.1.2 水中气泡的形状

为给出气泡形状的定量判据,Clift 等进行了较为深入的理论研究,结果表明气泡形状直接取决于作用在气泡表面上的力,这些力的相对大小可用 3 个无量纲数表示,即雷诺数(Re)、奥托斯数(Eo)、莫顿数(Mo)。其中,Re 数表征流体惯性力与黏性力的相对重要性;Eo 数表示浮力和表面张力的相对关系;Mo 数则主要表征了气泡所处流体的物理性质,特别是黏度的影响。这 3 个无量纲数的表达式分别为

$$Re = \rho_L d v_b / \mu; \quad Eo = g\Delta\rho d^2/\sigma; \quad Mo = g\mu^4\Delta\rho/\sigma^3\rho_L^2 \tag{1.1}$$

式中,ρ_L——液体密度,$kg \cdot m^{-3}$;

$\quad d$——气泡直径,m;

$\quad v_b$——气泡相对运动速度,m/s;

$\quad \mu$——动力黏度系数,$N \cdot s \cdot m^{-2}$;

$\quad g$——重力加速度,$N \cdot kg^{-1}$;

$\quad \Delta\rho$——气液两相密度差;

$\quad \sigma$——表面张力系数,$N \cdot m^{-1}$。

Clift 等在归纳大量实验结果的基础上,给出了以上述 3 个无量纲数为指标的气泡形状判据,确定了 3 种主要气泡形状的边界。由式(1.1)和图 1.1 即可方便地判断流体中气泡的形状。

水中气泡的形状与其尺度大小、运动速度、所处流体性质等密切相关。通常,水中的小气泡在运动过程中呈稳定的球形,随着气泡尺度的变大其形状会转变为椭球形,而气泡尺度进一步增大其形状又变化为球形、椭球形、盘状椭球形、椭球帽形、碗状椭球帽形等多种形状,且伴随其运动过程,气泡的形状不断变化,如图 1.2 所示。

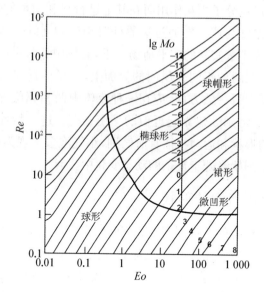

图 1.1　气泡形状的判断依据图

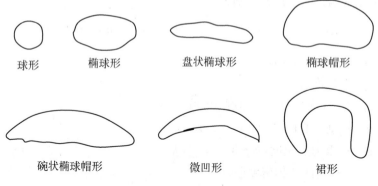

图 1.2　气泡形状的类型

　　以海洋中的气泡为例,既有风、浪、流、生物作用等自然形成的背景气泡场,也有因舰船等快速移动而形成的尾流气泡场等。根据 Clift 等的研究结论,海水的各参量中,$\rho_L = 1.0 \times 10^3$;$\sigma = 0.074$;$\mu = 1.0 \times 10^{-3}$;$g = 10$;$\Delta\rho = \rho_L$。这里,根据式(1.1)可得:无论气泡尺度大小,其 Mo 数都较小,为 10^{-11} 量级,因此海水中气泡形状的判断主要考查 Re 数和 Eo 数。以直径 1 mm 的气泡为例,其 Eo 数约为 0.1,自由上浮速度不超过 0.2 m/s,则其 Re 数不大于 200,故对照图 1.1 可知:海洋环境背景场中的气泡形状应以球形为主。

舰船尾流气泡场中可被探测利用的气泡尺度主要分布于 $10\sim300\ \mu m$ 间,平均半径仅为 $50\ \mu m$,这些气泡的 Re 数和 Eo 数更小,其形状呈现为更为稳定的球形。

1.2　水中气泡的分布

自然界水体中往往存在大量的气泡,它们成因不同、尺度不同、数密度等分布特征也不尽相同。海水流动过程中,由于受到外力扰动的影响而将空气卷入海水会产生大量的气泡,这些海水气泡具有特殊的热学、声学、光学、电磁学及流体力学等特性,使之与周围海水存在较大差异,如气泡的吸收与散射特性会影响声音在海水中传播,气泡分布能显著影响其周围海水的光学性质等。聚焦舰船尾流隐身技术研究,我们重点分析海洋环境背景场和舰船尾流区的气泡分布特征。

1.2.1　海洋环境背景场的气泡分布

1.2.1.1　气泡数密度分布

海洋环境背景场的气泡多由风流作用、波浪破碎等产生,对海洋中诸多物理、化学、生物过程具有重要影响。Kolovayer 测量了海洋中 1.5 m、4 m 和 8 m 深处的气泡数密度分布,结果表明,在 1.5 m 深处数密度最大的是半径为 $70\sim80\ \mu m$ 左右的微小气泡,可达 5×10^3 个 $/m^3$。Johnson 和 Cooke 测量了 0.7 m、1.8 m 和 4 m 处的气泡数密度,测量结果显示,0.7 m 深度处半径为 $40\sim50\ \mu m$ 左右的气泡数密度最大,可达 10^5 个 $/m^3$。上述两种测量结果之间的差异,很可能是由于测量方法和条件不同而造成的。但他们获得的观测资料都表明,海面附近气泡数密度随深度呈指数规律减少,而在较深处,气泡数密度随深度按幂函数规律递减;随着风速的增加,气泡密度的增加要强于白浪覆盖面的增加。

为便于对气泡分布规律进行数学描述,引入气泡数密度函数 $n(R)$,表示在单位体积海水中半径处于 R 到 $R+\Delta R$ 的气泡个数,则上述关系可表示如下:

$$
\begin{aligned}
&n(R)=n_0(R)\times \mathrm{e}^{-z} &&z\leqslant 3\ \mathrm{m}\\
&n(R)=n_0(R)\times 0.9z^{-2.6} &&z>3\ \mathrm{m}\\
&n_0(R)\propto v^a
\end{aligned}
\tag{1.2}
$$

式中，$n_0(R)$ 代表海洋表面处气泡的数密度分布函数，z 表示水深，v 表示风速。由此可见，自然情况下，海面风速是决定海洋背景中气泡数密度的主要因素。由于波浪破碎等作用不断产生新的气泡，同时气泡的浮升和溶解等行为又使气泡不断消失，两者最终达到一个相对平衡状态，从而使得一定海况条件下，海洋背景中的气泡数密度维持某一相对稳定的值。钱祖文等应用声学反演法对海水表层的气泡分布参数进行了测量，认为海洋表层中气泡数密度近似服从关于气泡半径 R 的泊松分布。

1.2.1.2　气泡尺度分布

海洋中存在着大量不同尺度的气泡，存活时间较长的气泡往往是小气泡，其尺寸通常为几百微米，气泡间出现聚并等现象的可能性非常低。大多数实验中观测到海洋中气泡的尺寸主要集中于 $1\,000\ \mu m$ 以下。经过科学观察发现，海洋中自然存在的气泡半径范围在 $3\sim300\ \mu m$ 间，其中 $40\sim80\ \mu m$ 的气泡较多。

为定量描述气泡的尺度分布特征，我们引入气泡尺度的概率密度函数 $f(R)$，用于表示单位体积海水中半径为 R 的气泡所占总气泡数的比例，则气泡尺度的概率密度函数 $f(R)$ 与气泡数密度 $n(R)$ 的对应关系如下所示：

$$f(R) = \frac{n(R)}{\int n(R)\mathrm{d}R} \tag{1.3}$$

自然环境中由风流作用、海浪破碎所产生的气泡，其 $n(R)$ 依赖于风速 v，经验公式(1.2)给出 $n(R) \propto v^\alpha$，当 v 的单位取 m/s 时，指数 α 在 $3.0\sim4.7$ 之间。另一方面，海水中还存在着由鱼类、藻类等生物组织或其他原因产生的气泡，其稳定存在的尺度分布规律是基本一致的。但采用不同测量手段，所得到的 $f(R)$ 是不完全相同的。如图 1.3 所示，大量的实测数据表明，当采用光学方法测量时，所得气泡尺度的概率密度函数曲线多数存在一段平稳的最大值区间，在区间两侧曲线则迅速下降，用 f_1 表示；而采用声学方法测量时，所得曲线形状多数是单调减小的，用 f_2 表示。f_1 和 f_2 两者的一个共同点是当 $R > R_b$ 后，都是与气泡半径的指数成比例衰减，且衰减指数均为 -4 左右。

ZHAN 等给出了 f_1 类型的通用形式表达式：

$$f(R) = \begin{cases} c_1 R^4 \cdots\cdots 0 < R < R_a \\ c_2 \cdots\cdots\cdots R_a \leqslant R \leqslant R_b \\ c_3 R^{-4} \cdots\cdots R_b < R \end{cases} \tag{1.4}$$

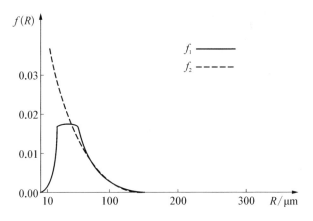

图 1.3　气泡尺度分布随气泡半径的变化趋势曲线

式中,R_a、R_b 是决定 f_1 型分布最大值区间的两个边界半径,在 C_1、C_2、C_3 3 个参数一定的情况下可由 R_a、R_b 确定。

f_2 型曲线给出的气泡尺度分布在全部区间时均正比于 R^{-4}。显然,这一关系不能推广到气泡半径为零处,这意味着最小半径的气泡尺度是未知的,并且以最大密度分布的气泡半径也是无法确定的。因此,对于 f_2 型曲线,其一般形式可表示为

$$f(R) = cR^{-4} \qquad R \geqslant R_0 \tag{1.5}$$

式中,R_0 是可以测得的最小气泡半径,c 的取值仅依赖于 R_0。那么,在利用上式分析过程中,若存在微小气泡 $R < R_0$,仍然认为 $f(R) = 0$。

进一步研究发现,不管采用何种测量方法,求得的气泡平均半径 $\overline{R}$ 是基本一致的,所以可表示为

$$\overline{R} = \frac{\int R \cdot f(R)\mathrm{d}R}{\int f(R)\mathrm{d}R} \tag{1.6}$$

1.2.2　舰船尾流区的气泡分布

舰船在海洋中航行时,由于螺旋桨的转动、波浪间的撞击、空气卷吸等作用,会在其尾部出现一段有层次的海水层,即所谓的舰船尾流。尾流在螺旋桨后以 40°～60° 的扩展角展开,用肉眼能明显区别于其他水域,长度、宽度和厚度随舰船航速和持续时间等动态变化,长度一般能够达到几千米,部分可能会超

过万米。尾流中含有数量众多大小不一的气泡,直径较大的气泡会因海水的压力和气泡中气体扩散而迅速漂浮,在很短时间内上升到海水表面破碎,而直径较小的气泡在其周围海水中存活时间相对较长,可达十几分钟甚至更长时间,从而使得舰船尾流能存在较长时间。这些气泡的存在使得尾流的光学特性、声学特性、热力学特性和电磁特性等与周围水体存在显著差异。

1.2.2.1 气泡数密度分布

尾流中因有外力作用,气泡的数密度大于海洋环境背景场的数密度。舰船尾流中气泡数密度大小主要与螺旋桨的工作状况、舰船航速等因素相关。在尾流不同位置,气泡数密度和尺度大小是不一样的。

通常,在舰船气泡尾流场的初始阶段,包含着大量不同尺寸的气泡,其气泡数密度可达 10^6 个/m³ 的数量级,一般比海洋背景中的气泡数密度高 1~2 个数量级。与自然海洋背景中不断有新气泡生成的条件不同,舰船尾流一经产生舰船即驶离该区域,尾流场中的气泡无法得到补充,加之初始尾流场尺寸较大的气泡会快速上浮到海面破碎消失,微小的气泡也会溶解于海水而消失。因而,从尾流场整体角度看,随着时间的增加,气泡数密度会沿尾流长度方向逐渐减小。尤其在距离舰艉较远的尾流内,若气泡能够以 5.98×10^6 个/m³ 分布,则其周边海水中所包含气泡的密度能够达到 1~2 个数量级,且体积处于尾流所包含的所有气泡体积的中等水平,该气泡对尾流进行制导方面发挥着关键作用。1946 年,美国海军对某型驱逐舰以 15 kn 速度航行产生的气泡尾流场进行了声学测量,由此反演出的气泡数密度随时间的变化情况如表 1.1 所示。

表 1.1　尾流气泡数密度随时间的变化情况表　　　单位:个/m³

气泡直径 $d/\mu m$	$t=60$ s	$t=180$ s	$t=300$ s
2 140	490	41	
800	17 900	5.6×10^3	780
320	4.6×10^5	1.98×10^5	9.3×10^4
160	5.5×10^6	2.61×10^6	1.45×10^6

尾流气泡数密度随时间的衰减规律满足如下指数方程:

$$n(R) = n_0(R) + n_1(R)\exp[-(t-60)/t_1] \tag{1.7}$$

式中，$n_0(R)$、$n_1(R)$、t_1 是与气泡尺寸相关的常数，取值如表 1.2 所示。

表 1.2 不同尺寸气泡的 $n_0(R)$、$n_1(R)$、t_1 值

气泡直径 $d/\mu m$	$n_0(R)$	$n_1(R)$	t_1
2 140	0	4.90×10^2	48.10
800	0	1.80×10^4	96.60
320	2.28×10^4	4.37×10^5	131.24
160	6.72×10^5	4.83×10^6	131.46
总和	6.93×10^5	5.29×10^6	131.41

尾流中气泡数密度沿着尾流宽度方向的分布，在螺旋桨的充分搅拌作用下，具有基本均匀、中心略高的特征。假设在同一深度的气泡数密度分布符合高斯分布，则可表述为

$$n(R, h, x) = n(R, h, 0) \times e^{-\left(\frac{x}{\alpha W}\right)^2} \tag{1.8}$$

式中，$n(R, h, x)$ 表示在某一深度 h、距尾流中心 x 处的气泡数密度，而 $n(R, h, 0)$ 则表示在深度 h 处尾流中心的气泡数密度，W 为深度 h 处的尾流宽度，α 为一常数。根据美海军 1946 年的测量数据对不同时刻、不同位置的 α 值进行计算，结果发现 α 值相差不大，其平均值 $\bar{\alpha} = 0.354\ 95$。

尾流气泡数密度随尾流深度变化的规律尚缺乏完整的实测数据，未能总结出有价值的规律。目前一般认为，由于螺旋桨的强烈搅动，初生尾流中气泡数密度沿深度方向均匀分布，而随着时间的增加，螺旋桨湍流作用消失，加之气泡的浮升和溶解，气泡数密度在沿尾流长度方向迅速降低的同时，也随深度的增加而逐渐减小。

1.2.2.2 气泡尺度分布

尾流中气泡的数密度比海洋环境背景场的高，气泡尺度也比海洋环境背景场的大。通过观察发现，越靠近舰船艉部，气泡密度和体积的均值都会相应提升，通常邻近舰船艉部位置的气泡体积是最大的。气泡尺度大小直接影响气泡存活时间：气泡破碎速度极快，且半径大都为 0.01 mm，若半径超过 0.1 mm，其浮升速度会显著提升，最终在水面破碎；若其半径为 0.01～0.1 mm，可能会以相对稳定的状态存在于水中。经过观察和试验得出，舰船尾流中 10～300 μm 范围内气泡存活的时间会相对长一些，这跟尾流内存在

的涡旋有一定关联。

1.3 水中气泡的动力学特性

气泡的生成及上升运动等特性的测量与研究,对于解释气液两相传热传质机理、反应动力学规律等具有十分重要的意义。水中气泡的动力学特性已被广泛研究,其中气泡形状、上升速度、上升轨线等特性将直接影响其对附近水体的扰动程度。

1.3.1 气泡上升速度

气泡上升速度要经历一个逐渐加大并达到最大的过程,当其所受浮力、重力和阻力平衡时,将以某一速度稳定上升。气泡上升速度的变化与其尺度大小密切相关。当气泡较小时其上升速度随着半径的增大而增大,当半径约为 0.1 cm 时达到极大值(约 25 cm/s),此后气泡运动将不再稳定,且不再是其半径的函数,如图 1.4 所示。气泡上升速度的变化还与其上升高度有关。气泡被注入水中之后,速度将迅速增大至某一极值并维持一段时间,之后随上升高度的增加,速度将缓慢减小,并最终趋向于某一水平渐近线。此外,水体的性质、气泡的注入方式和周期等也会影响气泡形变、上升轨线、上升速度等动力学特性。

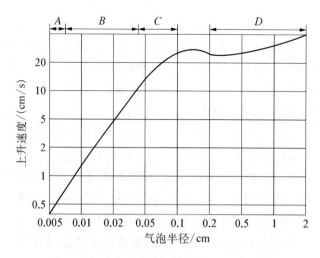

图 1.4 气泡上升速度与气泡半径的关系曲线

气泡在海洋中运动时受到海流、气压、温度、海水雷诺系数以及气泡尺度等诸多因素的影响。实验表明,气泡在波浪中的上升速度与其在静水中有一定的相似性:气泡直径小于 1 mm 时,波浪的影响较小,而且是随机的,气泡在波浪中上升的平均速度与静水中的稳定上升速度基本一致;气泡直径大于 1 mm 时,其在波浪中的上升速度不再随半径的增大而增大,而是趋向于某一定值,这也与气泡在静水中的情况基本一致。气泡的尺度越大,波浪对其的影响就越小。

1.3.2 气泡上升轨线

气泡上升轨线与气泡尺度和形状密切相关,主要有直线、平面"Z"字形、平面螺旋形等 3 种,随着气泡上升距离的增加,其轨线还可能从一种模式变换成另一种模式。以静水中空气气泡运动为例,当量直径小于 1 mm 时,气泡呈球形沿直线向上运动;随着当量直径增大,气泡开始明显变形,近似呈椭球体,上升轨线开始出现横向振荡;当量直径大于 1.34 mm 时,气泡将呈螺旋形上升;随着气泡尺度的进一步增大,其上升时还可能出现"Z"字形运动或翻滚运动。

1.3.3 气泡群动力学特性

在实际工程应用中,气泡很少以单个形式出现,往往是多个气泡成群上升,相邻气泡之间、气泡与液相主体之间存在的相互作用将改变单个气泡的动力学特性,其上升轨线不但与气泡的尺度大小有关,还将受控于气泡周围液体的流动状况,且往往随着气泡上升高度而发生改变,使得气泡群的动力学特性比单个气泡复杂得多。

单个气泡上升轨线的改变,使得它们在上升过程中可能会相遇,两气泡碰撞后分离或者在某种动力学机制的作用下聚并为一个气泡,从而改变含泡水体中气泡的尺度、数量、空间分布特性,乃至上升速度等,直接影响气液两相流的整体流动与输运特性。因而,研究气泡群动力学特性时,必须考虑相邻气泡间的聚并作用。在两相流系统中,气泡与周围流体的相间作用、相邻气泡间的作用等直接决定了气泡的聚并行为,而上述作用又随流体的表观流速、各相物性、气相含率以及外界环境条件等发生改变,使得气泡聚并行为更加复杂多变。因此,对气泡聚并过程进行精确的描述是非常困难的,目前对气泡聚并机理的研究也还远没达到成熟的水平,一直是国内外相关领域研究的热点和难点。

为了对气泡聚并行为进行定量的模型化处理,现有研究普遍将连续相流体的流动划分为相互耦合的内场和外场。

气泡所处的连续性流体被视为外场,促使气泡在靠近过程中发生界面变形,决定着气泡的碰撞概率 C、气泡接触作用力 F 的大小和接触时间 t 的长短;两个气泡间形成的液层被视为内场,两气泡接触碰撞时,这一液层将在多种附加作用力的影响下不断脱落变薄。如果在外场作用时间内这一液膜的厚度能够减小至临界厚度并发生破裂,两个气泡将融合为一个,实现聚并。反之,如果两气泡接触时间小于液膜脱落所需时间,则两气泡碰撞后分离,聚并现象不会发生。而影响液膜脱落过程的因素很多,如液膜变薄作用力、气泡大小、分散相和连续相的物性特征、电解质和表面活性剂的存在等。这些影响因素相互关联,错综复杂,分散相的尺寸变化能够改变毛细压力从而抑制或促进气泡的聚并行为;分散相或连续相物性的变化将会引起表面张力或密度差的变化,从而改变液膜变薄作用力,并引起界面运动特性的变化。上升气泡对周围水体的扰动作用也将引起界面运动特性的改变,从而促进气泡聚并作用的发生,使气泡群周围流场的特性变得异常复杂。

第 2 章
含气泡水体的物理特性

含气泡水体中存在数量众多尺度不一的气泡,一定数量的气泡存在会引起水体的光学、声学等特性显著改变,而一定尺度气泡发生上浮运动时会产生相对明显的形变,影响其上升运动轨线,并对周围流体产生扰动。舰船运动时在其艉部产生一段含大量气泡的湍流区域,由于空气和水对声波、光波的传导性能存在巨大差异,导致其声学、光学等特性与周边海洋环境背景场相比存在显著差异。研究舰船尾流区含泡水体物理特性的差异,是对其进行高效率高精度检测的重要前提。

2.1 声学特性

声波在含泡液体中传播,遇到气泡时会发生散射、吸收等作用,由此带来声波能量衰减、声速变化等现象。与此同时,声波在含泡液体中的传播也会对气泡的动力学行为产生较大影响。

2.1.1 含气泡水质的声速变化

当空气溶于水中,即使已达饱和程度,它对声速也没有明显影响。但是,当空气以小气泡形式悬浮于水中时,即使很少量空气,也会使声速显著地减小。

一定半径的气泡与入射声波发生共振时对应的入射声波的频率被称为气泡共振频率,它主要与气泡所在深度(即静压力)和气泡半径有关;半径越大,共振频率越低,在海洋近表面处可表示为 $f_0 = 0.33/R$。其中,f_0 代表共振频率,单位为千赫;R 代表气泡半径,单位为厘米。显然,也可以定义对应某一频率入射声波发生共振的气泡的半径为该频率的共振半径,即 $R =$

$0.33/f$,单位同上。

根据水声学的基本理论,当气泡的半径远小于共振气泡半径时,含气泡的水中声速可用简单的混合液体理论给出。混合液体中的声速 c 表示为

$$c = c_0(1 + 2.5 \times 10^4 \beta)^{-0.5} \tag{2.1}$$

式中,c_0 为无气泡海水中的声速;β 为单位体积海水中以气泡形式存在的气体含量,可由式 $\beta = \int u(R) \mathrm{d}R$ 计算。

这个公式表明,若气泡半径远小于共振气泡半径,且当水中空气体积含量只有 0.01%(混合液体密度 $\rho = 10^{-4}$)时,声速将减小到无气泡时的 53%。

当入射声波频率与气泡共振频率相接近时就会发生共振,此时入射声波的频率、声压场分布以及声速等诸多性质都发生巨大变化,对声速变化的数学分析也必须分别考虑声波的实部、虚部,借助复数积分完成,推导过程比较复杂,在此仅给出结论和物理原因的简单解释。入射声波与气泡发生共振时,声速将下降到最小值,其原因主要是气泡共振造成的介质体积弹性系数的减小所致,并且此时声波的能量衰减将会由于强烈的声散射和吸收作用而达到最大。

当入射声波频率高于混合液体中的气泡共振频率时,根据气泡的声学理论可得:

$$\frac{c_0^2}{c^2} = 1 - \frac{4\pi c_0^2 \int R \cdot n(R) \mathrm{d}R}{(2\pi f)^2} \tag{2.2}$$

式中,f 为入射声波频率;$n(R)$ 为气泡数密度函数。

显然,当入射声波频率高于混合液体中的气泡共振频率时,声速将会因气泡的存在而增大。已知气泡平均半径为 $55~\mu\mathrm{m}$,海水含气量 $\beta = 2 \times 10^{-4}$ 时,实测的声速变化曲线如图 2.1 所示。在共振频率时,声速曲线显示出的声速值接近无气泡时的声速值。实测结果很好地证实了前面关于入射声波在小于、等于、大于气泡共振频率的不同情况下,声速变化的理论分析。由此也容易理解,尾流中的气泡会引起声传播速度的变化,因而声波在尾流层的分界面也必然会产生反射和折射现象。

2.1.2　水中气泡的声散射和吸收

当声波射到气泡上时,会使气泡发生受迫振动,进而向外辐射二次声

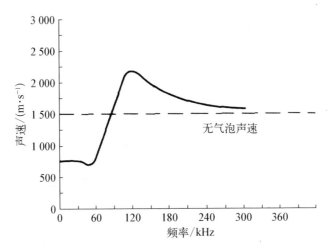

图 2.1　含气泡 ($R=55\ \mu\text{m}$) 的水中声速与声波频率的关系曲线

波,这使近似为平面波的入射声波转变为空间压力分布不同的球面波形式,这个现象就是声散射。与此同时,入射声波还有一部分能量消耗在气泡振动时的内部及边界层的摩擦上,使声能转变为热能等其他形式的能量,这就是声吸收。

为定量表示气泡的散射和吸收作用,引入散射截面积和吸收截面积的概念。散射截面积 $\sigma_s=I_s/I_0$。其中, I_0 代表入射声波的能量, I_s 代表由于散射而损失的能量。同理,可定义气泡的吸收截面积为 σ_a。根据水声学原理,对半径为 R,共振频率为 f_0 的单个气泡在入射声波频率为 f 时的散射和吸收的等效截面积分别为

$$\sigma_s=\frac{4\pi R^2}{\left(\dfrac{f_0^2}{f^2}-1\right)^2+\delta^2} \tag{2.3}$$

$$\sigma_a=\frac{4\pi R^2\left(\dfrac{\delta}{kR}-1\right)}{\left(\dfrac{f_0^2}{f^2}-1\right)^2+\delta^2} \tag{2.4}$$

式中, δ 为水中气泡振动时的阻尼常数,是入射波频率及气泡半径的函数; k 为波数,等于 $2\pi f_0/c_0$。

声波通过气泡时的能量衰减是由于散射和吸收共同作用形成的,由此进一步定义气泡的消声截面积 σ_e,其等于散射和吸收截面积之和,即

$$\sigma_e = \sigma_s + \sigma_a \tag{2.5}$$

水中气泡消声截面积与几何截面积之比对归一化频率关系的理论曲线如图 2.2 所示。当入射声频率等于气泡共振频率时，气泡的消声截面积为最大。图中的"理想"气泡是指假设气泡受迫振动过程是一个绝热过程，不考虑吸收作用，而只计算散射中消耗的声波能量。但"实际"气泡还有经过热传导和周围液体的黏滞阻力等吸收作用造成的损失。"小气泡"表示气泡半径 R 远小于入射声波波长，而"大气泡"则表示气泡半径 R 远大于入射声波波长。

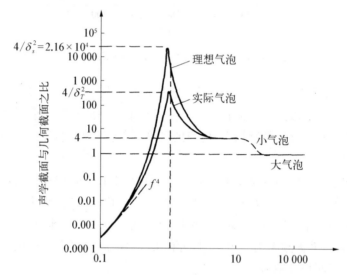

图 2.2　气泡消声截面积与几何截面积之
比对归一化频率关系的理论曲线

由图 2.2 可见，在远低于共振频率时，小气泡的声学截面积基本以 f^4 规律增加，并在共振频率时达到峰值。在共振点时，理想气泡的消声截面积与几何截面积之比高达 $4/\delta_s^2 = 2.16 \times 10^4$。式中，$\delta_s = 1.36 \times 10^{-2}$，为理想气泡散射时的阻尼常数。而实际气泡的消声截面积比理想气泡的小，这是因为其阻尼较大，它的截面比为 $4/\delta_T^2$，式中 δ_T 为总阻尼常数，其值与频率有关。远离共振点后，对于小气泡其截面比降为 4，而对于大气泡，其截面比为 1，即其消声截面积等于其几何截面积。

舰船尾流中存留时间较长的小气泡对声波有极强的吸收作用。一方面，在尾流气泡群幕的运动过程中，小气泡同时压缩、拉伸并变形，其内部的空气温度与周围水介质的温度相互影响产生热传导,一部分声波能量转化为热能损失;另一方面,由于水在气泡表面具有黏性阻力,所以部分入射波的能量在小气泡表面转化为水分子的热运动。同时,小气泡对声波也有较强的散射作用。水中存在的空化气泡组成了不连续介质,声波在传播过程中发生散射,声强随着距离发生衰减。

2.1.3 舰船尾流的声学探测

舰船尾流声学探测原理主要是通过声波在舰船尾流气泡幕中的物理性质实现的。当声波遇到两相流界面时发生折射、削弱与共振,然后依据接收到的声波信息分析对比得出尾流的相关信息。

舰船运动时,空气以气泡形式沿吃水线散开,聚到螺旋桨产生的涡流中以及舰艇划开的波浪下方,并与螺旋桨桨叶空化效应产生的气泡一起在舰船艉部形成轨迹,这种由于舰船运动而产生的大量气泡,对入射声波的散射、吸收作用的宏观表现即为气泡场的透射能力和反射能力,而气泡场对声波的反射能力对鱼雷探测等实际应用具有更重要的意义。当采用主动声呐探测尾流气泡场时,声呐接收到的回波强度也就代表了气泡场的反射能力,因此,一般将气泡场的反射能力称为气泡场的声目标强度。

对于探测器接收到的目标声强,是气泡场中所有气泡声散射强度在该点的叠加,为此,有时还将其称为气泡场的后向散射能力。对单个气泡而言,距离 r 处的声目标强度可由下式给出:

$$I_s = \frac{\sigma_s}{4\pi r^2} I_0 \tag{2.6}$$

式中,I_0 即为入射声波的强度。这是对单独一个气泡的计算,当考虑气泡场的整体效应时,则必须计算气泡场总体的等效散射截面积 S_s,在不考虑声波在气泡间的多重散射时,S_s 可由下式得出:

$$S_s = \int \sigma_s \cdot n(R) \mathrm{d}R \tag{2.7}$$

式中,σ_s 由式(2.3)得到。由图 2.2 可以看出当气泡半径偏离共振点时,其散射截面积是相对很小的,因此,式(2.7)可以简化为

$$S_s = \frac{4\pi R_0^2}{\delta^2} n(R_0) \tag{2.8}$$

式中，R_0代表与入射声波发生共振的气泡半径。将式(2.8)中的S_s代替式(2.6)中的σ_s，同时考虑气泡尾流场的整体尺度V，即可得气泡尾流的声目标强度I_L为

$$I_L = \frac{R_0^2}{\delta^2 r^2} n(R_0) I_0 \tag{2.9}$$

需注意的是，式(2.9)是在对实际情况进行了一定假设和简化的条件下得出的，在使用中还需根据实际情况进行必要的完善和改进。

为表示尾流气泡场的声透射能力，定义衰减系数为 K_e，而 $K_e = 10\lg(I_1/I_2)$。其中，I_1，I_2表示传播方向上相距单位距离的两点上的声波的强度。由气泡消声截面积的概念即可得：

$$K_e = 10\lg\left(\int_0^1 \sigma_e n(r)\mathrm{d}r\right) \tag{2.10}$$

式中，$n(r)$表示沿声波传播方向上的气泡数密度分布。

由图 2.2 同样可以看出，对声波衰减起主要作用的仍然是发生共振的气泡，由此，对式(2.10)进行一系列简化推导可得：

$$K_e = 1.4 \times 10^4 u(R_0) \tag{2.11}$$

式中，R_0表示发生共振时的气泡半径。

2.2 光学特性

含气泡水体中由于气泡的存在，对光线产生了反射、折射、吸收和散射等多种作用，使之与自然水体有显著差别。舰船尾流场中存在大量气泡，对入射光产生散射、透射和吸收作用，使介质的传导特性和光学特征等发生了巨大变化。近年来，在提高对尾流场探测精度的强烈军事需求推动下，越来越多的研究者加大了对尾流光特性研究的力度，但目前尾流光特性研究仍处于起步阶段。理论研究方面，基本都用 Mie 散射理论来分析，且对于单个气泡的散射研究较多；而对于气泡群，还未建立起能够得到公认的数理模型，更没有形成完整的理论体系。

2.2.1 气泡场散射的相关理论模型

2.2.1.1 单气泡的 Mie 散射理论模型

Mie 散射理论是将 Lorenz 电磁场理论用于研究微小半径粒子对电磁场

的吸收和散射的经典理论,是对均匀介质的球形颗粒在单色平行光照射下的电磁场方程的精确解,1908 年由 G. Mie 提出,现在天文、气象、粉体测量等众多领域中都有应用。根据 Mie 散射理论,水中气泡对入射光的散射特性与散射气泡的尺度大小及其相对折射率有关。

如图 2.3 所示,半径为 R 的气泡相对于周围介质的折射率用复数表示为 $m=m_1+jm_2$,虚部不为零表示气泡有吸收。水的折射率为 N。取气泡中心为坐标原点 O,波长为 λ、强度为 I_0 的线偏振光沿着 z 轴入射到气泡上,散射光 OP 与入射光方向之间的散射角为 θ,入射光的电矢量相对于散射面的夹角为 φ。由 Mie 散射理论可得,与气泡中心 O 相距为 r 处的 P 点上的散射光强为

$$I_s=I_0\frac{\lambda^2}{4\pi^2r^2}I(\theta,\varphi) \tag{2.12}$$

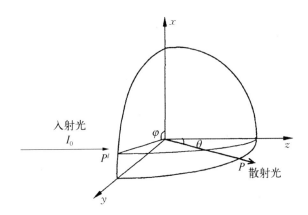

图 2.3　单个气泡的 Mie 散射示意图

若入射光为自然光,则

$$I_s=I_0\frac{\lambda^2}{8\pi^2r^2}I(\theta,\varphi) \tag{2.13}$$

上述 Mie 散射理论模型,虽然形式上很简单,但其计算过程是相当复杂的,其中主要在于强度函数 $I(\theta,\varphi)$ 的确定上,此处不再进行详细推导,但需明确,此函数除与 θ、φ 有关外,还与一个重要的气泡尺度参数 a 有关。而 a 又由气泡半径 R、水的折射率 N、入射光的波长 λ 等因素决定,表示为 $a=2\pi NR/\lambda$。

根据式(2.12)或(2.13),在已知尺度参数 a 和相对折射率 m 的情况下,就可以计算出点 $Q(r, \theta, \varphi)$ 处的散射光强;反之,如果实测了散射光强 $I(\theta, \varphi)$,由已知的 m 及 λ,同样可以从尺度参数 a 推算出气泡半径 R。

2.2.1.2　气泡场散射模型

上述 Mie 散射理论模型解决了单个气泡的散射问题,但工程应用中,对尾流光学检测更有实际意义的是气泡群散射特性,然而这一问题涉及不同尺度的气泡,显然是一种多气泡散射行为。对于多气泡散射,当气泡间距离大于气泡尺度的 3 倍时,可以认为各气泡的散射是相互独立的,显然,在多数情况下的中远程气泡尾流场中这一条件是满足的。那么,仅考虑一次散射的情况下,在某点处气泡场整体的散射强度,即可理解为是气泡场中的每一个气泡在该点散射强度的简单数值叠加,由此得气泡场的散射强度 SI_s 为

$$SI_s = \iint I_s(r)n(R)\mathrm{d}r\mathrm{d}R \tag{2.14}$$

式中,r 表示每个气泡与观测点的距离,$I_s(r)$ 为每个气泡的透射光强,$n(R)$ 为气泡数密度分布。式(2.14)在一定条件下描述了气泡尾流场的散射特性,但它仅考虑了气泡独立一次散射的情况,因此其结果必然存在误差,其使用范围也将受到限制。

2.2.2　舰船尾流的光学探测

舰船尾流的光学探测主要是应用尾流独特的光学特性,以激光原理为基础理论,以激光向探测目标所在水域进行发射,激光穿越水域,自身的各项物理参量发生变化,通过接收并分析激光参量的变化规律,来判断目标水域的尾流存在。

尾流连续激光散射强度检测的基本原理是连续激光在尾流区与内外传播时,散射光的强度会发生改变。由于气泡和湍流的存在,尾流区域的折射率分布不均,激光通过折射率非均匀的尾流区便会发生散射。在对尾流光学检测中,使用的光源多为蓝绿激光,因为其在水中的衰减相对较小。按照所使用的光源和探测器位置不同,尾流光学检测可分为前向检测和后向检测。前向检测时,光源和探测器放置于待检测目标尾流的两侧;后向检测时,光源和探测器放置于待测目标尾流的同一侧。

尾流光学成像测量是将摄影与图像处理紧密结合,对不同尾流特征进行提取和检测,并根据变化特征来解析尾流特性。这种直观的光学成像检

测方法,能够提供有关尺度分布密度、气泡数密度等,还可以运用高速摄影技术研究气泡的运动形态和规律,并提供相关信息。

尾流光学脉冲回波检测是指向水中发射激光脉冲,经检测尾流后通过散射回波信号来实现对尾流的检测。该方法是水下尾流激光雷达的核心技术,国内研究人员对其进行了深入的理论研究。

尾流的光学偏振检测是基于尾流气泡群对偏振激光的退偏振效应,检测结果只能反映出退偏度的变化程度,因此只能对尾流进行大概的分类,很难对尾流的位置信息等特征参量进行推断,其主要目的是解决后向散射光信号信噪比较低的情况。在实际应用中,常常需要将其与连续激光散射强度和脉冲回波检测结合起来,提高尾流的检测精度。

2.3　热学特性

海水温度变化受许多因素影响,即使不存在外部扰动,海水温度也是不均匀的。随着深度变化海水温度也发生变化,并可分为数层,最上面是极薄的有机分子层,对海水与空气的热交换产生主要作用;其下是混合层,范围为 20～50 m,混合层中温度的垂直分布对热尾流的形成起着关键作用;混合层之下的海水温度随深度逐渐变低。同时,海水温度还会在水平方向受洋流影响产生变化。

舰船在海水中航行时,螺旋桨的扰动会打破海水的温度分布,将下层较热或较冷的海水翻到上面,把上面较冷或较热的海水压入较深的下面,使得舰船通过区域的海水温度与周围海水温度之间形成一个分布梯度,在舰船艉部形成一条长长的具有热特性的尾流。此外,舰船航行中排放的冷却水,也会影响海水的自然温度分布。

最早进行尾流热学探测的是 Garber 等人(1945 年)。他们在小型船上固定一块垂于海面的矩形板,将热电偶安装在矩形板上的不同位置,测量者乘坐小型船匀速航行穿过待测尾流,利用海水温度自动测量仪测量并记录不同深度的海水温度。Garber 的实验结果表明,热电偶横向穿越尾流时,更容易识别热尾流信号;当海水有一定深度时才有比较明显的海水垂直温度梯度分布,在这种情况下才能检测到热尾流;在尾流水平温度结构中存在两个明显的热峰;船体附近观测不到有效的热尾流信息,原因是舰船运动对海水造成的扰动有一定延迟,海水各种温度梯度被打乱需要一定的时间,热尾流信号呈现出紊乱、不规则的特点。

当前,舰船热尾流探测主要是用飞机或者卫星搭载红外扫描仪对目标航行海域进行遥感测量,得到舰船尾流的红外成像,再通过图像压缩处理等技术提取尾流的边缘、形态等信息。使用机载红外成像仪对舰船尾流进行遥感测量时,需要用温度传感器从船上测量海水的垂直温度分布。由于舰船船舶尾流的热辐射特性与周围海水不同,红外成像中尾流将呈现出一条特殊的集合形状,一般表达为细长条带,目前最远可达 5 km。卫星遥感探测主要观察的是舰船尾流的宏观形态信息。由于舰船中心线的尾流和基于表面波的 Bragg 散射机制可以有效改变微卫星的表面粗糙度,该地区的微波和周围水域的散射特性有明显不同。卫星遥感利用高度可在广泛的区域进行检测或搜索,并依靠图像压缩和空间传输技术,实现舰船实时跟踪与监控。近 30 年来,美国、加拿大、日本、俄罗斯、德国、挪威等国陆续发射了合成孔径雷达(SAR)卫星,对卫星搭载的成像设备的机理进行了实验和理论研究,进而通过舰船航行方向、速度、类型、位置等各种参数反演计算,实现了船舶探测和识别。

2.4 电磁学特性

地球磁场中的局部变化称为磁异常。舰船在海洋中航行会带动海水流动,由于海水是一种等离子体,运动的等离子体形成的电流密度会产生量级较小但衰减相对较慢的磁尾流,与其周围的地磁场形成奇异性差异。1965年,美国的 Fraser 在《地球物理》上发表了船在海水中运动产生的尾流会扰动地磁场的论文,通过用磁力仪测量到的数据进行推理分析,结合理论计算肯定了这一成果。1994 年,我国海军工程大学刘巨斌发表了潜艇尾流磁异常的计算方法论文。

舰船磁尾流的检测机制与磁异常的直接检测不同。由于尾流具有停留时间长的特点,其延伸距离几十千米,所以探测距离也随之延伸至几十千米。机载磁敏传感器可用于检测舰船尾流所产生的电磁场。2000 年,新加坡华人 NanZhou 在 IEEE 发表了高灵敏度空载磁尾流探测仪的论文,对海面磁尾流的探测机理进行了阐述,并用高灵敏度磁力仪采集到了有效的探测图像。2009 年,中船重工 715 所提出了用于磁尾流检测的高灵敏度磁力仪设计方案,通过氦光泵磁力仪进行改进设计,在扩宽系统响应频率的同时,提出改用高精度差动鉴频技术,外接频谱分析仪来提取尾流引起的电磁场信息,以便于获取有价值的数据供分析研究。目前,关于尾流引起的磁异常的相关实验模拟数据未见公开报道。

第 3 章
水中气泡生长规律

研究气泡在液体中的运动就必须先生成气泡,而不同工况下生成的气泡的体积及其脱离时间的差距会很大。喷孔口径、喷孔形状、气体流量、喷气角度、喷气深度、喷气成分、液体流速等都会对气泡生成产生一定的影响,进而影响其后期的运动状况、动力学特性及其对周围水体的携带作用。

3.1 气泡生长规律的理论分析

空气从喷口处进入水体的过程中,当气体流量较低时,气体会以单个气泡的形式进入水体,而气体流量高时,则会形成连续射流。下面将着重研究低流量下气泡的形成过程,以此来对静水中单喷口处气泡的生长规律进行探讨。

3.1.1 经典两阶段模型

为完整描述气泡的生长过程,采用两阶段模型,即假设气泡形成经历膨胀和脱离两个阶段。如图 3.1 所示,在初始的膨胀阶段,气泡底部与孔口接触,气体进入气泡使其体积不断膨胀,气泡径向长大,当气泡所受脱离力大于其黏着力时,该阶段结束,进入脱离阶段;在脱离阶段,气泡底部上移形成细颈,气泡通过细颈与孔口相连,随着气泡的上浮细颈被逐渐拉长,一般认为,当细颈长度等于气泡半径的一半时,细颈发生断裂,气泡完全脱离孔口。

3.1.1.1 膨胀阶段

在膨胀阶段中,气泡上部以等于气泡半径变化率的速度运动,底部与喷

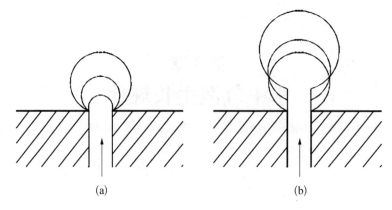

图 3.1 气泡成长过程示意图

(a) 膨胀阶段;(b) 脱离阶段

孔接触并保持静止,此时气泡所受的主要作用力如下:

浮力 F_v:

$$F_v = (\rho_L - \rho_g)gV \tag{3.1}$$

式中,ρ_L、ρ_g 分别是液相和气相的密度,g 是重力加速度,$V = q_V t = \pi d^3/6$ 是气泡体积,q_V 是气体的体积流量,d 是气泡直径。

气体动量力 F_m:

$$F_m = \frac{\pi}{4}d_h^2\rho_g u_g^2 \tag{3.2}$$

式中,$u_g = 4q_V/\pi d_h^2$ 是气体通过喷孔的速度。

黏性阻力 F_d:

$$F_d = \frac{1}{2}\rho_L u^2 \frac{\pi d^2}{4}C_D \tag{3.3}$$

式中,u 是气泡中心运动的速度,C_D 由下式计算得:

$$C_D = \begin{cases} 24(1+0.15Re^{0.687})/Re & Re \leqslant 1\,000 \\ 0.44 & Re > 1\,000 \end{cases} \tag{3.4}$$

式中,$Re = \rho_L u d/\mu_L$,μ_L 为液体的动力黏度系数。又因在膨胀阶段,气泡上部以等于气泡半径变化率的速度运动,其底部静止与喷孔接触,因此气泡膨胀速度 u_e 近似等于气泡中心上升速度 u,并等于气泡半径的变化率,由此得：

$$u = u_e = \frac{dR}{dt} = \frac{d}{dt}\left[\frac{3V}{4\pi}\right]^{1/3} = \frac{1}{3}\left[\frac{3}{4\pi}\right]^{1/3}V^{-2/3}\frac{dV}{dt} = \frac{q_v}{\pi d^2} \qquad (3.5)$$

表面张力 F_σ：

$$F_\sigma = \pi d_h \sigma \cos\theta \qquad (3.6)$$

式中，σ 为表面张力系数，θ 代表孔口处气泡表面与水平壁面之间的接触角，为计算方便通常取 $\cos\theta = 1$。

压差力 F_p：

$$F_p = \frac{\pi d^2}{4}(P_g - P) \qquad (3.7)$$

式中，P_g、P 分别是气泡内气体压力和气泡外液体压力，通常认为 $P_g = P$，因此后面分析中，可忽略此项。

附加质量力 F_i：

气泡在液体中做加速运动时，不但气泡自身速度变化，其周围液体的速度也会改变，带动这些液体加速所需的力即为附加质量力，表达式如下：

$$F_i = \frac{d[uV(\rho_g + \alpha\rho_L)]}{dt} = (\rho_g + \alpha\rho_L)V\frac{du}{dt} + (\rho_g + \alpha\rho_L)u\frac{dV}{dt} \quad (3.8)$$

式中，$\alpha = 11/16$。将式 (3.5) 代入式 (3.8)，进一步整理即得：

$$F_i = \frac{(\rho_g + \alpha\rho_L)}{12\pi}\left(\frac{3}{4\pi}\right)^{-2/3}q_v^2 V^{-2/3} \qquad (3.9)$$

显然，在膨胀阶段结束时刻，应满足下面的受力平衡方程：

$$F_v + F_m + F_p = F_d + F_i + F_\sigma \qquad (3.10)$$

将各力的表达式代入式 (3.10)，整理可得膨胀结束时刻气泡体积 V_1 的表达式为

$$V_1 = \frac{1}{(\rho_L - \rho_g)g}\left[\frac{2}{\pi}\rho_L C_D q_v^2\left(\frac{6}{\pi}\right)^{-2/3}V_1^{-2/3} + \pi d_h\sigma + \right.$$
$$\left. \frac{(\rho_g + \alpha\rho_L)}{12\pi\left(\frac{3}{4\pi}\right)^{2/3}}q_v^2 V_1^{-2/3} - \frac{\rho_g q_v^2}{\frac{\pi}{4}d_h^2}\right] \qquad (3.11)$$

由式(3.11)可见,在气体和液体物性参数确定的情况下,仅有气体流量和喷口直径两个参数直接影响气泡的脱离体积。

3.1.1.2 脱离阶段

1. 非射流工况

利用高速CCD拍摄单个喷口处气泡的形成过程,其典型状态如图3.2所示,图中喷口孔径为0.5 mm。由图3.2(b)可见,在气泡成长过程中确实存在较为明显的细颈,但由于气体的黏度非常小,细颈存在时间极短,且基于MATLAB对图中(a)和(c)的分析可知,气泡膨胀阶段结束时刻的气泡尺度与完全脱离后的尺度基本一致。由图3.2(b)和图3.2(c)也可见细颈在靠近气泡处断裂,细颈中气体进入下一个气泡,成为生成下一气泡的雏形。因此,后续研究中直接以膨胀结束时刻的气泡体积V_1作为气泡的最终脱离体积。

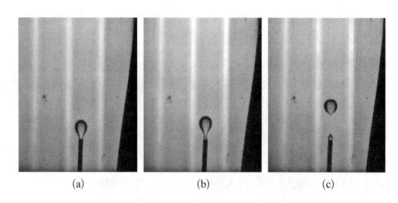

图3.2 气泡成长过程三个典型状态的照片

(a) 膨胀阶段结束时刻;(b) 细颈存在时刻;(c) 气泡脱离时刻

得到气泡的体积V_1之后,易得气泡的脱离频率N:

$$N = q_v / V_1 \tag{3.12}$$

上述模型是针对气体流速较低的非射流工况构建的。利用该模型计算时,喷气流速限定在1 m/s以下。分别取喷口孔径$d_h = 1.0$ mm、2.0 mm、3.0 mm、4.0 mm、5.0 mm,在气体最大流速范围内,由式(3.11)即可求得气泡脱离体积与气体流量的关系,如图3.3所示。

由图可见,在任意喷口孔径下,气泡脱离体积均随着气体流量增加而增大;在相同气体流量条件下,气泡体积则随喷口孔径的变大而增加,且气泡脱离体积与气体流量总体上呈现比较明显的线性关系,喷口孔径和气体流

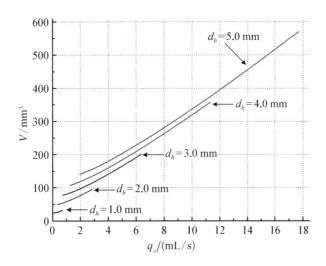

图 3.3　不同喷口孔径下气泡脱离体积与气体流量的关系曲线

量越大,该线性关系越明显。由此推测,在较大气体流量的情况下,喷口处形成气泡的脱离体积可由下式估算:

$$V_1 = k \cdot q_v \tag{3.13}$$

其中,气泡体积 V_1 的单位是 mm^3,气体流量 q_v 的单位是 mL/s。进一步数据分析可得,各曲线平均斜率 k 约为 32。

2. 射流工况

在高速摄影技术应用之前,传统理论研究认为,当从孔口喷出的气体流量增加到一定值后,气流会成为连续的射流(Jetting Regime),将不再有稳定的单个气泡形成。而采用高速摄影技术对射流工况的观测表明,即使气体流量很高,单一或双气泡也能形成,并且气泡形成机理似乎与低气流量时一致,而且在射流工况条件下具有更大的气体流量,由此可能会产生更多的大气泡。

车得福等的实验研究表明,在射流工况时会以如图 3.4 所示的过程形成一个大气泡。如图 3.4(a)所示,由于气流量较高,在前一个气泡未及完全分离时,后一个气泡已喷出,通常形成 3 个气泡连续喷出的景象;然后,如图 3.4(b)所示,前两个气泡首先发生聚并;最后一个气泡继续长大,并由于整体较大的浮力和气体的冲力等因素与喷口脱离,随后与前面的气泡发生聚并,进而形成如图 3.4(c)所示的一个尺度更大的气泡。在这种射流工况下,产生气泡的大小与喷口的直径关系不大。

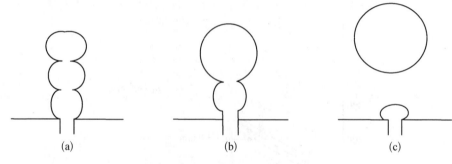

图 3.4　射流工况下气泡形成示意图

在射流工况下,最终形成的大气泡是由"一连串"喷出的 3 个小气泡聚并而成的,其体积与气体流量近似呈线性关系,即

$$V = k' \cdot q_v \qquad (3.14)$$

式中,斜率 k' 的值约为 0.1,V 的单位是 mL,q_v 的单位是 mL/s。

若将式(3.14)中气泡体积 V 的单位变为 mm^3,则其斜率 k' 约为 100,恰好是式(3.13)中斜率值 k 的 3 倍左右。因此,射流工况下最终脱离喷口形成的大气泡体积可由 3 个较小尺度的气泡体积之和估计,而 3 个小尺度气泡的体积仍然可用低流量工况下的模型来预测。

3.1.2　耦合模型

经典两阶段模型虽然比较成功地描述了气泡生成的理论模型,但以往建立的理论模型还存在许多问题,如往往只能计算气泡在生长结束时的脱离直径和脱离时间,而对生长过程中气泡尺寸大小的测量却缺乏系统而深入的分析,且任意选择模型参数以匹配它们的实验结果,未考虑气泡溶解的影响等。

在多数气液两相体系中,特别是当气体具有较快溶解速率和较大溶解度时,气泡生成过程中的半径变化受到气体溶解的显著影响,而气体溶解的速率又受气泡半径和时间的控制,所以气泡生成与气体溶解是一个相互影响、相互制约的耦合过程。耦合模型充分考虑了气体溶解的影响,通过将气体溶解模型与体积计算模型进行耦合求解,对气泡生成与气体溶解之间的耦合关系进行了动态分析,进而得出了静止液体中喷孔处气泡生成的耦合模型。该模型既可以分阶段地对气泡生长过程中的气泡体积进行实时求解,又可以对整个过程中的气泡生长时间进行实时预测。

3.1.2.1　体积计算模型

对气泡生长过程进行实时观察分析发现,实际的气泡生成过程可按气泡形态变化分为 4 个阶段: ① 球冠状生长阶段: 气泡在生长初期经历一个停滞阶段后,气相压力增大到一定值,气泡突破喷孔并呈球冠状向外生长; ② 球缺状生长阶段: 气体继续进入气泡,在表面张力等的作用下,经过一段时间,气泡开始呈球缺状生长; ③ 球形膨胀阶段: 随着供气的持续进行,气泡逐渐成长为近似球形,并且不断按照球形膨胀,径向长大; ④ 脱离阶段: 在浮升力的作用下,气泡底部上移,只通过一个"细颈"与喷孔相连,直到最后气泡完全脱离喷孔,开始向上运动。以下将针对各个生长阶段的特点,分别构建求解气泡体积的关系式。其中,前两个阶段尚未形成完整的近似球体形状,不便对气泡生长过程中的受力情况进行分析,但可通过几何方法建立气泡体积与喷孔直径的关系式,所以对前两个阶段可采用几何求解方法;而后两个阶段已经形成了完整的近似球体形状,所以直接采用受力分析的方法求解气泡体积。

1. 球冠状生长阶段

在此阶段中,随着气泡的生长,气液接触角 θ 从初始值 $180°$ 开始逐渐减小,当气液接触角 θ 降为 $90°$ 后,气泡开始呈球缺状生长,如图 3.5 所示。此阶段气泡体积的表达式可按如下推导。

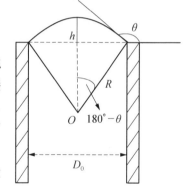

图 3.5　球冠状气泡生长阶段示意图

根据几何关系,建立球冠曲率半径 R、球冠高度 h 与喷孔直径 D_0 及气液接触角 θ 的关系式:

$$R\sin(180°-\theta)=R\sin\theta=D_0/2 \tag{3.15}$$

$$h=R-R\cos(180°-\theta)=R+R\cos\theta \tag{3.16}$$

球冠体积 v 的表达式为

$$v=\pi(3R-h)h^2/3 \tag{3.17}$$

联立以上三式,可得球冠状气泡体积的表达式为

$$V_b=\pi D_0^3(2+3\cos\theta-\cos^3\theta)/24\sin^3\theta \tag{3.18}$$

式中,θ 的取值范围是 $90°<\theta\leqslant180°$。

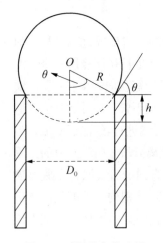

**图3.6 球缺状气泡生长
阶段示意图**

2. 球缺状生长阶段

在此阶段中,气液接触角 θ 由 $90°$ 逐渐减小为 $0°$,气泡呈球缺状生长,如图 3.6 所示。此阶段气泡体积的表达式推导如下:

建立球缺曲率半径 R、球冠高度 h 与喷孔直径 D_0 及气液接触角 θ 的关系式为

$$R\sin\theta = D_0/2 \tag{3.19}$$

$$h = R - R\cos\theta \tag{3.20}$$

球缺体积 v 的表达式为

$$v = 4\pi R^3/3 - \pi(3R - h)h^2/3 \tag{3.21}$$

于是,球缺状气泡体积为

$$V_b = \pi D_0^3(2 + 3\cos\theta - \cos^3\theta)/24\sin^3\theta \tag{3.22}$$

式中,θ 的取值范围是 $0° < \theta \leqslant 90°$。

综上可见,两个阶段的气泡体积表达式相同,只是 θ 的取值范围不同而已。在喷孔直径一定的情况下,只要通过图像处理软件获取气液接触角 θ,就可以求解前两个阶段任意时刻的气泡体积。

3. 球形膨胀阶段

在球形膨胀阶段,气泡径向长大,其上部以等于气泡半径变化率的速度运动,但其底部却并不脱离喷孔,而是始终与喷孔接触并保持静止。

在不考虑气体溶解的影响时,球形气泡在生成过程中受力分析与经典两阶段模型相同,球形膨胀阶段结束时的气泡体积方程也与式(3.11)基本一致。为与脱离阶段的体积相区别,定义此阶段的气泡体积为 V_e,则

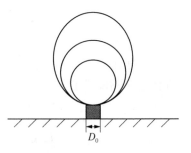

**图3.7 气泡球形膨胀
阶段示意图**

$$V_e = \frac{1}{(\rho_L - \rho_G)g}\left[\frac{2}{\pi}\rho_L C_d q_v^2\left(\frac{6}{\pi}\right)^{-2/3}V_e^{-2/3} + \pi D_0\sigma + \right.$$

$$\left. \frac{(\rho_G + \alpha\rho_L)}{12\pi\left(\frac{3}{4\pi}\right)^{2/3}}q_v^2 V_e^{-2/3} - \frac{\rho_G q_v^2}{\frac{\pi}{4}D_0^2}\right] \tag{3.23}$$

利用 MATLAB 编程即可求解上述方程。在液体和气体物性参数确定的情况下，只有气体流量 q_v 和喷孔直径 D_0 这两个参数决定着气泡的大小。

4. 脱离阶段

球形膨胀阶段结束后，气体继续通过喷孔进入气泡，使得气泡体积继续增大，同时其底部上移，通过一"细颈"与喷孔相连。细颈的长度用 L 表示。

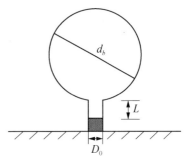

图 3.8　气泡脱离阶段示意图

在脱离阶段，气泡仍受到浮力 F_v、气体动量力 F_m、过量压力 F_p、黏滞阻力 F_d、附加质量力 F_σ 以及惯性力 F_i 的共同作用。与气泡球形膨胀阶段不同的是，此时气泡中心的速度 u_b 包括了气泡径向膨胀的速度 u_e 和"细颈"伸长速度 u，而气泡脱离体积 V_b 的表达形式也有相应的变化，具体表示为

$$u_b = u_e + u \tag{3.24}$$

$$V_b = V_e + q_v t_2 \tag{3.25}$$

式中，$t_2 = (V_b - V_e)/q_v$ 表示脱离阶段的时间。

在此阶段中，浮力、气体动量力、过量压力及附加表面力的表达式与球形膨胀阶段相同，而由于气泡中心速度的变化，造成黏滞阻力与惯性力的具体表达形式有所不同。将式(3.24)、式(3.25)代入式(3.3)、式(3.9)得脱离阶段的黏滞阻力与惯性力表达式：

$$F_d = \frac{\pi}{8} \rho_L C_d q_v^2 d_b^2 (u_e + u)^2 \tag{3.26}$$

$$F_i = (\rho_G + \alpha\rho_L)V_b \frac{\mathrm{d}u}{\mathrm{d}t} + (\rho_G + \alpha\rho_L)q_v u + $$
$$\frac{(\rho_G + \alpha\rho_L)}{12\pi}\left(\frac{3}{4\pi}\right)^{-2/3} q_v^2 V_b^{-2/3} \tag{3.27}$$

式(3.27)中含有关于 u 的一阶微分形式，必然会对气泡体积求解带来很大困难，因此对细颈伸长速度 u 作适当简化处理，得：

$$u = \frac{L}{t_2} = \frac{Lq_v}{V_b - V_e} \tag{3.28}$$

$$\frac{\mathrm{d}u}{\mathrm{d}t} = \frac{\mathrm{d}}{\mathrm{d}t}\left(\frac{L}{t_2}\right) = \frac{u}{t_2} = Lq_v^2(V_b - V_e)^{-2} \tag{3.29}$$

气泡脱离条件是影响预测气泡脱离尺寸的重要因素之一。分析实验中拍摄到的气泡生成图片显示,气泡脱离时的细颈长度略小于喷孔直径。因此,此处采用与实验现象相符的气泡脱离表达式,即

$$L = D_0 \tag{3.30}$$

将此阶段的各力表达式代入式(3.10),得到气泡脱离时的体积表达式为

$$V_b = \frac{1}{(\rho_L - \rho_G)g}\left\{\frac{\pi}{8}\rho_L C_d q_v^2 \left(\frac{6}{\pi}\right)^{2/3} V_b^{2/3} \times \left[\frac{4}{\pi}\left(\frac{6}{\pi}\right)^{-2/3} V_e^{-2/3} + \right.\right.$$

$$D_0(V_b - V_e)^{-1}\Big]^2 + \pi D_0\sigma + (\rho_G + \alpha\rho_L)q_v^2\left[\frac{1}{12\pi}\left(\frac{3}{4\pi}\right)^{-2/3}V_b^{-2/3} + \right.$$

$$\left.\left. D_0(V_b - V_e)^{-1} + D_0 V_b(V_b - V_e)^{-2}\right] + \pi D_0\sigma - \frac{\rho_G q_v^2}{\frac{\pi}{4}D_0^2}\right\} \tag{3.31}$$

从分析式(3.31)可知,在求得球形膨胀阶段结束时的气泡体积 V_e 后,脱离阶段结束时的气泡体积 V_b 也是关于气体流量、喷孔直径与气液物性参数的关系数据。

不考虑气体溶解的影响时,根据气泡生成的具体环境设定参数,即可求得脱离时刻的气泡体积。

在考虑气体溶解影响时,式(3.23)、式(3.31)将包含当前气泡半径、气泡中心上升速度等瞬态参数,并与气泡历史生长过程有关,此时需耦合其他条件才能求解。

3.1.2.2 气体溶解模型

气体溶解过程如图3.9所示。定义此时刻为初始时刻 $t=0$,对应的气泡半径为初始半径 R_0,在先前气体溶解的作用下,溶液中溶解气体的初始浓度为 C_0,气液界面的气体浓度为 C_s。在整个过程中,假定气液界面上的表面张力系数不随气泡半径变化,气泡内的密度不随时间变化。

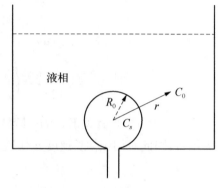

图3.9 气泡溶解过程示意图

距气泡中心 r 处溶解气体的浓度是关于半径 r 与时间 t 的函数,定义为 $C(r, t)$。根据气体扩散方程,在时间 $t > 0$ 时,距离气泡中心 r 处溶解气体的浓度为

$$\partial C/\partial t = D\Delta C \tag{3.32}$$

式中,D 为气体在溶液中的扩散系数。此外,$C(r, t)$ 还满足以下边界条件:

$$C(r, 0) = C_0, \ r > R \tag{3.33}$$

$$\lim_{r\to\infty} C(r, t) = C_0, \ t > 0 \tag{3.34}$$

$$C(R, t) = C_s, \ t > 0 \tag{3.35}$$

由亨利定律可知,对于大多数气体的稀溶液,在气体总压不高的情况下,吸收质在液相中的浓度与其在气相中的平衡分压成正比,则

$$C_0 = p_A/k, \ C_s = (p_A + 2\sigma/R)/k \tag{3.36}$$

式中,p_A 为气泡周围的压强,k 为气体的亨利常数。

引入独立变量:

$$u(r, t) = r(C - C_s) \tag{3.37}$$

则在浓度为 C 的位置,式(3.32)可写为

$$\partial u/\partial t = D(\partial^2 u/\partial r^2) \tag{3.38}$$

初始边界条件可写为

$$u(r, 0) = r(C_0 - C_s) = -r(2\sigma/Rk) \tag{3.39}$$

$$u(R, t) = r(C - C_s) = 0 \tag{3.40}$$

在 r 坐标内做线性变换,得

$$\xi = r - R \tag{3.41}$$

则方程的解为

$$u(r, t) = \frac{\sigma}{Rk\sqrt{\pi Dt}} \int_0^\infty (R + \xi')\{\exp[-(\xi - \xi')^2/4Dt] -$$

$$\exp[-(\xi + \xi')^2/4Dt]\}\mathrm{d}\xi' \tag{3.42}$$

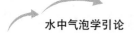

于是，在 $r = R$ 处，气体的浓度梯度为

$$(\partial u / \partial r)_R = -\frac{2\sigma}{Rk}\left(1 + R\Big/\sqrt{\pi Dt}\right) \tag{3.43}$$

根据气体的质量守恒规律，得到 $(\partial C / \partial r)_R = (\partial u / \partial r)_R / R$，则上式写为

$$(\partial C / \partial r)_R = -\frac{2\sigma}{Rk}\left(\frac{1}{R} + \frac{1}{\sqrt{\pi Dt}}\right) \tag{3.44}$$

则单位时间流出气泡的气体质量为

$$\frac{\mathrm{d}m}{\mathrm{d}t} = SD(\partial C / \partial r)_R = 4\pi R^2 D(\partial C / \partial r)_R$$

$$= -\pi R^2 D\frac{8\sigma}{Rk}\left(\frac{1}{R} + \frac{1}{\sqrt{\pi Dt}}\right) \tag{3.45}$$

这样，在考虑气体溶解的影响时，除了不断地向气泡中充气，还伴随着气体向液体中的扩散，则气泡生成阶段的瞬时体积变化率可以表示为

$$\frac{\mathrm{d}V}{\mathrm{d}t} = q_v - \frac{1}{\rho_G}\frac{\mathrm{d}m}{\mathrm{d}t} = q_v - \frac{8\pi RD\sigma}{k\rho_G}\left(\frac{1}{R} + \frac{1}{\sqrt{\pi Dt}}\right) \tag{3.46}$$

对气泡体积表达式 $V = 4\pi R^3 / 3$ 进行求导得

$$\frac{\mathrm{d}V}{\mathrm{d}t} = 4\pi R^2 \frac{\mathrm{d}R}{\mathrm{d}t} \tag{3.47}$$

将以上两式进行联立求解，可得到关于气泡半径变化率的一阶微分方程：

$$\frac{\mathrm{d}R}{\mathrm{d}t} = \left[q_v - \frac{8\pi RD\sigma}{k\rho_G}\left(\frac{1}{R} + \frac{1}{\sqrt{\pi Dt}}\right)\right]\Big/ 4\pi R^2 \tag{3.48}$$

通过以上气体溶解模型可以得出气泡半径 R_b 与生长时间 t 的瞬时对应关系，但却无法确定气泡的脱离尺寸与脱离时间。

3.1.2.3 耦合模型

1. 模型耦合求解

如前所述，当气体具有较快溶解速率和较大溶解度时，气泡生成过程中的半径变化受到气体溶解的显著影响。对式(3.45)进行分析后可知，气体溶解的速率又受气泡半径和时间的控制，所以气泡生成与气体溶解是一个相互影响、相互制约的耦合过程。这样,以上两个模型都不能单独求解以获得气泡的脱离体积及脱离时间,但可以利用其内在联系,对体积计算模型与气体溶解模型进行耦合求解,从而实现对整个气泡生长过程中的气泡体积与生长时间进行实时求解。

对于球冠状及球缺状气泡生长阶段,只要获取这一过程中任意时刻的气泡图像,就可通过式(3.18)、式(3.22)求解出该时刻对应的气泡体积,进而通过式(3.48)确定生长时间。为此,以下仅就膨胀阶段与脱离阶段的气泡模型耦合求解的实现过程进行介绍。

在考虑气体溶解的影响时,两个阶段中任意时刻的气泡体积求解都要涉及气泡中心上升速度 u_b 这一重要参数,但其不能再简单地用式(3.5)和式(3.24)表示,而应分别建立如下关系式:

$$u_{b1} = \frac{\mathrm{d}R}{\mathrm{d}t} = \left[q_v - \frac{8\pi RD\sigma}{k\rho_G}\left(\frac{1}{R} + \frac{1}{\sqrt{\pi Dt}} \right) \right] \Big/ 4\pi R^2 \qquad (3.49)$$

$$u_{b2} = \left[q_v - \frac{8\pi RD\sigma}{k\rho_G}\left(\frac{1}{R} + \frac{1}{\sqrt{\pi Dt}} \right) \right] \Big/ 4\pi R^2 + \frac{Lq_v}{V_b - V_e} \qquad (3.50)$$

在惯性力的表达式中又涉及 $\mathrm{d}u_b/\mathrm{d}t$、$\mathrm{d}V_b/\mathrm{d}t$ 等项,而半径 R_b 和体积 V_b 本身就是关于时间 t 的函数,对其求解将得出一个关于时间的二阶微分方程。此外,考虑气体溶解的影响时,过量压力及黏滞阻力的表达式中也包含 u_b 项,如果将式(3.49)、式(3.50)代入,将得到包含时间 t 在内的二次方项等更为复杂的方程。那么,将各种力的表达式代入力平衡表达式(3.10)中,将造成方程无法直接求解。

实际上,气体溶解模型本身就隐藏着丰富的求解信息,对其求解可以得到气泡半径 R_b 与生长时间 t 的瞬时对应关系、气泡半径变化率等,而这恰恰可为求解力平衡方程式提供瞬时气泡半径、气泡速度等必要的参数,然后将解得的各种参数按时间顺序分别代入到力平衡判定条件式(3.10)中,进行迭代计算,满足力平衡条件的即为气泡的脱离尺寸与脱离时间,这样,就可实现对两个阶段的鼓泡过程进行耦合求解。

两个阶段鼓泡耦合求解的一般过程示意图如图 3.10 所示。具体求解过程为:首先利用 MATLAB 求解出式(3.48)的数值解,得到气泡半径 R_b(0,R)与时间 t(0,T)的 n 组数值对应关系,而后依次将第 i 组数值对应关系 R_i 与 T_i 代入到膨胀阶段的力平衡条件中,得到的第一次满足力平衡条件的 R_{bi} 和 T_i,即为膨胀阶段结束时的气泡半径 R_e 和时间 T_1;再将气泡半径 R_b

(R_e, R) 与时间 $t(T_1, T)$ 的对应关系代入到脱离阶段的力平衡条件中，重复上述步骤，寻找出满足力平衡条件的 R'_{bi} 和 T'_i，这时所得的 R'_{bi} 和 T'_i 即为脱离阶段结束时的气泡半径 R_b 和时间 T_2。

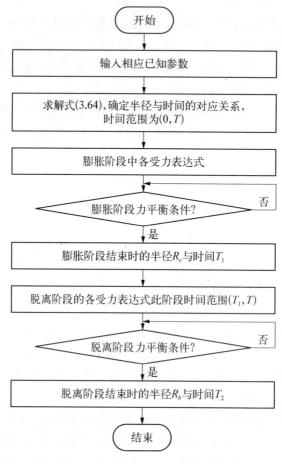

图 3.10　鼓泡耦合求解的一般过程示意图

2. 计算值与实验值的对比分析

考虑到模型的设计思想及在不同气体气泡的生成过程中气体溶解的影响不同，分别选取具有代表性的难溶性气体 N_2 和易溶性气体 NH_3 作为气源气体来进行计算，以检验模型的适用性。将采用前述耦合求解方法计算的气泡脱离尺寸与本书的实验值以及不考虑气体溶解影响时的模型计算值进行比较，以验证耦合模型的正确性。标准大气压下 20 ℃时，计算中涉及的各个参数的取值情况如下所示：$\rho_L = 1.0 \times 10^3 \text{ kg/m}^3$、$q_v = 0.01 \sim 0.1 \text{ L/min}$、

$d_0 = 0.8$ mm、$\sigma = 0.073$ N/m、$\mu_L = 1.005 \times 10^{-3}$ Pa·s。对于氮气，$\rho_G = 1.25$ kg/m³、$k = 6.52 \times 10^6$ Pa·m³/kg、$D = 1.64 \times 10^{-9}$ m²/s；对于氨气，$\rho_G = 0.708$ kg/m³、$k = 134.5$ Pa·m³/kg、$D = 1.76 \times 10^{-9}$ m²/s。

图 3.11、图 3.12 所示分别为采用不考虑气体溶解影响时的体积计算模型及本章的耦合模型所得的 N_2 气泡和 NH_3 气泡脱离直径的理论值与实验值的对比情况。图中横轴表示气体流量，纵轴表示气泡等效直径。

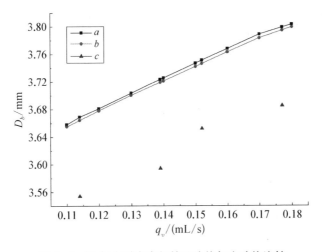

图 3.11　N_2 气泡脱离直径的理论值与实验值比较

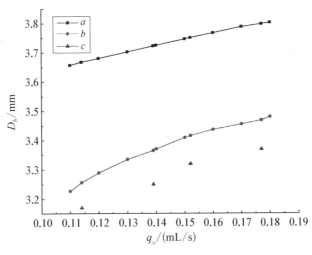

图 3.12　NH_3 气泡脱离直径的计算值与实验值比较

由图 3.11 可见,在给定的气体流量范围内,采用两种模型求解方法所得的计算结果基本相同,且与实验结果吻合情况较好。这表明,在 N_2 等难溶性气泡的生成过程中,气体溶解的影响并不明显,基本可以忽略不计;本书的耦合模型与不考虑气体溶解影响的体积计算模型的适用性相同,均可用来计算难溶性气泡的脱离体积。

由图 3.12 可见,在给定的气体流量范围内,本节的耦合模型与不考虑气体溶解影响的体积计算模型相比,其计算值与实验值吻合情况更好。这表明,对于 NH_3 等易溶性气体而言,在气体流量较低时,气体溶解的影响是不可忽略的,且在求解 NH_3 等易溶性气泡的脱离体积方面,本书给出的耦合模型与不考虑气体溶解影响的体积计算模型相比具有更好的适应性。

在以上两种情况下,计算值与实验值存在一定偏差的可能原因是:① 从实验拍摄的图片来看,模型中采用的气泡脱离条件 $L=d_0$ 不够准确,实际的细颈长度 L 小于喷孔直径 d_0,使计算中采用的脱离时间稍长,造成计算值比实验值偏大;② 通过图像处理方法获取实验数据时存在误差。

通过上述计算值与实验值的对比分析可见,本书给出的耦合模型可有效地提高对气泡脱离直径的预测精度,对 N_2 和 NH_3 等两类气体气泡的求解都适用,尤其是对于 NH_3 等易溶性气体气泡,此方法更为合理,预测精度更高。

这里需要指出的是,本节研究的单气泡从初生到气泡脱离喷口这一过程的气泡生成问题,可以作为理论研究多气泡生成过程的基础。多气泡生成时,不仅要考虑操作条件对其的影响,还要考虑气泡之间的相互作用,包括正在生成的单气泡及已经生成的气泡对周围正在生成的其他气泡的影响,情况更为复杂。而本节研究克服了现有气泡生成模型在求解气泡瞬态体积方面的不足,可以较好地求解正在生成的单气泡的特征参数,为理论研究多气泡生成提供了基础。

3. 影响气泡尺寸的因素分析

由模型的推导过程可以看出,在不考虑气体密度、黏度的影响时,气泡的直径受到气体流量、喷孔直径、液体密度、液体黏度、气液表面张力等多种因素的共同作用,因此需要结合公式及计算结果对各种力及主要参数对气泡尺寸的影响做具体分析。

图 3.13 所示是将空气通过喷孔向水中鼓泡情况下,当脱离阶段结束时作用在气泡上的各种力的比较。选取的计算参数如下:$\rho_L = 1.0 \times$

10^3 kg/m^3、$\rho_G = 1.29$ kg/m^3、$q_v = 0.1 \sim 1$ L/min、$d_0 = 1.0$ mm、$\sigma = 0.073$ N/m、$\mu_L = 1.005 \times 10^{-3}$ Pa·s。从图中可以看出，在给定的气体流量范围内，过量压力 F_n 与黏滞阻力 F_d 的影响始终很小，基本可以忽略不计；附加表面力 F_σ 保持不变；浮力 F_b、气体动量力 F_m 以及惯性力 F_i 都随着气体流量的增大而增大。当气体流量较低 ($q_v < 0.5$ L/min) 时，作用在气泡上的力主要是浮力、惯性力以及附加表面力，其中浮力的影响较大，基本上是惯性力与附加表面力之和，所以作用在气泡方向的向上的升力作用比较明显，气泡体积相对较小。随着气体流量的增加，惯性力逐渐增大，其影响渐渐超过浮力的影响。同时，气体动量力的影响也显著增大，其影响会随之超过附加表面力的影响。综合上述分析可见，随着气体流量的变化，作用在气泡上的各种力的表现形式是不同的，可以根据各力影响程度的大小，对求解模型进行适当的简化，以便于各种条件下的气泡尺寸求解。

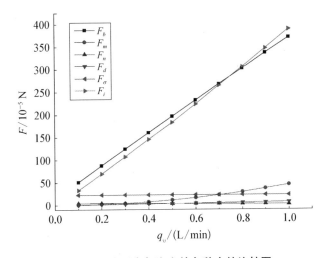

图 3.13 作用在气泡上的各种力的比较图

图 3.14 所示为气体流量和喷孔直径对气泡脱离直径的影响规律。选取的计算参数：$\rho_L = 1.0 \times 10^3$ kg/m^3、$\rho_G = 1.29$ kg/m^3、$\sigma = 0.073$ N/m、$\mu_L = 1.005 \times 10^{-3}$ Pa·s，喷孔直径 d_0 分别取 0.8 mm、1.2 mm 和 1.6 mm。从图中可以看出，在相同的气体流量下，随着喷孔直径的增加，气泡的直径也随之增大，其原因是喷孔直径与表面张力成正比，喷孔直径增大，表面张力增强，气泡脱离时间增长，气泡的直径也随着增大。以上得出的规律与实验所得

的规律是一致的,这也在某种程度上反映了模型的正确性。此外,在同一喷孔直径的情况下,随着气体流量的增大,气泡直径也显著增大;喷孔直径越大,由流量变化引起的气泡直径增大幅度也越大。

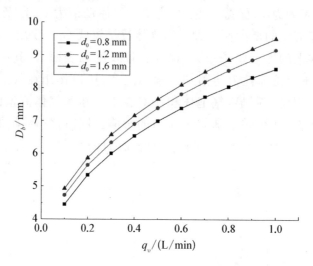

图 3.14　气体流量和喷孔直径对气泡脱离直径的影响规律曲线

图 3.15 所示为气体流量和表面张力系数对气泡直径的影响规律。选取的计算参数如下:$\rho_L = 1.0 \times 10^3$ kg/m³、$\rho_G = 1.29$ kg/m³、$\mu_L = 1.005 \times 10^{-3}$ Pa·s、$d_0 = 1.2$ mm,表面张力系数 σ 分别取 0.073 N/m、0.173 N/m、

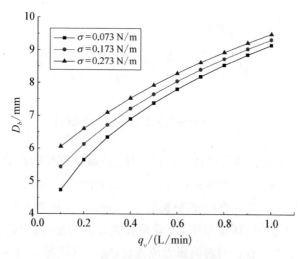

**图 3.15　气体流量和表面张力系数对气泡
脱离直径的影响规律曲线**

0.273 N/m。从图中可以看出,其影响规律与喷孔直径对气泡直径的影响规律大体相同,也是在相同气体流量下,气泡直径随着表面张力系数的增大而增大,其原因是表面张力和表面张力系数成正比,随着表面张力的增加,气泡直径增大;在同一表面张力下,气泡直径随着气体流量的增大而增大,有所区别的是表面张力系数越小,由气体流量变化引起的气泡直径增大幅度越大。

图 3.16 所示为气体流量和液体密度对气泡直径的影响规律,选取的计算参数:$\rho_G = 1.29$ kg/m³、$\mu_L = 1.005 \times 10^{-3}$ Pa·s、$d_0 = 1.2$ mm、$\sigma = 0.173$ N/m,液体密度 ρ_L 分别取 1 000 kg/m³、1 800 kg/m³、2 600 kg/m³。从图中可以看出,气体流量的影响与上述两种影响相同,即在同一液体密度下,气泡直径随着气体流量的增大而增大,但液体密度对气泡直径的影响规律与喷孔直径、表面张力系数对气泡直径的影响规律却有所区别。在相同气体流量下,气泡直径随着液体密度的增大而减小,这是因为液体密度增大,导致气泡所受浮力增强,故而气泡更早脱离,气泡体积较小。此外,随着气体流量的增大,由于惯性力的影响逐渐增强,导致液体密度变化对气泡直径的影响减小。

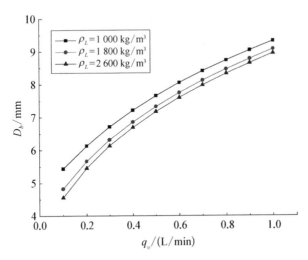

图 3.16　气体流量和液体密度对气泡脱离直径的影响规律曲线

综合上述分析可见,气体流量、喷孔直径、表面张力系数及液体密度等都对气泡尺寸有较大影响。将上述单个因素对气泡生成的影响规律进行研究后,有助于定性分析工程实际应用中多个因素同时改变对气泡生成的综合影响,为设计舰船尾流抑制气泡的释放装置提供了必要的理论准备。

3.2 喷孔气泡生长规律的实验研究

3.2.1 实验设计

在实验室条件下对喷孔气泡生长规律进行了研究,并考察了各种可能因素对喷孔气泡生成的影响,为后续在实际应用环境下生成特定尺度的气泡提供了有益的参考。

3.2.1.1 实验目的与实验方法

1. 实验目的

实验目的是研究影响喷孔气泡生成的主要因素及其影响规律。实验分别在液体静止状态及横向流动状态下开展。两种液体实验状态的实现及实验测量均相对比较容易,且测量所得的规律性结论可以作为研究复杂流场环境下气泡生成规律的基础,国内外已有诸多学者采用实验测量的方法对此问题进行了研究,但以往研究的考虑因素主要集中于气体流量、喷孔直径、液体物性和液体流速等量值上,研究对象也仅局限于气泡脱离体积及气泡脱离周期这两个特征方面。除考虑上述影响因素外,本实验还将考虑喷气装置特征(喷孔的形状、类型及分布)、喷气角度、喷气深度、喷气成分等因素对气泡生成的影响,研究对象也扩展到了气泡形状(气泡长宽比表征)、气泡脱离高度、气泡接触角等特征方面。

2. 实验方法

在实验中,采用摄像技术,对各种操作条件下液体中喷孔气泡的生长脱离过程进行观察和记录,获取气泡生成过程的序列图像,进而利用自行编制的图像处理程序及相关的辅助图像处理软件对图像进行处理,以获取气泡的生长脱离特性。

3.2.1.2 实验装置的制作及选用

实验分为液体静止状态下的气泡生成及液体横向流动状态下的气泡生成这两种情况。针对实验需求自行设计了可视化实验装置,主要包括可视化实验装置、气泡生成装置(喷气装置)、供气装置、数据采集装置、辅助器材五大部分。液体静止和液体横向流动两种状态下的气泡生成装置示意图分别如图 3.17、图 3.18 所示。

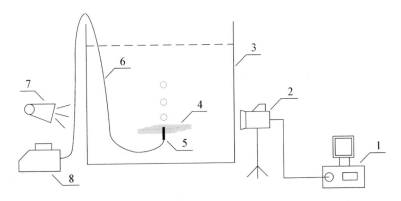

1.计算机;2.摄像机;3.玻璃水箱;4.定深装置;5.喷孔;6.导气管;7.光源;8.供气装置

图 3.17　静止液体中的气泡生成装置示意图

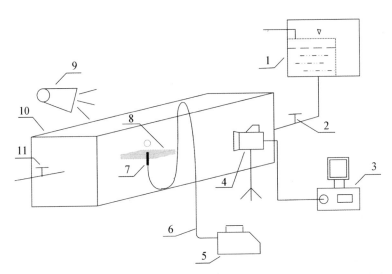

1.高位水箱;2.进流控制阀;3.摄像机;4.计算机;5.供气装置;6.导气管;7.喷孔;
8.定深装置;9.有机玻璃流道;10.光源;11.出流控制阀

图 3.18　横向流动液体中的气泡生成装置示意图

1. 可视化实验段

考虑到选材的便利性及操作的可行性,两种情况下的气泡生成实验并未在同一环境下展开,而是选取了两种不同的实验装置作为可视化实验段。图 3.19(a)所示为液体静止状态下的可视化实验段,玻璃水箱是 60 cm×30 cm×40 cm(长×宽×高)的立方体型容器,其内盛水高度设定为 30 cm。图 3.19(b)所示为液体横向流动状态下的可视化实验段,有机玻璃流道呈长条形,宽度及高度与玻璃水箱几乎相同,其上每隔一定距离有一间隔标记,选取其中一段作为实验段。在横向流场条件下的气泡生成实验中,通过水泵将高位水箱中的水泵入有机玻璃流道中,水流量由流道两侧的进、出流控制阀来控制。将两个阀门置于相同的开闭程度,即可形成实验所需的稳定横向流场环境并实现对流速的控制。上述两种可视化实验装置的纵向方向上均固定着刻度尺,用来测量气泡生成时喷孔所处的水深。

(a)　　　　　　　　　　　　　　(b)

图 3.19　可视化实验段

(a)静止液体;(b)横向流动液体

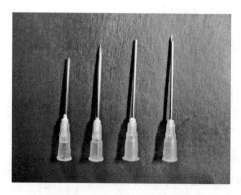

图 3.20　气泡生成装置实物图

2. 气泡生成装置

考虑到选材及加工的便利性,选取不同类型的针头及塑料喷孔管作为气泡生成装置,用来喷气以产生气泡。为了考察喷气装置特征对气泡生成的影响,选取的装置主要包括:孔口直径分别为 0.8 mm、1.2 mm、1.6 mm 的 3 种针头;同一孔径的平口针头及斜角为 45°的两种针头;出口面积基本相同的圆形和正方形的喷孔管两种;出口直径相同的圆形和正方形的喷孔管两种;出口周长相同的圆形和正方形的喷孔管两种。图 3.20 所示为部分气泡生成装置实物图。

3. 供气装置

供气装置主要由自动推气装置、若干不同规格的注射器及导气管组成。

自动推气装置的主体是一个直流电动机,配套的变压器将 220 V 的交流电转换为可用电源向电动机供电,电动机则通过专门的传动装置将旋转输出转化为直线推进,可前推可后拉。前推过程中推动固定于支架上的注射器,通过导气管向气泡发生装置供气。电动机的进动速度恒定。

不同规格的注射器(1 mL、2.5 mL、5 mL、10 mL 等)用来提供产生气泡所需的气体,具体实验过程中,可以单独使用某一规格的注射器,也可同时使用多个不同规格的注射器联合供气,以此提供实验所需的较大范围内的变化流量。

导气管由输液管改制而成,其一端与注射器相连,将推动多个注射器产生的气流汇集成一股气流,输送至导气管另一端的气泡发生装置来产生气泡。

4. 数据采集装置

数据采集装置由摄像机、拍摄光源及计算机组成,实验中使用 Canon 的 A540 数码相机进行拍摄,拍摄最高像素可达 640×320 dpi。在拍摄过程中,使摄像机与气泡生成区域处于同一高度,调节摄像机焦距及拍摄距离,以获取良好的拍摄效果。为了使拍摄到的气泡图像的边缘清晰,以提高图像分析的准确度,实验时采取了以下措施:由于气泡表面反光的特殊性,应避免用强烈点光源对其拍摄,为此,在静水实验中,测试选择室内双光源照明方式进行拍摄,使光源及拍摄区域处于同一水平面上,与摄像机及气泡生成区域组成的平面呈 90° 左右的角,对称分布于玻璃水箱两侧。测试区域采用黑色背景,以避免背景反射,最大限度地减小照片的背景干扰。实验结束后,将摄像机拍摄到的影像资料传输到计算机中,利用自编的图像处理程序对其进行分析,从而获得气泡的生长、脱离特性。

5. 辅助器材

辅助器材主要包括架设装置、温度计及秒表等。架设装置由底座和支架两部分组成(如图 3.21 所示),用来固定导气管及针头。底座边缘上均匀分布了 3 个具有螺纹的圆孔,可供 3 枚螺帽分别旋入以调整架设装置的高度及水平。底座的圆心处嵌有圆柱形尼龙棒,尼龙棒上端有长方形凹槽可固定支架。支架则由特殊处理的塑料直尺、螺钉、螺帽和垫片构成。实验时可通过调整装置底座、支架的高度及两塑料直尺之间的夹角来实现对喷气高度、喷气角度等参数的调节。温度计用来测量水温,确保实验在近似的恒温水域下进行,以消除可能存在的温度变化对实验的影响。秒表用来测量供气时间、横向流速和辅助测量气泡脱离周期等。

 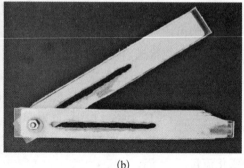

(a)　　　　　　　　　　　　　(b)

图 3.21　架设装置

(a) 架设装置底座；(b) 架设装置支架

3.2.1.3　实验内容与步骤

1. 实验内容

本实验共分两个部分，分别为液体静止状态下的喷孔气泡生成实验、横向流场状态下的喷孔气泡生成实验。实验中将研究各种可能因素对气泡生成的影响，具体内容包括：

（1）采用直径分别为 0.8 mm、1.2 mm 和 1.6 mm 的针头来研究喷孔直径变化对气泡生成的影响。

（2）采用不同数量和容量的注射器组合供气来研究气体流量变化对气泡生成的影响。

（3）采用不同的喷气角度来研究喷孔倾斜程度对气泡生成的影响。

（4）采用不同喷气深度来研究外界环境压力对气泡生成的影响。

（5）采用圆形、方形喷孔来研究喷孔形状变化对气泡生成的影响。

（6）采用空气、N_2、NH_3 等气体来研究喷气成分变化对气泡生成的影响。

（7）采用平口针头、斜角针头来研究喷孔类型变化对气泡生成的影响。

（8）采用不同喷孔数量、间距及分布来研究喷孔布设形式对气泡生成的影响。

（9）研究液体流速变化对气泡生成的影响。

2. 实验步骤

（1）向实验容器中注入一定量的水（横向流场实验中要提前生成实验所需的稳定流场环境），将导气管的一端与喷孔相连，另一端与注射器相连。

（2）按实验要求架设好光源、摄像机，调节焦距使图像清晰。

（3）记录各实验参数，如气体流量、液体流速、喷气深度、喷孔直径等。

（4）将喷孔固定于水下预定深度处，开启电动机，推动注射器前进，气体流经导气管，并通过喷孔向水中鼓泡，待形成连续稳定鼓泡时，利用摄像机进行拍摄。

（5）利用软件提取出气泡生成的序列图片，并利用自编的图像处理程序及相关的图像处理软件来测量气泡体积及生长时间等参数，记录实验结果。

（6）改变实验参数，重复上述步骤，进行不同参数情况下的实验。

为确保实验结果准确、可靠，需把握以下几点：应在操作环境稳定后再进行实验测量；在具体观察记录时，对同一组次的前几个气泡不予记录，只记录后续稳定生成的气泡；通过对稳定工况下的实验现象进行多组测量后，对数据进行统计分析，选取较为理想的数据作为当前条件下的观测值。此外，在实验具体操作时应注意：每次实验前应首先检查气路的气密性、通畅性，确保不漏气、气流通畅；每次更换喷孔及重新补充气量时，应先从水中取出喷孔，然后进行相应操作，防止液体倒流。

3.2.2　实验数据的获取

3.2.2.1　气体流量和液体流速的测量

1. 气体流量的测量

针对某些注射器可提供的气体流量较小，致使流量计无法测量或难以准确测量，在这种情况下，应采取以下测量方法：实验中，用电动机以恒定速度单独推进某一规格注射器，根据注射器的气体容量值 Q 与用秒表测量的推进时间 T 求得气体流量 Q_g。其计算公式为

$$Q_g = Q/T \tag{3.51}$$

通过这种方法可以得出各种规格的注射器所对应的气体流量。那么，当采用多个注射器组合供气时，总的气体流量就是各注射器对应的气体流量之和。本次实验可提供的最小气体流量为 0.038 mL/s。流经喷孔的气体流速 V_g 用下列公式计算，其中 D_0 为喷孔直径：

$$V_g = 4Q_g/\pi D_0^2 \tag{3.52}$$

2. 液体流速的测量

在实验室现有条件下，选择抛小球测速法测量液体流速，通过调节进出流量控制阀形成符合实验需求的稳定横向流场之后，将小球从预定的初始

位置之前某一距离处放入到横向流中,小球在某一水域高度处漂浮前进,当小球经过预定初始位置时,开始用秒表计时,待小球流过预定终了位置时结束计时,读取秒表上记录的木块经过路程 S 所用的时间 T,则液体流速 v 的计算公式为

$$v = S/T \tag{3.53}$$

3.2.2.2　气泡脱离体积的测量

气泡脱离体积是研究气泡生成问题时所重点考察的气泡特征。前人研究多是通过测量某一供气量下的气泡生成频率来近似求解一段时间内生成气泡的平均直径。对于求解溶解度较大的气体气泡的脱离体积,该方法将会产生很大误差。为了克服这种测量方法的局限性,满足本书实验的测量需求,特自行编制了相应的图像处理程序,通过对气泡生成的序列图片进行图像处理得到气泡的脱离体积。具体操作步骤是:将摄像机拍摄的气泡生成过程影像存储到计算机中,通过会声会影图像软件将影像按帧分割成气泡生成的序列图片,并以 JPEG 格式保存下来,再利用 MATLAB 编制的图像处理程序进行分析,进而得到气泡的脱离体积。气泡生成过程中的瞬态体积也可通过此方法求得。

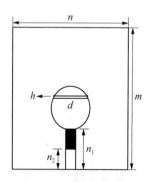

图 3.22　气泡脱离体积求解示意图

1. 气泡体积的求解思路

以喷孔竖直向上时的气泡生成为例进行分析。图 3.22 所示为这一情况下的气泡脱离体积求解示意图。

由于气泡形状近似为轴对称旋转体,利用高等数学知识,此类形状的旋转体体积等于按垂直于中轴进行分割的所有微小圆柱的体积和(初始生成的气泡按此方法分割后,每一部分的横截面基本上都是近似圆形,所以对于横向流场中不呈轴对称生长的气泡,其体积求解也可采用此思路)。实际拍摄的图像可以被看成灰度从 0 到 255 取值的像素点的集合,故可按照平面图像中气泡区域纵轴方向的最大像素点数量(行像素点数量)将气泡分成 N 份。那么,每个圆柱的底面直径可认为是该行气泡部分所占的列像素点的个数,而圆柱高度则为1(1 个像素点),这样就可通过计算求得平面图像中气泡的体积,但实际要求解的是真实气泡的体积。为此,需要先将图中圆柱底面直径和高度值转化为对应的真实气泡的横向生长直径和生长高度,这就涉及

到求解图像缩放比例(即图像中 1 个像素点对应的真实长度)的问题。在拍摄过程中,由于喷孔也不可避免地被拍摄在图像内,故可利用喷孔高度作为特征长度来获取图像的缩放比率,即利用图像处理程序求解真实喷孔长度所对应的图中像素点个数,进而获得单个像素点对应的真实长度,然后即可利用前述方法求解真实气泡的脱离体积。

实际拍摄过程中,采取了一系列措施大幅缩减了气泡图像背景的影响,使其不会对气泡图像处理产生影响,但由于喷孔亮度较大,与图像气泡区域的灰度值相差不大,如果喷孔的影响不消除,必定对图像处理产生较大影响。为了消除这一影响,专门在喷孔气泡发生部位(喷孔末端)包覆了一段黑色薄片,以使气泡与喷孔差异明显,便于求解气泡体积。通过求解喷孔黑色部分对应的像素点个数,可获得单个像素点对应的真实长度,然后求解真实气泡的脱离体积。其中,每个圆柱的体积求解公式为

$$V_n = \frac{1}{4}\pi d^2 h \tag{3.54}$$

式中,V_n 为每个圆柱的体积,d 为气泡的平面横向测量直径(圆柱底面直径),h 为气泡的生长高度(圆柱高度)。那么,气泡的体积 V_b 等于 N 个圆柱的体积和。

2. 气泡体积的求解过程

从上述求解思路分析可以看出,图像处理的首要任务是求解喷孔黑色部分对应的像素点个数,以获取图像缩放比例。对图像处理时涉及的参数做如下假设:整个喷孔纵向所占像素个数为 n_1;喷孔白色部分纵向所占像素个数为 n_2;喷孔黑色部分纵向所占像素个数为 n_3,对应实际长度为 h_3。

从以上的分析可以看出,求解 n_3 的一般过程为:首先通过 Photoshop 对拍摄的图像进行处理,将处理后的图像转换为灰度图像,增强图像对比效果,根据气泡边缘的灰度值确定相应阈值,将图像转换为二值图像,从图像底侧喷孔处开始按行遍历各像素点,并分别对各行白色像素点个数进行统计,如果某行的统计值为零,则表明遍历已到达喷孔黑色部分底部边缘,记录行像素点数 n_2,然后从 n_2+1 行继续向上按行遍历各像素,并分别对各行白色像素点个数进行统计,如果某行的统计值不为零,则表明遍历已到达气泡底部边缘,记录行像素点数 n_1,由此,可得喷孔黑色部分所占像素个数为 $n_3 = n_1 - n_2$。

结合上述求解思路及过程描述,利用 MATLAB 编制了相应的求解程

序,按流程读入原始图像、预处理、增强处理、图像二值化,处理后的图像如图 3.23 所示。

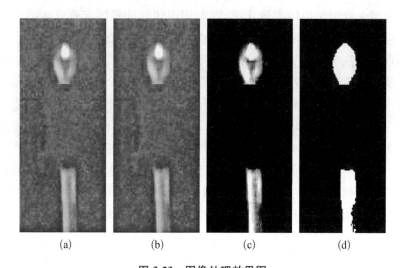

（a）　　　　　　（b）　　　　　　（c）　　　　　　（d）

图 3.23　图像处理效果图

（a）原始图像；（b）灰度图像；（c）图像增强；（d）二值图像

图像处理过程中,阈值 a、b、c 的设定关系到图像处理的精度,它们的取值可以借助 MATLAB 图像阅览器["imview(～)"]的像素区域工具来具体确定。处理后得到的图像可用于计算气泡脱离体积。气泡脱离直径,即气泡作球形处理的当量直径表达式为

$$D_b = (6V_b/\pi)^{1/3} \qquad (3.55)$$

3.2.2.3　气泡形状及气液接触角的测量

1. 气泡形状的测量

气液接触表面积直接影响着气体吸收、曝气传质、气泡聚并等许多过程的效率。对于不同形状的气泡,即使体积相同,其表面积也可能不同。因此,气泡形状也是有必要考察的气泡特征。对于初始生成的喷孔气泡,一般是轴对称旋转体,形状比较规则。因此,本书采用气泡长宽比来表征气泡特征,相对简单、形象。根据前一小节分析,气泡所占像素点的高度及最大宽度都是可以求得的,那么气泡长宽比就是高度与最大宽度的比值。比值越大,气泡越狭长;比值越小,气泡越扁平;比值越接近 1,则气泡形状越接近球形。

2. 气泡接触角的测量

气泡接触角 θ 是反映气泡生长过程及其形状变化的重要特征。本书研究

的气液接触角定义为气、水交界面和喷孔平面所形成的
夹角,如图 3.24 所示。利用 Photoshop 图像处理软件中
的测量工具对气泡生长的序列图片进行测量(图像边缘
模糊时,借助 MATLAB 图像阅览器测量),即可方便地
测得 θ 的数值。静水条件下喷孔向上鼓泡时的气泡接
触角一般是左右近似对称的,测量任意一个即可。横向
流场条件下喷孔向上鼓泡时,气泡会沿流场方向倾斜生
长,左右接触角不同。将喷孔平面与迎着流场方向的
气、水交界面所形成的夹角称为气泡的前进接触角 θ_A,

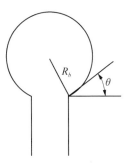

图 3.24　气泡接触角
定义示意图

将喷孔平面与顺着流场方向的气、水交界面所形成的夹角称为气泡的后退接
触角 θ_R,两个接触角需要分别测量。根据测得的接触角的大小绘制接触角与
时间的关系曲线,就可以分析气泡的生长过程及形状变化。

3.2.2.4　气泡脱离周期与气泡生长时间的测量

气泡脱离周期是指先后生成的两个气泡脱离时刻的时间差,气泡生长时间
是指从气泡初始生成到气泡生长到某一尺寸所对应的时间。以往对气泡脱离周
期的测量是通过统计的一段时间内生成气泡的个数来实现的。这种方法对测量
仪器精密程度及操作人员反应能力都有较高要求,否则影响测量的精度。利用
摄像机对稳定生成的多个气泡进行拍摄记录,利用会声会影处理软件将拍摄的
气泡按帧进行分割,由此得到气泡生长脱离过程的瞬时序列图片,然后根据先后
生成的两个气泡脱离瞬间图片所对应的时间点求得气泡脱离周期,根据气泡初
始生成瞬间图片和某一瞬态气泡图片对应的时间点就可求得气泡生长时间。

3.2.3　喷孔气泡生长影响因素分析

按照预定的实验内容,进行了实验室条件下喷孔气泡生成的实验研究。
通过对实验结果进行分析,考察了喷孔气泡生长的一般过程及各种因素对
气泡生成的影响。以下将针对某些典型实验结果进行分析讨论。

3.2.3.1　喷孔气泡生长的一般过程

对于静止液体中竖直向上放置的直径 D_0 为 1.6 mm 的喷孔,在气体流
量 q_v 为 0.038 mL/s 的情况下,气泡的生长过程曲线如图 3.25 所示。其中,
纵轴显示喷孔气泡的体积 V_b,横轴显示气泡的生长时间 T。这一过程中气
泡接触角 θ 的变化情况如图 3.26 所示。由于数据采集设备所限,并不能捕
捉到气泡形态变化的各个临界转折点。图 3.25 中 $A \sim E$ 各点均为气泡形态
变化后的第一个采集点。

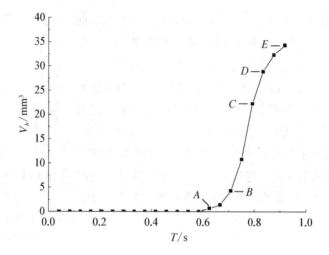

图 3.25　气泡生长过程曲线图

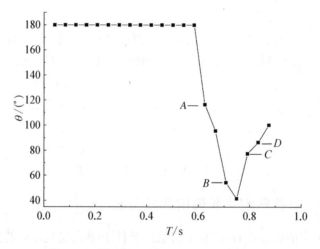

图 3.26　气泡生长过程中接触角的变化曲线

图 3.27 所示则分别为 $A \sim D$ 4 点对应的经过处理后的气泡图像。综合以上各图可以看出气泡生长的一般过程是：

（1）在气泡生长初期，由于表面张力及外界压力的作用，气泡不能立即突破喷孔向外长出，而是经历了一个较长时间的停滞阶段（A 点之前）。在这段时间内，气、水交界面与喷孔平面的夹角是平角，所以气泡接触角始终为 180°。

（2）当气相压力增大到一定值时，气泡突破喷孔开始向外生长（A 点，定

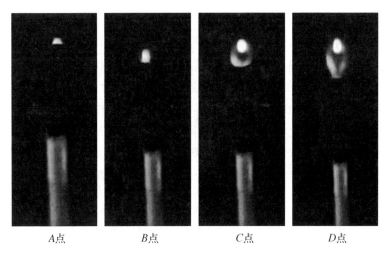

A点　　　　　B点　　　　　C点　　　　　D点

图 3.27　各阶段点气泡生长图

义为气泡突破点),气泡体积增长比较缓慢($A\sim B$ 点),而这段时间内气泡接触角却从 $180°$ 开始迅速减小,直到 B 点处气泡接触角降到 $90°$ 以下,气泡保持球冠状形式生长。

(3)从 B 点开始气泡体积迅速胀大,进入快速生长阶段,直至气泡脱离喷孔(E 点)。气泡接触角经历了一个先减小后增大的过程。按照气泡接触角的变化具体分为

B-C 段:B 点气泡接触角降到 $90°$ 以下,气泡体积开始迅速增大,接触角也伴随着继续迅速减小,气泡呈球缺状生长状态。

C-D 段:气泡体积继续迅速增大,而接触角不再继续减小,而是缓慢增大(斜率相对较小)。此阶段中,气泡基本上呈球形生长。

D-E 段:气泡体积增长放缓,气泡形状向底部略窄的狭长形发展,其底部出现"细颈"与喷孔相连。随着气泡的继续胀大,"细颈"逐渐变长、变细直至断裂,气泡脱离喷孔,接触角逐渐增大,并将再次增至 $90°$ 以上。

目前,已有的喷孔气泡生成理论模型大多假设气泡生成分为两个阶段,即膨胀阶段和脱离阶段。而根据本书的实验结果,气泡在生成过程中要经历多种形态的变化,不能过于简单地将其简化成两个阶段,因此合理的气泡生成理论模型还有待进一步探索。

3.2.3.2　喷孔直径对气泡生成的影响

喷孔直径变化对气泡生成的影响如表 3.1 所示。实验中喷孔均竖直向

上放置,采用的气体流量均为 0.038 mL/s,喷孔高度均为 15 cm,其他实验条件也保持相同。其中,气泡脱离高度这一量值采用气泡脱离之前的"细颈"长度来表示。从表 3.1 中可以看出,随着喷孔直径的增加,气泡的脱离体积增大,脱离周期变长,气泡的形状从接近球形逐渐变为纵向拉长的狭长形旋转体,而"细颈"长度也相应增加,分析其原因可能是由于喷孔直径的增大,气泡所受表面张力增大,表面张力阻碍气泡的脱离,所以气泡脱离时间变长,有更多气体进入气泡,导致气泡体积不断增大,进而导致气泡浮力相应增大,在浮力与表面张力的共同作用下,气泡形状和"细颈"长度均变长。

表 3.1　喷孔直径对气泡生成的影响一览表

喷孔直径 D_0/mm	气泡脱离体积 V_b/mm³	气泡脱离周期 T/s	气泡形状	气泡脱离高度 h/mm
0.8	20.2	0.542	1.08	0.58
1.2	28.1	0.792	1.21	0.96
1.6	34.3	0.917	1.57	1.4

3.2.3.3　气体流量对气泡生成的影响

气体流量变化对气泡脱离周期 T 和气泡突破时间 T_1(即气泡从初始生成到气泡突破喷孔开始向外生长所需时间)的影响情况如图 3.28 所示。实验中,喷孔直径 D_0 为 1.6 mm,其他实验条件与上一小节相同。由图 3.28 可知,随着气体流量的增大,气泡的突破和脱离时间都随之明显地减小,气泡从突破喷孔到脱离喷孔之间的时间间隔也呈现减小趋势,分析其原因可能是气体流量增大,使得气泡生长动力增大,生长速度加快,因此气泡的生长脱离时间变短。

同一实验条件下气体流量变化对气泡脱离体积的影响情况如图 3.29 所示。由图 3.29 可知,随着气体流量的增大,喷孔气泡的脱离体积也随之增大。结合以上对气泡生长脱离时间的分析可知,虽然气体流量增大使得气泡脱离时间变短,但是由于流量增大使得单位时间进入气泡的气体体积增大,反而使最终结果变成气泡脱离体积增大。另外,随着气体流量的增大,气泡脱离体积的增幅变得逐渐平缓。

3.2.3.4　喷气角度对气泡生成的影响

喷气角度变化对气泡生成的影响如表 3.2 所示。实验中喷孔直径 D_0 为

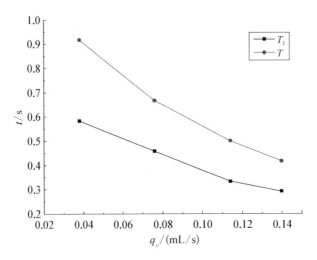

图 3.28　气体流量变化对气泡生长脱离时间的影响曲线

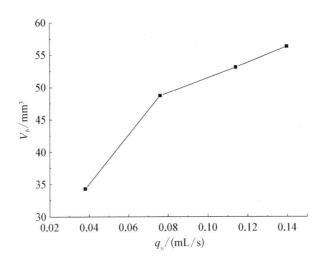

图 3.29　气体流量变化对气泡脱离体积的影响曲线

1.6 mm,其与竖直方向之间的夹角 φ 分别呈 0°、30°、60° 和 90° 4 种情况,采用的气体流量均为 0.038 mL/s,喷孔高度均为 15 cm,其他实验条件保持相同。从表中可以看出,随着喷孔倾斜程度的增加,气泡的脱离体积和脱离周期均变小,结合实验现象分析其可能的原因是由于喷孔倾斜放置,导致气泡由对称生长转向非对称生长,喷孔下边缘气泡接触角缓慢增大,而其上边缘气泡接触角则迅速减小,在浮升力的作用下,气泡下侧首先脱离喷孔,造成气泡与喷孔接触面积减小,表面张力进一步减小,浮升力的作用成为影响喷孔气泡生成的主要因素。而随着喷孔倾斜程度的增大,气泡下侧脱离喷孔的时间进一步提前,浮力会更早克服阻力影响,导致气泡更早脱离喷孔,从而使得气泡的脱离体积和脱离周期都减小。

表 3.2　喷气角度对气泡生成的影响表

喷气角度 $\varphi/°$	0	30	60	90
气泡脱离体积 V_b/mm^3	34.3	29.6	20.8	16.3
气泡脱离周期 T/s	0.917	0.708	0.542	0.458

3.2.3.5　喷气深度对气泡生成的影响

喷气深度变化对气泡生成的影响如表 3.3 所示。实验中喷孔竖直向上放置,其直径为 1.6 mm,喷孔分别放置于距水面高度 l 为 5 cm、15 cm 和 25 cm 的位置,其他实验条件保持相同。从表中可以看出,随着喷气深度的增加,气泡的脱离体积、脱离周期和突破时间这些量值都呈增大的趋势。由此可见,外界环境压力对喷孔气泡的生成是有一定影响的。对于相同喷孔,表面张力一定,当其处于不同水深时,外界压力不同,而气泡生长时要克服表面张力及外界压力等阻力。而水深越深,外界压力越大,气泡突破时间及脱离时间等就会相对变长,造成气泡体积增大,但增大趋势逐渐放缓。

表 3.3　喷气深度对气泡生成的影响表

喷气深度 l/cm	气泡脱离体积 V_b/mm^3	气泡脱离周期 T/s	气泡突破时间 T_1/s
5	28.5	0.708	0.375
15	34.3	0.917	0.583
25	38.6	1.167	0.833

3.2.3.6　喷孔形状对气泡生成的影响

实验中专门设计了一根圆形喷孔管和 3 根方形喷孔管,以比较喷孔形状对气泡生成的影响。其中,第一根方形喷孔管的喷孔面积与圆形喷孔管的喷孔表面积大体相同,其边长为 3.5 mm;第二根方形喷孔管的喷孔边长与圆形喷孔管的喷孔直径大体相同,均为 2 mm;第三根方形喷孔管的喷孔周长与圆形喷孔管的喷孔周长大体相同,其边长为 1.6 mm,气体流量均为

0.038 mL/s,其他实验条件保持相同。喷孔形状变化对气泡生成的影响如表 3.4 所示。将第①种分别与其他 3 种情况比较后发现,第①种与第④种情况所得数据比较接近,而其与第②、③两种情况所得数据相差明显。将后 3 种情况比较后发现,随着方形喷孔边长的增大,气泡的脱离直径逐渐增大。对实验图片进行分析后发现,在给定的气体流量下,对于尺寸较小的喷孔(对应①、③、④ 3 种情况)所产生的气泡,其底部完全包围在喷孔上,形状与喷孔形状相同,而对于边长为 3.5 mm 的方形喷孔所产生的气泡,其底部只是部分包围在喷孔上,其余内陷于喷孔中,4 种情况下气泡脱离后都重新呈现球体形状。结合以上分析可以得出:喷孔气泡的大小与喷孔横截面的截面长度有关,而与喷孔形状无关,即截面长度相同的喷孔产生的气泡,其脱离尺寸不随喷孔形状的变化而变化;在恒定气体流量下,不管何种形状的喷孔,其产生的气泡的脱离尺寸随着截面长度的增大而增大。

表 3.4　喷孔形状对气泡生成的影响表

喷孔形状及大小	气泡脱离直径 d_b/mm	气泡脱离周期 T/s
圆形,2.0 mm①	4.23	1.125
方形,3.5 mm②	4.54	1.542
方形,2.0 mm③	4.43	1.333
方形,1.6 mm④	4.28	1.208

3.2.3.7　喷气成分对气泡生成的影响

实验中采用空气、N_2 和 NH_3 3 种气体作为供气气体,喷孔竖直向上放置,直径为 0.8 mm,喷孔高度为 15 cm。喷气成分变化对气泡脱离体积及气泡脱离周期的影响情况分别如图 3.30 和表 3.5 所示。

表 3.5　喷气成分对气泡脱离周期的影响表

气体成分	气体流量 q_v/(mL/s)			
	0.114	0.139	0.152	0.177
空气	0.250	0.208	0.208	0.167
N_2	0.292	0.208	0.208	0.167
NH_3	0.792	0.708	0.708	0.667

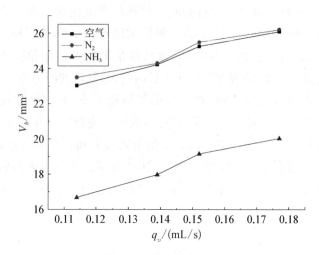

图 3.30　喷气成分对气泡脱离体积的影响图

从图表中可以看出,在相同条件下,空气气泡和 N_2 气泡的脱离体积及脱离时间相差不大,而 NH_3 气泡与前两者比较,其脱离体积小,脱离周期很大。由此可见,气体成分也对气泡生成有不小的影响。对上述现象做进一步分析:比较 3 种气体在水中的表现特性,发现空气和 N_2 的密度和溶解度都相差不大,NH_3 的密度相对较小,溶解度却相对很大。由于各种气体密度与液体密度相比均比较小,在考虑浮力作用的影响时,气体密度的差异基本可以忽略。那么,上述现象的产生原因不应是气体的密度差异造成的,而应是气体溶解的影响结果。随着气体溶解度的增大,气泡的脱离体积变小,脱离周期增大;随着气体流量的增大,不论何种喷气成分,其脱离体积及脱离周期的变化趋势是一致的。

3.2.3.8　液体流速对气泡生成的影响

气泡在液体横向流动状态下的生长过程与其在液体静止状态下的生长过程之间最显而易见的差别在于喷孔处气泡接触角的变化情况存在差异。由于横向流场的“剪切”作用,气泡不再对称生长,而是沿流场方向倾斜生长,导致气泡左右两接触角不再对称相等。

当液体流速 v 为 0.22 m/s 时,气泡生长过程中接触角的变化情况如图 3.31 所示,实验中喷孔直径 D_0 为 1.6 mm,气体流量 q_v 为 0.038 mL/s,喷孔深度 h 为 15 cm。从图中可以看出,气泡首先经历了一个短暂的停滞过程,然后突破喷孔开始向外生长,在此后的生长过程中,气泡前进接触角 θ_A 先减小后增大,而气泡后退接触角 θ_R 则快速减小,直至气泡脱离。

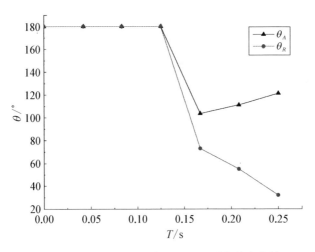

图 3.31　液体流动状态下气泡生长接触角的变化情况

　　图 3.32 所示为液体流速对气泡脱离瞬间接触角的影响,实验条件同上。当流速为 0 m/s,即液体静止时,"细颈"较为明显,气泡脱离时瞬间接触角在 90°以上,而液体流动时,利用现有的实验设备测量,几乎观察不到"细颈"。随着液体流速的增大,气泡脱离瞬间的前进接触角 θ_A 也不断增大,后退接触角 θ_R 不断减小;当液体流速为 0.41 m/s 时,θ_R 变得非常小,此时气泡近似于横向生长,由此可以得到,液体流速的大小决定着两种气泡接触角变化程度的大小,进而影响着气泡倾斜生长的程度。以 0.22 m/s 作为起点向后观测,可以发现气泡前进接触角的变化幅度比后退接触角大,其原因可能是气泡

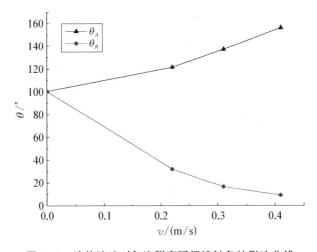

图 3.32　液体流速对气泡脱离瞬间接触角的影响曲线

受流一侧受到的剪切作用力大于被流一侧。

表 3.6 所示为液体流速对气泡脱离直径及脱离周期的影响。由表可知，随着液体流速的增大，气泡的脱离直径及脱离周期都减小。其原因是随着液体流速的增大，其对气泡的横向剪切作用力逐渐增强，促使气泡脱离时间逐渐减小，因此在气体流量恒定的情况下，进入气泡的气体量也随之减小，造成气泡脱离尺寸减小。

表 3.6 液体流速对气泡脱离体积及脱离周期的影响表

观 测 量	液体流速 $v/(\mathrm{m/s})$		
	0.22	0.31	0.41
气泡脱离直径 D_b/mm	2.69	2.33	1.78
气泡脱离周期 T/s	0.25	0.167	0.083

通过对以上典型实验结果进行分析发现，改变前述各种因素后，气泡的脱离体积和脱离周期（或者是气泡形状、气泡接触角等，一般情况下气泡的脱离体积、脱离周期也会伴随着两者变化而变化）这两个重要特征都会发生较为明显的变化。可见，前述因素对喷孔气泡生成都是具有一定影响的，是研究过程中所必须考虑的。此外，本实验还考察了喷孔类型（平口，斜口）及喷孔布设形式（不同喷孔数量、间距及分布）等对气泡生成的影响。

针对喷孔类型进行比较实验时发现：在斜口喷孔气泡产生的过程中，初始一段时间内，喷孔尖角处的气泡接触角会近似保持 $90°$，而另一侧的气泡接触角则不断减小；随着气泡体积的增大，在浮力的作用下，气泡上升并形成"细颈"与喷孔相连，气泡一侧脱离喷孔边沿；然后"细颈"变长，喷孔尖角处的气泡接触角也开始增大，当"细颈"长度超过尖角高度时，气泡脱离喷孔。虽然这与平口喷孔处产生气泡的过程有所不同，但却并未引起气泡脱离体积及脱离周期这两个重要特征参数的明显变化。因此，喷孔类型对气泡生成的影响有限，可以不必考虑这一影响。

针对喷孔布设形式进行比较实验时，可能由于实验设备比较简陋或者操作不当，致使只有一个喷孔鼓泡的现象发生，影响了实验的深入进行。为此，喷孔布设形式对气泡生成的影响并未进行研究。相关研究发现，多喷孔同时产生气泡时，由于每个喷孔气泡的生成都受到其他喷孔已生成气泡所诱导的液体流动的影响，使得气泡的脱离周期变得不再稳定，气泡生成频率不再同步,每个气泡的大小也有相应的变化。

3.3　喷孔气泡生长规律的数值模拟研究

由于气泡在液体中的生成过程非常复杂,且影响其生成的因素众多,我们利用 CFD 技术在模拟气液两相流动方面的优势,对静水及横向流动水流中的气泡生成进行数值模拟研究,以突破实验条件限制及对气泡生成理论认识上的不足。

3.3.1　数值模拟研究基础

目前,各种界面追踪的数值模拟方法众多,MAC 方法、锋面跟踪法、边界积分法、水平集方法、VOF 方法等被广泛应用,并取得了较好的效果。其中,VOF 方法以其容易实现、计算量小和模拟精度高等优点在模拟气泡生成方面发挥着重要的作用。在参考已有研究成果的基础上,采用 VOF 方法来跟踪气液界面的移动,结合考虑了表面张力的运动方程,对重力作用下气泡的生成进行了二维模拟研究。

3.3.1.1　几何模型

使用 Gambit 软件构建几何模型、划分网格、设置边界条件。其中,模型尺寸是按照实验装置尺寸确定的。由于实验中喷孔下部流场对气泡的生成及上升运动影响甚微,故为简单起见,数值模拟应用底部吹气泡进行分析。几何模型示意图如图 3.33 所示。模型长 60 cm,高 25 cm(静水模型高度根据研究需要

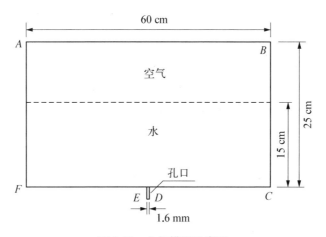

图 3.33　几何模型示意图

进行改变),其中顶部 10 cm 填充空气,下部 15 cm 填充水(流动模型中全部填充水);喷孔直径 1.6 mm(根据研究需要进行改变)。边界 *BC*、*CD*、*EF*、*FA* 均设为墙体边界(流动模型中 *AF*、*BC* 分别设为速度入口边界、出流边界),*DE* 设为速度入口边界,*AB* 设为压力入口边界。进行网格划分时,选用结构化的四边形网格形式,考虑到计算机的计算能力和计算速度,同时为保证生成的气泡在较密的网格内进行计算,对喷孔附近一定区域进行网格加密划分,网格间距 0.000 2 m,而对其他区域则使用相对稀疏的网格进行划分,网格间距 0.000 5 m,网格节点总数 17 250。网格划分结构图如图 3.34 所示。

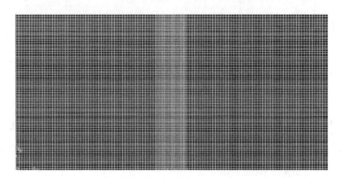

图 3.34　网格划分结构图

3.3.1.2　数学模型

1. 计算模型

FLUENT 提供了 3 种多相流模型。其中,VOF 模型通过求解单独的动量方程和处理穿过区域的每一流体的容积比来模拟 2 种或 3 种不能混合的流体。我们选用 Hirt 和 Nichols 于 1981 年提出的模型计算方法。在整个流场中定义一个随时间 t 发生位置变化的流体体积函数 $F(x, t)$,用来标志计算网格中气体体积百分比。网格单元充满液体时,$F(x, t)=0$;网格单元充满气体时,$F(x, t)=1$;网格单元包含气液两相界面时,$0 < F(x, t) < 1$。在任意时刻,求得 $F(x, t)$ 在每个网格单元中的值,就可以构造气液界面的具体位置。$F(x, t)$ 满足的方程为

$$\frac{\partial F(x, t)}{\partial t} + \nabla \cdot [uF(x, t)] = 0 \tag{3.56}$$

2. 模型方程

假设气液两相都是室温,没有温度变化,不考虑相间的传质与传热及能

量守恒。流体作不可压缩流体处理,使用 $k \sim \varepsilon$ 双方程模型进行湍流计算,
模型方程具体表示为

连续方程

$$\nabla \cdot (\rho u) = 0 \qquad (3.57)$$

考虑表面张力的动量方程

$$\rho \left(\frac{\partial u}{\partial t} + (u \cdot \nabla) u \right) = -\nabla p + \nabla \cdot (2\mu D) + \sigma \kappa \delta_s n + \rho g \qquad (3.58)$$

k 方程

$$\frac{\partial (\rho k)}{\partial t} + \frac{\partial}{\partial x_i} (\rho u_i k) = \frac{\partial \rho}{\partial x_i} + \left[\left(v + \frac{v_t}{\sigma_k} \right) \frac{\partial k}{\partial x_i} \right] + G_k +$$
$$G_b - \rho \varepsilon - Y_M + S_k \qquad (3.59)$$

ε 方程

$$\frac{\partial (\rho \varepsilon)}{\partial t} + \frac{\partial}{\partial x_i} (\rho u_i \varepsilon) = \frac{\partial}{\partial x_i} \left[\left(v + \frac{v_t}{\sigma_\varepsilon} \right) \frac{\partial k}{\partial x_i} \right] + C_{1\varepsilon} \frac{\varepsilon}{k} G_k -$$
$$C_{2\varepsilon} \rho \frac{\varepsilon^2}{k} + C_{1\varepsilon} C_{3\varepsilon} C_b + S_\varepsilon \qquad (3.60)$$

式中, u 为速度矢量; σ 为表面张力; p 为压强; κ 为界面的曲率; n 为界面
单位法向矢量; D 为应力张量; ρ 为每个单元的体积平均密度; μ 为每个单
元的体积平均黏度系数;两者可以表示为

$$\rho = \rho_g \cdot F(x, t) + \rho_l \cdot [1 - F(x, t)]$$
$$\mu = \mu_g \cdot F(x, t) + \mu_l \cdot [1 - F(x, t)] \qquad (3.61)$$

在 $k \sim \varepsilon$ 方程中,为保证模型计算结果的精度,根据 Launder 的推荐值
及大量模型验证,本书亦按文献[92]的模型常数 $C_{1\varepsilon}$、$C_{2\varepsilon}$、C_μ、σ_k、σ_ε 取值进
行仿真,如表 3.7 所示。

表 3.7　$k \sim \varepsilon$ 模型通用常数

C_μ	$C_{1\varepsilon}$	$C_{2\varepsilon}$	σ_k	σ_ε
0.09	1.44	1.92	1.0	1.3

3.3.1.3 参数设置

仿真过程中,模型求解器设置为分离、隐式、非稳态,在 Define/models/viscous 选项里设置为 k-epsilon 模型,其余参数保持默认,压力-速度耦合采用 SIMPLE 相间耦合格式,压力离散用 PRESTO 格式,动量方程用一阶迎风格式,体积分数方程用结构重组格式,时间步长为 0.001 s,收敛准则是各项残差小于 10^{-3}。

3.3.2 静止液体中单一喷孔气泡生成的数值模拟

3.3.2.1 典型工况的数值模拟

为了研究静水中的气泡生成规律,选取 7 种工况,如表 3.8 所示,进行数值模拟研究。其中,工况 1 到工况 3 保持水深 h 和喷气流速 v 不变,用来研究两者固定的情况下,喷孔直径 D_0 对气泡生成的影响;工况 1、4、5 则保持水深 h 和喷孔直径 D_0 不变,用来研究两者固定的情况下,喷气流速 v 对气泡生成的影响;工况 1、6、7 保持喷孔直径 D_0 和喷气流速 v 不变,用来研究两者固定的情况下,水深 h 对气泡生成的影响。

表 3.8 静水中单一喷孔气泡典型工况情况表

工况	水深 h/cm	喷气流速 v/(m/s)	喷孔直径 D_0/mm
1	15	0.019	1.6
2	15	0.019	2.0
3	15	0.019	3.0
4	15	0.038	1.6
5	15	0.057	1.6
6	20	0.019	1.6
7	25	0.019	1.6

3.3.2.2 气泡生成实例

实验中,分别对 7 种工况下的单孔气泡生成进行了数值模拟,并以工况 1 为例,将气泡生成过程绘制成图 3.35。

由图可见,气泡生成过程中的形态变化与实验中观察到的现象基本相似,即气泡在静水中生成时分别经历球冠状($t = 0.010 \sim 0.137$)、球缺状

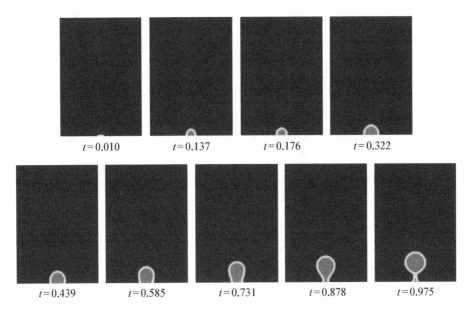

图 3.35　静止液体中单孔气泡的生成图

（$t=0.137\sim0.176$）、球形膨胀状（$t=0.176\sim0.439$）及脱离阶段（$t=0.439\sim0.975$）。

值得注意的是，第二个气泡的生成时间比第一个气泡少了大约 0.215 s，其上升速度也较快，会在较短时间内追赶上第一个气泡并与其聚并，而后续生成的其他气泡与第一个气泡的生成时间基本相同，且短时间内并未与它们之前的气泡发生聚并，这可以归因于图 3.36(a)、图 3.36(b)所示的流场特征。第一个气泡在生成及上升的过程中，会对周围流场环境产生影响，尤其

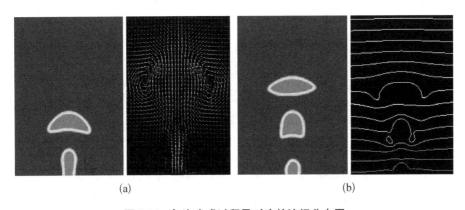

图 3.36　气泡生成过程及对应的流场分布图

（a）气泡生成过程及对应的速度场分布；（b）气泡生成过程及对应的压力场分布

是在其上升过程中,其尾迹中的流体流动方向是竖直向上的,如图 3.36(a)所示。这样,就对第二个气泡施加了强烈的剪切作用,导致第二个气泡提前脱离喷孔从而形成尺寸较小的气泡,且脱离时的上升速度较快;另外,由第一个气泡形成的强烈的尾迹流诱导了局部压差,如图 3.36(b)所示,导致第二个气泡加速上升,从而追赶上第一个气泡并与其聚并。而后续生成的其他气泡,基本上都是隔离于其前一个气泡的尾迹流之外,所以未发生聚并。

3.3.2.3 典型工况结果对比与分析

将 7 种工况下气泡脱离直径的数值模拟结果和对应的实验结果统计成图 3.37。其中,横轴表示喷气流速,图中标号表示工况序号。从图中可以看出,分别将工况 1、4、5 和 7 的模拟结果与对应的实验结果进行比较,吻合情况较好,说明建立的仿真模型是较为准确的。将 7 种工况的模拟结果按前述典型工况进行对比可得:随着喷孔直径 D_0 的增大,气泡直径 D_b 显著增大;随着喷气流速 v 的增大,气泡直径 D_b 也有非常明显的增大;随着水深 h 的增大,气泡直径 D_b 有较小幅度的增大。以上结论与前述实验和理论研究所得的静止液体中单一喷孔气泡生成规律基本相同。

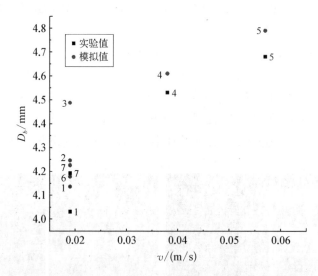

图 3.37　静止液体中单喷孔气泡脱离直径的模拟与实验结果对比图

3.3.3　横向流动液体中单一喷孔气泡生成的数值模拟

3.3.3.1　典型工况的数值模拟

为了研究横向水流中的喷孔气泡生成规律,本节也选取了 7 种典型工况进行数值模拟研究,7 种工况情况如表 3.9 所示。模拟时保持水深 h 不变,即 15 cm。其中,工况 1~3 保持水流速度 V 和喷气流速 v 不变,用来研究两者固定的情况下,喷孔直径 D_0 对气泡生成的影响;工况 1、4、5 则保持水流速度 V 和喷孔直径 D_0 不变,用来研究两者固定的情况下,喷气流速 v 对气泡生成的影响;工况 1、6、7 保持喷孔直径 D_0 和喷气流速 v 不变,用来研究两者固定的情况下,水流速度 V 对气泡生成的影响。

表 3.9 横向水流中单一喷孔气泡典型工况情况表

工况	水流速度 V/(m/s)	喷气流速 v/(m/s)	喷孔直径 D_0/mm
1	0.31	0.019	1.6
2	0.31	0.019	2.0
3	0.31	0.019	3.0
4	0.31	0.038	1.6
5	0.31	0.057	1.6
6	0.22	0.019	1.6
7	0.41	0.019	1.6

3.3.3.2 气泡生成实例

实验中,我们分别对 7 种工况下的气泡生成进行了数值模拟。以工况 6 为例,将气泡在横向水流中的形成及脱离过程绘制成图 3.38。气泡在横向来流的作用下,沿着流场流动方向倾斜生长,这与实验中观察到的现象相同。

3.3.3.3 典型工况结果对比与分析

实验结束后,将 7 种工况下气泡脱离直径的数值模拟结果和对应的实验结果绘制成对比图(见图 3.39)。其中,横轴表示水流速度,图中标号表示工况序号。从图中可以看出,分别将工况 1、6、7 的模拟结果与对应的实验结果进行比较,吻合情况较好,说明建立的仿真模型是较为合理的。此外,将 7 种工况的模拟结果按照前述典型工况分类进行对比后可得:随着喷孔直径 D_0 的增大,气泡直径 D_b 也有所增大,但增幅不大;随着喷气流速 v 的增大,气泡直径 D_b 增大较为明显;随着水流速度 V 的增大,气泡直径 D_b 呈明显变小趋势。以上结论与前述实验研究所得的流动液体中单一喷孔气泡生成规律基本相同。

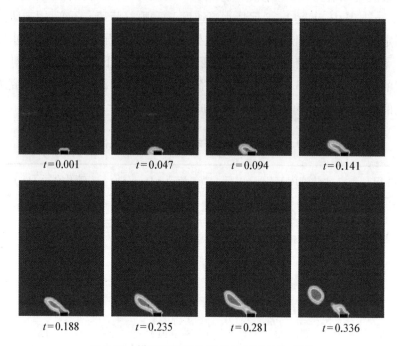

图 3.38 横向流动液体中单孔气泡的生成图

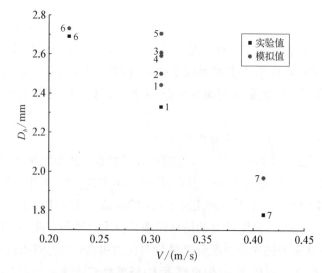

图 3.39 横向流动液体中单孔气泡脱离直径的
模拟与实验结果对比图

3.3.4　多喷孔气泡生成的数值模拟

由于实验条件所限,喷孔布设形式对气泡生成影响的实验研究未能进行,这里只能就喷孔布设形式对气泡生成的影响开展数值模拟研究。

喷孔布设形式可以细分为多种不同形式,比如不同的喷孔数量、喷孔间距、喷孔空间分布及以上 3 种形式的组合等。这里采用的是二维数值模拟,因此仅对不同的喷孔数量及间距两种变化形式进行了模拟研究,并未研究喷孔空间分布这一变化形式对气泡生成的影响。由于多喷孔气泡在生成过程中彼此相互作用,气泡不再有序生成,故难以对气泡特征进行定量分析,在此只对各种因素作用下的多孔气泡生成过程进行定性分析。考虑到计算机的计算能力和计算速度,我们对计算模型的尺度进行了一定缩放。

图 3.40(a)、(b)所示分别为同一供气流量下双喷孔及三喷孔气泡生成的模拟结果对比图。由图 3.40(a)可以看出,气泡脱离喷孔前,由于气泡胀大对周围流场环境产生了排斥影响,两个气泡分别在对方流场的影响下向两

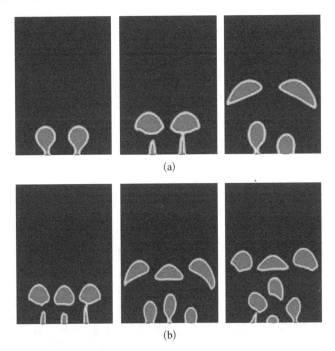

(a)

(b)

图 3.40　不同喷孔数量模拟结果对比图

(a) 双喷孔气泡;(b) 三喷孔气泡

侧倾斜生长；右侧气泡细颈断裂不干脆，致使其比左侧气泡晚脱离喷孔；两个气泡脱离后变形为球帽型并呈螺旋状上升，由气泡诱导的流体流动对后续气泡施加了强烈的剪切作用，左侧喷孔处后续产生的气泡由于较早受到了这种剪切作用而提早脱离喷孔。由图3.40(b)可以看出，左右两侧喷孔气泡的初始生成过程与图3.40(a)中基本相同，中间气泡在左右对称的流场环境作用下竖直向上生长，而不再是向两侧倾斜生长；中间气泡对后续产生气泡的剪切作用远比两侧气泡倾斜生长所施加的剪切作用强，致使中间喷孔后续产生的气泡更早脱离喷孔；由于中间气泡后边形成了强烈的尾迹流，诱导了局部压差，导致中间喷孔处后续产生的气泡加速上升，与前一气泡距离逐渐缩短，并在后续发生聚并，左右两侧后续产生的气泡在强烈的剪切作用及局部压差的作用下，不再呈螺旋状上升，而是朝着中间喷孔后续产生气泡的尾迹方向运动上升。通过以上气泡表现形式的对比可知，喷孔数量变化将对初始生成气泡的数量和尺寸、气泡上升及聚并等一系列过程产生影响。

　　图3.41所示为双喷孔间距为2 cm时的气泡生成模拟结果，从图中可以看出，第一对气泡并没有受到对方膨胀生长而引起的流场排斥作用的影响，保持竖直向上生长；第一对气泡螺旋状上升，各自诱导的流体流动对后续气泡施加了强烈的剪切作用，后续产生的第二对气泡在剪切作用下分别沿着先行产生气泡的尾迹倾斜生长，生长过程同步；后续产生的第二对气泡在强烈的剪切作用及局部压差的作用下同步加速上升，与前一级气泡距离逐渐缩短而后发生聚并，而第三对气泡生长过程也同步。与图3.42(a)中双喷孔间距为1 cm时的气泡生成模拟结果进行对比可以得到，喷孔间距变化对气泡生成过程也是具有一定影响的，当喷孔间距缩小到一定范围内时，气泡在生成过程中就会受到周围其他气泡力的作用，从而使其生成和上升过程变得不同步。

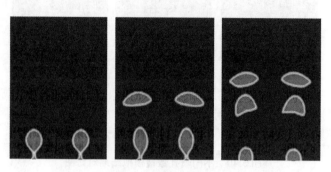

图3.41　间距为2 cm时双喷孔气泡的生成图

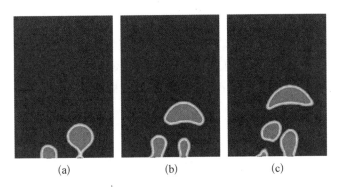

图 3.42　不同供气流量下双喷孔气泡的生成图

　　图 3.42 所示为两个直径相同的喷孔在不同供气流量下产生气泡的模拟结果，其中右侧喷孔供气流量大。从图中可以看出，右侧喷孔气泡生长速度较快，左侧气泡在其排斥作用下有初始向左生长的趋势；右侧第一个气泡脱离后变形成球帽型并呈螺旋状上升，第二个气泡加速生长，而左侧气泡在右侧第一个气泡诱导的流场剪切作用下向右加速倾斜生长；左侧气泡脱离后沿着右侧第一个气泡的尾迹方向移动，后续与右侧第二个气泡发生聚并，气泡体积增大，浮力增加，再加上尾迹剪切及局部压差的作用，聚并后的气泡将会加速上升，从而再与前一气泡实现聚并。

　　通过以上各种不同喷孔布设形式对气泡生成的影响表现进行分析可得，多喷孔气泡的生成过程不同于单喷孔气泡。由于每个喷孔气泡的生成要受到其他孔口已生成的气泡所诱导的液体流动的影响，使得气泡的脱离周期变得不再稳定，气泡的生成及上升过程变得不再同步，每个气泡的大小也会产生相应的变化。先行产生的气泡后边形成的强烈尾迹流，诱导了局部压差，会使后续产生的气泡加速上升，其上升形式也会由单个气泡的螺旋状上升变为趋向先行产生的气泡尾迹方向移动。这样，在多喷孔气泡之间的相互作用下，气泡在上升过程中聚并现象将变得更为频繁，气泡尺寸变大，空间分布变得极不均匀，更易于形成高传质的流场环境。由此可见，通过研究和设计具有合适喷孔布设形式的尾流抑制气泡释放装置是非常必要的，它将有利于增加人工产生的舰船尾流抑制气泡与尾流中大量存在的微气泡的接触概率，同时增大气泡接触表面积，缩短气泡聚并时间，从而使尾流中的微气泡得以快速消除。

3.4　流场中气泡生长问题的初步分析

　　由实验现象可知，在横向流的冲击和牵引作用下，气泡在生成过程中将沿着横向流动的方向倾斜生长,且气泡形状也不再是近似球形,而发生如图3.43所示的变形,进而导致横向流场中气泡生长过程的理论分析更为复杂。鉴于此,下文将在前述静水中气泡生长模型的基础上,着重分析气泡在横向流场中成长时的受力情况,并据此初步分析横向流场对单一喷孔气泡生长特性的影响。

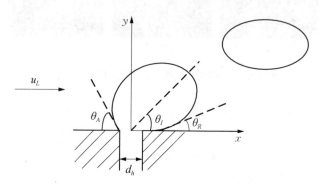

图 3.43　横向流场条件下的气泡生长过程示意图

由于横向流场的"吹离"作用,大大加速了气泡的脱离,实验现象显示,在横向流速比较大的情况下,气泡的脱离阶段可忽略不计。总之,横向流作用的结果使得气泡的脱离周期大大缩短。在此情况下,可以认为气体溶解的影响很小,在此忽略不计。

3.4.1　横向流场条件下单一喷孔气泡的受力分析

横向流场条件下的气泡生成问题,可以简化地认为是在静止液体中气泡生成模型的基础上添加流场作用的气泡生成问题,而其受力情况又与液体静止条件下有明显的不同。在静止液体里的喷孔气泡的生成过程中,气泡受力最终可以归结为竖直方向上的受力,而在有横向流场作用的情况下,气泡会受到多个方向的力,且某些力会随着气泡倾斜角度的变化而产生方向和大小的变化,促使气泡进一步倾斜,进而影响气泡的生长脱离过程。因此,分析流场条件下气泡的受力是十分必要的。

为便于描述,将气泡受力分解为水平和竖直两个方向的分量进行分析,设与横向流方向相同的水平方向为 x 轴正方向,竖直向上为 y 轴正方向。其具体的操作环境描述如下:将气体流量为 q_v 的气体通过竖直向上放置的直径为 D_0 的喷孔鼓入液体密度为 ρ_L、恒定流速为 u_L 的横向流中,在流的作用下,气泡以与 x 轴成 θ_I 角的倾斜角度生长,气泡的前进接触角为 θ_A,后退

接触角为 θ_R。

3.4.1.1　水平方向的受力分析

在横向流场作用的情况下,横流对气泡的作用可以认为是水平方向的黏滞阻力分量和惯性力分量(其中涉及的速度为横流速度),它们有将气泡"吹离"喷孔的趋势,而水平方向的附加表面力分量则起了"拉力"的作用,但各个力的表达形式不是前述模型中各个力的简单等效,水平方向上不再受浮力和气体动量力的影响。作用在水平方向上的各个力的具体表达式如下:

(1) 水平方向黏滞阻力分量 $F_{d.x}$,其表达式为

$$F_{d.x} = \frac{1}{2} \rho_L \frac{\pi d_b^2}{4} C_d \times \left(u_L - \frac{\mathrm{d}x}{\mathrm{d}t} \right)^2 \tag{3.62}$$

式中,d_b 为气泡的等效直径,$\mathrm{d}x/\mathrm{d}t$ 为气泡中心在 x 轴方向上的偏移速度,C_d 为气泡的平均阻力系数,其表达形式与前述模型的 C_d 表达式相同,也是用雷诺数 Re 表达,只不过其表达形式不同。它可以被分解为水平和竖直两个分量:

$$R_{e.x} = \frac{\rho_L (u_L - \mathrm{d}x/\mathrm{d}t) d_b}{\mu_L}, \ R_{e.y} = \frac{\rho_L \dfrac{\mathrm{d}y}{\mathrm{d}t} d_b}{\mu_L} \tag{3.63}$$

式中,μ_L 为液体的黏度系数,$\mathrm{d}x/\mathrm{d}t$ 是气泡中心在竖直方向上的移动速度。

(2) 水平方向附加表面力分量 $F_{\sigma.x}$,其表达式为

$$F_{\sigma.x} = -D_0 \sigma \frac{\pi(\theta_A - \theta_R)}{\pi^2 - (\theta_A - \theta_R)^2} \times 1.25 \left[\sin(\theta_A) + \sin(\theta_R) \right] \tag{3.64}$$

式中,σ 为表面张力系数,负号表示受力方向与 x 轴正方向相反,即此力是阻碍气泡脱离的。

(3) 水平方向惯性力分量 $F_{i.x}$,其表达式为

$$F_{i.x} = \alpha \rho_L \times \left[\left(u_L - \frac{\mathrm{d}x}{\mathrm{d}t} \right) q_v - V_b \frac{\mathrm{d}^2 x}{\mathrm{d}t^2} \right] \tag{3.65}$$

式中,附加质量系数 $\alpha = 11/16$,V_b 为气泡体积。

3.4.1.2　竖直方向的受力分析

竖直方向上的受力分析可以借鉴前述静止液体中气泡生成模型的分析,即气泡仍受到浮力 F_b、气体动量力 F_m、竖直方向黏滞阻力分量 $F_{d.y}$、竖

直方向附加表面力分量 $F_{\sigma.y}$ 以及竖直方向惯性力分量 $F_{i.y}$ 的共同作用。各力的具体表达式如下：

（1）浮力 F_b，其表达式为

$$F_b = (\rho_L - \rho_G)gV_b \tag{3.66}$$

式中，ρ_G 是气相的密度，g 是重力加速度。

（2）气体动量力 F_m，其表达式为

$$F_m = \frac{4\rho_G q_v^2}{\pi D_0^2} \tag{3.67}$$

（3）竖直方向黏滞阻力分量 $F_{d.y}$，可表示为

$$F_{d.y} = -\frac{1}{2}\rho_L \frac{\pi d_b^2}{4} C_d \left(\frac{\mathrm{d}y}{\mathrm{d}t}\right)^2 \tag{3.68}$$

（4）竖直方向附加表面力分量 $F_{\sigma.y}$，可表示为

$$F_{\sigma.y} = -D_0\sigma \frac{\pi}{(\theta_A - \theta_R)} \times \left[\cos(\theta_R) - \cos(\theta_A)\right] \tag{3.69}$$

（5）竖直方向惯性力分量 $F_{i.y}$，可表示为

$$F_{i.y} = -\alpha\rho_L \times \left(q_v \frac{\mathrm{d}y}{\mathrm{d}t} + V_b \frac{\mathrm{d}^2 y}{\mathrm{d}t^2}\right) \tag{3.70}$$

上述各力的表达式中，负号表示受力方向与 y 轴正方向相反，即这些力是阻碍气泡脱离的。需注意的是，惯性力在水平和竖直方向上的分量发挥着不同的作用：前者推动气泡向横向流场方向脱离，而后者则阻碍气泡向上脱离。

在气泡生成的过程中，竖直方向作用在气泡上的力主要是浮力和竖直方向附加表面力的分量，且两者大小相差不大，其余 3 个力则相对较小，可以忽略不计；水平方向作用在气泡上的力中，水平方向附加表面力分量与水平方向惯性力分量始终相对较小，而水平方向黏滞阻力分量则随着时间的增长而迅速增大，占据了主导作用。由此可见，促使气泡脱离的力主要是由横向流的"剪切"作用所诱发的水平方向黏滞阻力分量，而不是浮力等其他力。

3.4.2　横向流场对喷孔气泡生成的影响

根据前述受力分析可知，由于横向流场的"冲击"作用，才使得气泡脱

离,从而使其作用下的气泡生成与静止液体中的气泡生成发生了诸多的变化。横向流对气泡生成的影响分析如下。

3.4.2.1　气泡生成频率加快,脱离体积显著减小

由于横向流的"吹离"作用,大大加速了气泡的脱离,并且两个先后生成的气泡之间几乎没有时间间隔。这样,气泡的产生频率就明显加快了,而在相同气体体积流量下,横向流中的气泡脱离体积也会相应比静止液体中的气泡脱离体积小。数据显示,在其他操作条件相同的情况下,横向水流中的产泡速率是静水中产泡速率的 1.4~4.7 倍,而气泡直径将缩减 10%~40%。

3.4.2.2　气泡倾斜生长并脱离

在横向流的作用下,气泡不再竖直向上生长,而是沿着横向流场方向逐渐倾斜生长,倾斜角度 θ_I 由 90° 起逐渐减小,直至气泡脱离。最终的气泡倾斜角度 $\theta_{I\min}$ 可以通过下列公式求得:

$$\tan\theta_I = \frac{u_y}{u_L}, \ u_y = \frac{\mathrm{d}y}{\mathrm{d}t} \tag{3.71}$$

式中,u_y 表示气泡脱离时的终端上升速度。这对求解喷气装置的释放深度这一参数有重要参考价值。例如,对于尺寸在 1~2 mm 之间的气泡,其终端上升速度大约为 0.25 m/s。利用上述公式计算可知,对于航速为 20 kn 的舰船,最终的气泡倾斜角度约为 1.4°,则气泡脱离喷孔的方向基本与横向流场方向平行。

3.4.2.3　气泡生长过程中不断变形

由于气泡沿着横向流场方向倾斜生长,导致气泡形状不再像静止液体中的气泡那样沿喷孔垂直方向轴对称地向外球形生长,而有了一种扁平的生长趋势。这样,气泡中心相对于喷孔就产生了 x 轴方向上的位移,且位移量随着气泡生长时间、横向流场速度的增大而不断增大,而在 y 轴方向上,由于气泡扁平生长,导致气泡中心纵向高度小于气泡等效半径。前进接触角 θ_A 与后退接触角 θ_R 是较为直接地表征气泡相对喷孔中心偏移程度的两个参数,可以体现横向流场剪切作用对气泡变形生长的影响。一般情况下,θ_A 是不断增大的,而 θ_R 是不断减小的。两者变化幅度的大小主要受液体流速大小的影响。

第 4 章
单气泡上升演变规律

气泡上浮过程中涉及的气液间质量交换、能量交换、动量交换等众多复杂因素与其所处流场环境密切相关。本章将结合单气泡上升过程中的受力情况变化给出其上升演变规律的特征量,进而分析单个气泡在静水、流场和波浪中的上升演变规律。

4.1 单气泡上升演变规律的特征量

4.1.1 单气泡上升运动受力情况

研究单个气泡在静水中上升运动,首先做以下假定:一是假定气泡之间的距离足够大,其相互作用可忽略;二是将气泡等效成球形处理,并忽略上升过程中其体积变化及周围环境的温度变化;三是不考虑气液两相间的质量传递。此时,气泡上浮运动过程中主要受到浮力、黏性阻力、虚拟质量力、Basset 力等 4 种力的影响,其他力学因素可以忽略。

4.1.1.1 *浮力 F_f*

浮力是由气、液两相之间的密度差所引起的,可表示为

$$F_f = V(\rho_l - \rho_g)g \tag{4.1}$$

式中,V 表示气泡体积,ρ_l、ρ_g 分别表示气泡外部流体和内部气体的质量密度,g 为重力加速度。设 r 和 d 分别为气泡半径和直径,则 $V = 4\pi r^3/3 = \pi d^3/6$,又因为 ρ_l、ρ_g 通常相差千倍,所以可以忽略气泡自身重力的影响,则式(4.1)可表示为

$$F_f = \frac{4}{3}\pi r^3 \rho_l g = \frac{1}{6}\pi d^3 \rho_l g \tag{4.2}$$

4.1.1.2　黏性阻力 F_D

气泡在流体中运动的黏性阻力可以当成空泡均匀绕流问题来求解,可表示为

$$F_D = \frac{1}{2} C_D \rho_l \pi r^2 v_b^2 \tag{4.3}$$

式中,C_D 为气泡在水中运动的阻力系数,v_b 为气泡运动速度。

4.1.1.3　附加质量力 F_{vm}

当气泡相对流体作加速运动时,会带动其周围的部分液体也作加速运动。这样,推动气泡运动的力将大于加速气泡本身所需的力,这就好像是气泡质量增加了一样,故加速这部分增加质量的力被称为附加质量力。实质上附加质量力是由于气泡作变速运动引起气泡表面上压力分布不对称而形成的,其理论表达式可写成为

$$F_{vm} = \frac{2}{3} \pi r^3 \rho_l \frac{\mathrm{d} v_b}{\mathrm{d} t} \tag{4.4}$$

实验表明,实际的附加质量力将大于理论值,因此常在上式中引入经验系数 K_m,即

$$F_{vm} = K_m \cdot \frac{2}{3} \pi r^3 \rho_l \frac{\mathrm{d} v_b}{\mathrm{d} t} \tag{4.5}$$

4.1.1.4　Basset 力 F_B

当气泡在黏性流体中作加速运动时,将受到一个瞬时流动阻力 Basset 力,它计及了气泡的加速历程,理论表达式可写为

$$F_B = 6 r^2 \sqrt{\pi \rho_l \mu} \int_{t_0}^{t} \frac{\mathrm{d} v_b / \mathrm{d} \tau}{\sqrt{t - \tau}} \mathrm{d} \tau \tag{4.6}$$

式中,μ 为液体黏度系数,t_0 为气泡开始加速的时间。

由上述分析得出,单个气泡在静止流体中运动的受力方程为

$$\rho_g V \frac{\mathrm{d} v_b}{\mathrm{d} t} = F_f - F_D - F_{vm} - F_B \tag{4.7}$$

当气泡运动一段时间后,随着速度的变化,气泡受力将达到平衡,此时加速度变为零,气泡上升的速度达到稳定值。由于虚拟质量力和 Basset 力都是由于气泡在流体中作加速运动而产生的,由此可以得出气泡达到稳定

速度的条件为

$$F_f = F_D \tag{4.8}$$

式(4.7)的计算结果及实验研究结果都表明,气泡的加速过程极短。相关文献也指出,气泡产生后在极短时间(不到0.1 s)内即可加速到与其半径相对应的稳定速度,因此对于静止流体中运动的气泡来说,可以不考虑气泡的加速过程,而可以认为气泡运动时只受到浮力与黏性阻力的影响。

4.1.2 单气泡的上升速度

4.1.2.1 单气泡的稳定上升速度变化

气泡从静止开始运动时,其上升速度会不断增大,当增大到一定程度时,F_D 与 F_f 相等,加速度为零时,气泡上升的速度达到稳定的最大值;而从某一初速度开始运动的气泡经一段时间后也将达到一个稳定速度,称之为稳定上升速度。忽略气泡的变形、气体扩散和表面活性剂等因素的影响,气泡将以这一速度做匀速直线运动。

由式(4.3)知,黏性阻力 F_D 是黏性系数 C_D 的函数,而 C_D 与雷诺数 Re 有关,一般通过实验得到。目前,公认与实验数据符合得最好的计算 C_D 的公式为

$$C_D = \frac{24}{Re}(1 + 0.173Re^{0.657}) + \frac{0.413}{1 + 16\,300Re^{-1.09}} \tag{4.9}$$

雷诺数 Re 是反映流体惯性力与黏性力作用相对重要性的无量纲参数,且有

$$Re = \frac{\rho_l v_b d}{\mu} \tag{4.10}$$

将式(4.2)、式(4.3)代入式(4.8),整理后即得到静止流体中单个气泡的稳定上升速度 v_T 为

$$v_T^2 = \frac{4dg}{3C_D} \tag{4.11}$$

综合式(4.2)、式(4.10)、式(4.11),即可得到静止流体中气泡稳定上升速度的数学模型。由于模型中含有 C_D 的函数,现按式(4.9)中的黏性系数 C_D

值随 Re 变化情况进行求解。

当 $Re < 1$ 时,黏性系数 C_D 与雷诺数 Re 之间呈近似线性关系变化, $C_D \approx 24/Re$。 将此式代入式(4.11)整理后可得:

$$v_T = \frac{\rho_1 g d^2}{18\mu} \tag{4.12}$$

这与经典的 Stokes 公式是一致的。

当 $1 \leqslant Re < 400$ 时, $C_D \approx 18.5/Re^{0.6}$,将此式代入式(4.11)整理可得:

$$v_T^{1.4} = \frac{g}{13.9}\left(\frac{\rho_1}{\mu}\right)^{0.6} d^{1.6} \tag{4.13}$$

当 $400 \leqslant Re < 4\,000$ 时,气泡的尺度通常较大,运动过程中会伴随随机的不规则变形,而变形大小又与气泡形状相关。在这一范围时,气泡已不能再作球型处理,因而对气泡速度的准确计算比较困难,一般采用 Mendelson 经验公式计算:

$$v_T = \left(\frac{2.14\sigma}{\rho_1 d} + \frac{gd}{2}\right)^{1/2} \tag{4.14}$$

式中, σ 为液体的表面张力系数。

当 $Re \geqslant 4\,000$ 时,气泡就不再稳定,极易破碎成较小尺度的气泡。

为方便与实验研究结论进行比较,利用上述模型计算当大气压 $P = 1.01 \times 10^5$ Pa,温度 $T = 20\,℃$ 时,水中不同直径气泡从静止开始运动的稳定上升速度,其中各参数取值为 $\rho_1 = 1.03 \times 10^3$ kg/m^3、 $\sigma = 7.30 \times 10^{-2}$ N/m、 $\mu = 1.01 \times 10^{-3}$ Pa·s。

该模型虽然没有考虑气泡运动中的形变、气体的扩散、表面活性物质等因素的影响,但它把握了决定气泡运动的主要力学因素,因此仍能够较好地表示水中气泡的上升速度,较好地描述气泡在水中上升速度与其尺度之间的关系。

由图 4.1 可知,在气泡直径 $d < 2$ mm 的范围内,气泡的稳定上升速度随着气泡直径的增大而近似线性变大;在 $d = 2$ mm 附近,气泡上升速度达到最大,约为 30 cm/s;气泡继续增大时,速度会稍有下降,但随着尺度的增加,又会略为增大,当气泡直径大于 15 mm 时,已无法用上述模型计算,但相关文献通过大量实验总结出此时气泡的稳定上升速度接近 30 cm/s。

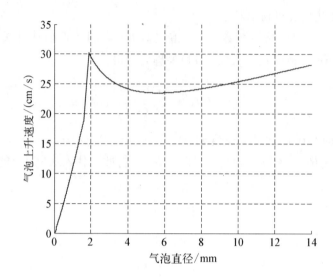

图 4.1　气泡直径与上升速度的关系曲线

4.1.2.2　水中大气泡尺度的界定

大气泡是指水中能稳定存在的最大临界尺度气泡。通常认为,静水中气泡上浮过程中,由于流体的黏性,外界水体带动气泡内部气液界面处气体运动,进而形成了气泡内的环流,这一环流促使气泡内部产生动压,其方向指向泡外,如果其大小超过了维持气泡形状的表面张力,则气泡发生分裂。根据前述气泡分裂机理,气泡的分裂条件可表述为

$$\frac{1}{2}\rho_g v_g^2 \geqslant \frac{\sigma h}{d^2} \tag{4.15}$$

式中,v_g 代表气泡内环流速度,因将气泡视为扁圆柱体;h 代表其高度;d 代表其截面圆直径,故扁圆柱体气泡的体积 V 可表示为

$$V = \pi d^2 h = \frac{4}{3}\pi R^3 \tag{4.16}$$

式中,R 为大气泡的等效半径,则由式(4.15)、式(4.16)可将气泡分裂条件表示为

$$R^3 \geqslant \frac{3\sigma h^2}{2\rho_g v_g^2} \tag{4.17}$$

求解式(4.17),需首先对气泡厚度 h 作出估计。因大气泡在相对稳定的

上浮过程中,流体黏性阻力的做功等于气泡表面能的变化,即满足下式:

$$\frac{1}{2}C_D\rho_L v_b^2 A\,\mathrm{d}h + \sigma\mathrm{d}A = 0 \tag{4.18}$$

式中,A 为气泡截面积。在气泡分裂的短暂时间内,不考虑气泡上浮造成的体积膨胀,则气泡体积 $A \cdot h$ 为常数,故有下式成立:

$$A\,\mathrm{d}h + h\,\mathrm{d}A = 0 \tag{4.19}$$

联立式(4.18)、式(4.19)可得:

$$h = \frac{2\sigma}{C_D\rho_L v_b^2} \tag{4.20}$$

又因气泡内气体的密度远小于其外界水体密度,并根据气液界面的连续性边界条件,可以认为下式成立:

$$v_g = v_b \tag{4.21}$$

则将式(4.20)、式(4.21)代入式(4.17),即得静水中气泡的最大临界半径为

$$R_{\max} = \frac{\sigma}{v_b^2}\left(\frac{6}{\rho_g C_D^2 \rho_L^2}\right)^{1/3} \tag{4.22}$$

式中,各量均为国标单位,$\rho_L = 1.0\times10^3$、$\rho_g = 1.10$、$\sigma = 0.074$,取 $v_b = 0.35$、$C_D = 0.4$,则得 $R_{\max} = 20.2$ mm,即静水中稳定存在的大气泡等效半径的上限约为 20 mm。为了与第 3 章的研究对象相衔接,其下限设为 0.3 mm。

4.1.2.3　水中大气泡瞬时稳态上浮速度模型

目前,对水中大气泡上浮速度的实验研究多在水深较浅的实验室水箱中进行,一般忽略了气泡上浮外界压力减小造成的气泡体积变化,认为气泡以稳定速度上浮,由此得到的许多关联式未能考虑上浮过程中伴随的气泡尺度变化。将此类模型称为"瞬时稳态上浮速度模型"。

根据受力分析,当气泡体积不变,以某一稳定速度上浮时,其所受的力仅有浮力和液体黏滞阻力,且两者达到平衡,气泡为球形时,满足下式:

$$\frac{1}{2}C_D\rho_L\pi R^2 v_b^2 = \frac{4}{3}\pi R^3(\rho_L - \rho_g)g \tag{4.23}$$

又因 ρ_L、ρ_g 通常相差近千倍,所以可忽略气泡自身重力的影响,整理即得

$$v_b^2 = \frac{8Rg}{3C_D} \tag{4.24}$$

上式即为求解水中气泡稳定上浮速度模型的一般形式。显然,模型中含有待定值阻力系数 C_D,而 C_D 是雷诺数 Re 的函数,即 $C_D = f(Re)$。此处雷诺数 Re 的计算式为

$$Re = \frac{2\rho_L v_b R}{\mu} \tag{4.25}$$

根据 Re 的值,一般可将流动划分为层流、过渡流及湍流 3 个流型。由此,根据每个流动形态的特性给出函数 $C_D = f(Re)$ 的具体表达式,也就得到了适用于不同气泡尺度的瞬时稳态上浮速度模型。

综合文献提供的计算公式,当处于层流区($Re < 1$)时,C_D 与雷诺数之间呈线性关系变化,即 $C_D = 24/Re$。将此式与式(4.24)、式(4.25)联立整理可得:

$$v_b = \frac{2\rho_L g R^2}{9\mu} \tag{4.26}$$

上式即为经典的 Stokes 公式,但简单推算可知,当 R 大于 63 μm 时即已超出该式的适用范围,因此该式不能应用于大气泡的计算。

当处于过渡区($1 < Re < 400$)时,$C_D = 18.5/Re^{0.6}$,将此式与式(4.24)、式(4.25)联立整理可得:

$$v_b = 0.337 g^{0.71} \left(\frac{\rho_L}{\mu}\right)^{0.43} R^{1.14} \tag{4.27}$$

估算可知,当 $R > 0.8$ mm 时,即已超出该式的适用范围,因此该式适用于半径在 0.3~0.8 mm 范围内大气泡的瞬时稳态上浮速度计算。

当气泡尺度继续增大,流型转化为湍流时,气泡开始发生变形,此时会产生明显的涡流阻力,而其大小又与气泡形状相关。因此,在这一范围内,式(4.24)已不再适用,对气泡速度的计算一般采用 Jamialahmadi 经验公式,基于 Stokes 公式和 Mendelson 经验公式的耦合得

$$v_b = \frac{2\rho_L g R^2 \sqrt{gR + \dfrac{\sigma}{\rho_L R}}}{9\mu \sqrt{gR + \dfrac{\sigma}{\rho_L R} + \dfrac{\rho_L^2 g^2 R^4}{20.25\mu^2}}} \tag{4.28}$$

实验结果表明,式(4.28)的计算值在 $R<7$ mm 时与实验结果吻合良好。当气泡尺度进一步增大直至达到临界半径时,可采用下述关联式计算:

$$\begin{cases} \sqrt{C_D} = 0.63 + 4.8/\sqrt{Re} \\ v_b = \sqrt[4]{\dfrac{4g\sigma(\rho_L - \rho_g)}{C_D^2 \rho_L^2}} \end{cases} \tag{4.29}$$

综合上述式(4.27)、式(4.28)、式(4.29),即可计算各种尺度大气泡的瞬时稳态上浮速度,取 $\rho_L = 1.0 \times 10^3$、$\mu = 1.01 \times 10^{-3}$、$\sigma = 0.074$、$g = 9.8$、$\rho_g = 1.0$,计算结果如图 4.2 所示。

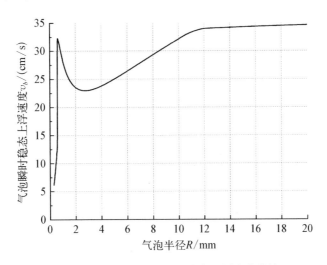

图 4.2　水中大气泡的瞬时稳态上浮速度曲线

由图 4.2 显见,在研究的大气泡尺度范围内,当气泡直径 $R<1$ mm 时,气泡的稳定上升速度随其尺度的增大近似呈线性增大;在 $R=1$ mm 附近,气泡上升速度达到一个极大值,约为 32.5 cm/s;当气泡直径继续增大时,速度开始下降,此时应为气泡开始发生变形,涡流阻力出现并逐渐增大;随气泡尺度继续增加,气泡的浮力变大,并且由于气泡体积变大,内部开始出现环流,从而减小了气液界面的黏性阻力,因此气泡速度又逐渐回升,直至达到一个相对稳定的极限速度,该速度接近 35 cm/s。又由式(4.29)可知,当 $v_b = 35$ cm/s 时,其阻力系数 C_D 约为 0.44,因此求解式(4.22)的假设条件是合理的。

4.1.2.4　水中大气泡上浮全程中的平均速度

前述模型及其计算结果均是在假设气泡体积不变的前提下获得的,

而工程应用中人工大气泡通常在水下几米深处产生,上浮到海面时其体积膨胀近一倍,因而有必要对大气泡上浮全程中的速度变化情况进行研究。

(1) 首先来探讨水中大气泡全程上浮速度的耦合过程。大气泡上浮过程中,压强变化引起的体积膨胀居主导地位,而气体扩散传质的影响很小。为简化理论分析,此处忽略传质因素对气泡尺度变化的影响,可以认为气泡上浮过程中温度不变,则由气体状态方程可知,气泡上浮过程中其体积与压强的乘积为一常数,即

$$P\mathrm{d}V + V\mathrm{d}P = 0 \tag{4.30}$$

式中,V 为气泡体积;P 为气泡内压,表达式如下:

$$P = P_{\mathrm{atm}} + \rho_L gh + \frac{2\sigma}{R} \tag{4.31}$$

对毫米级尺度的气泡,由于表面张力造成的附加压 $2\sigma/R$,不足大气压的千分之一。据此,忽略式(4.31)中的附加压项,代入式(4.30),得

$$(P_{\mathrm{atm}} + \rho_L gh)\frac{\mathrm{d}R}{\mathrm{d}t} + \frac{1}{3}\rho_L gR\frac{\mathrm{d}h}{\mathrm{d}t} = 0 \tag{4.32}$$

由此再耦合大气泡的瞬时稳态上浮速度模型,即可得到描述大气泡上浮运动全过程的计算模型:

$$\begin{cases} v_b = f(R) \\ (P_{\mathrm{atm}} + \rho_L gh)\dfrac{\mathrm{d}R}{\mathrm{d}t} + \dfrac{1}{3}\rho_L gR\dfrac{\mathrm{d}h}{\mathrm{d}t} = 0 \\ \dfrac{\mathrm{d}h}{\mathrm{d}t} = -v_b \\ \text{初值:}\ v_b\mid_{t=0} = v_{b0},\ R\mid_{t=0} = R_0,\ h\mid_{t=0} = h_0 \end{cases} \tag{4.33}$$

式中,$v_b = f(R)$ 代表大气泡的瞬时稳态上浮速度计算式,计算过程中需根据气泡尺度的变化从中具体选取。

(2) 接下来对水中大气泡全程上浮速度进行计算分析。较大尺度的气泡在上浮过程中,由于体积不断膨胀,可能会达到最大临界半径 R_{max},从而发生分裂现象。利用式(4.33)进行计算时,假设该情况下气泡分裂为两个等体积的小气泡,并继续追踪这两个小气泡的运动过程。

设大气泡由水下 10 m 深处产生,分别考察 R_0 为 6 mm、12 mm、18 mm 大气泡的上浮情况,计算其速度随时间的变化情况,如图 4.3 所示。

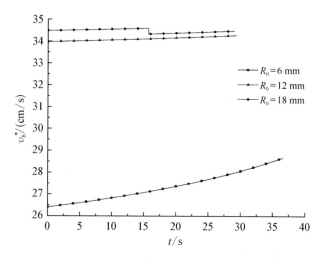

图 4.3　上浮过程中大气泡瞬时稳态上浮速度的变化图

由上图可见,$R_0=6$ mm 的相对小尺度气泡在上浮过程中随体积膨胀,上浮速度逐渐增大;对 $R_0=12$ mm 的中尺度气泡,由于其上浮速度已接近极限速度,故上浮过程中速度变化不大;而对 $R_0=18$ mm 的大尺度气泡上浮过程中其半径会超过最大临界半径从而发生分裂,导致其上浮速度出现一个向下的阶跃,但降幅较小。

由式(4.33)进一步计算水下 10 m 处产生、半径在(0.3～20) mm 间的气泡上浮全程中的平均速度,结果如图 4.4 所示。为了便于与气泡的瞬时稳态上浮速度相比较,将图 4.2 的曲线一并绘入图 4.1 中。

由图 4.4 可知,大气泡在水中的上浮平均速度随气泡初始半径的变化情况,与气泡瞬时稳态上浮速度的变化规律基本一致,但也存在两个显著的区别:一是在 $R=1$ mm 附近,气泡平均上浮速度的极大值小于其瞬时稳态速度,这应是由于该初始半径附近的气泡上浮时体积膨胀进入了涡流阻力区,从而导致了上浮全程平均速度的降低;二是初始半径 R 位于 3～12 mm 间的气泡,其平均上浮速度高于其瞬时稳态速度,这应是由于气泡在上浮过程中随体积的膨胀上浮速度逐渐增大造成的。

＊ 气泡瞬时稳态上浮速度。

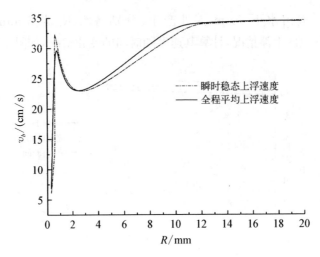

图4.4 不同尺度大气泡的平均上浮速度曲线

4.1.3 单气泡的上浮半径变化

4.1.3.1 气泡半径变化规律的数学模型

在深度 z 处,气泡的外部压力可近似地按静止流体的压力分布考虑,即

$$p_z = p_0 + \int_0^z \rho_L g \, \mathrm{d}z \qquad (4.34)$$

式中,p_0 为海面处大气压力,ρ_L 是海水的密度,近似于深度 z 的线性函数,即

$$\rho_L = \rho_{L,0}(1 + k \cdot z) \qquad (4.35)$$

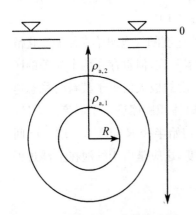

图4.5 海水中任一气泡示意图

式中,k 是与海水密度梯度有关的常数,$\rho_{L,0}$ 是海洋表面水的密度,将式(4.35)代入式(4.34),得

$$p_z = p_0 + \rho_{L,0}(z + kz^2/2) \quad (4.36)$$

海水中任一气泡示意图如图4.5所示,并且气泡的运动主要是上浮运动。

根据气泡内外力平衡条件可得气泡内部压力为

$$p_g = p_z + 2\sigma/R \qquad (4.37)$$

式中,σ 是海水表面张力,取值为 7.38×10^{-2} N/m;R 是气泡半径。海面上空气压力为 $p_0=1.068\times10^5$ Pa,海水平均温度为 13.5 ℃,海洋表面水密度为 $\rho_{L0}=999.2$ kg/m^3,与海水密度梯度有关的常数 $k=0.004\ 1$ m^{-1}。

由斐克(Fick)扩散定律可知,气泡中的气体沿径向 r 进入水的扩散质量流密度为

$$J_{a,r}=-D_{a,L}\frac{\mathrm{d}\rho_a}{\mathrm{d}r}\tag{4.38}$$

其单位为 kg/(m^2 · s)。式中,ρ_a 是气泡中气体的密度,$D_{a,L}$ 是空气在水中的质量扩散率,单位为 m^2/s,其值可近似按下式计算:

$$D_{a,L}=\frac{2.256}{p_g}\left(\frac{T_z}{256}\right)^{1.81}\tag{4.39}$$

式中,T_z 为深度 z 处的水温。

如图 4.5 所示,沿球坐标系的径向距离为 r,气泡中的气体在水中扩散的密度梯度为

$$\frac{\mathrm{d}\rho_a}{\mathrm{d}r}\approx\frac{\rho_{a,2}-\rho_{a,1}}{\Delta r_L}\approx\frac{-\rho_{a,1}}{\Delta r_L}\tag{4.40}$$

式中,Δr_L 表示气泡外海水球壳的厚度,$\rho_{a,1}$ 和 $\rho_{a,2}$ 分别为气泡外海水球壳中内外壁面处气体的密度。其中,$\rho_{a,2}\approx0$(因为气泡内气体在水中的扩散速度对 Δr_L 来说远大于 R 处的扩散速度,因此对 $\rho_{a,1}$ 几乎无影响),而 $\rho_{a,1}$ 可由下式求得

$$\rho_{a,1}=p_{a,1}/R_gT_z\tag{4.41}$$

式中,R_g 为空气的气体常数,$p_{a,1}$ 为气泡外海水球壳中内壁面处气体的分压力。由亨利(Henry)定律得气泡外海水球壳中内壁面处气体的容积比为

$$x_a=p_{a,1}/H\tag{4.42}$$

式中,亨利常数 H(N/m^2)主要与水温 T_z 有关,即

$$H=30\ 500+710(T_z-280)\tag{4.43}$$

假设气泡中气体的温度与其外部海水的温度相等,由于海洋浅表面海水的温度变化不大,在这里温度 T_z 近似为一个常量,取为海水表面与水

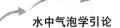

深 10 m 内的平均值 $T_z = 286.5$ K。在式(4.42)中 x_a 的值可近似按下式计算得

$$x_a = \frac{1.6 \times 10^{-4}}{(0.1 + 0.007\ 9z)^{2.5}(1 + 0.000\ 79z)} \tag{4.44}$$

由式(4.41)、式(4.42)可得

$$\rho_{a,1} = Hx_a / R_g T_z \tag{4.45}$$

在气泡上浮的时间 $\mathrm{d}\tau$ 内，气泡中气体质量 m_a 的变化为

$$\frac{\mathrm{d}m_a}{\mathrm{d}\tau} = \frac{\mathrm{d}(\rho_a V)}{\mathrm{d}\tau} = -J_{a,r}A \tag{4.46}$$

式中，$A = 4\pi R^2$，$V = 4\pi R^3 / 3$，$\mathrm{d}\tau = -\mathrm{d}z/v$，负号表示气泡上浮速度 v 的方向，与 z 轴相反。

若忽略海水的垂直温度变化，则在深度 z 处，气泡内部气体的密度为

$$\rho_a = \frac{p_g}{p_0} \rho_{a,0} \tag{4.47}$$

式中，$\rho_{a,0}$ 是海面上空气的密度。

由于考察的是海水中舰船远程尾流中的微气泡，气泡上浮速度可近似计算得

$$v = \frac{2\rho_L g R^2}{9u_L} \tag{4.48}$$

式中，海水的动力黏度系数取为 $u_L = 1.054 \times 10^{-3}$ kg/(m·s)。

对式(4.46)进一步整理得

$$V \frac{\mathrm{d}\rho_a}{\mathrm{d}z} + \rho_a \frac{\mathrm{d}V}{\mathrm{d}z} = \frac{J_{a,r}A}{v} \tag{4.49}$$

又由式(4.36)、式(4.37)、式(4.47)可得

$$\frac{\mathrm{d}\rho_a}{\mathrm{d}z} = \frac{\rho_{a,0}}{p_0} \left[\rho_{L,0} g(1 + kz) + 2\sigma R^{-2} \frac{\mathrm{d}R}{\mathrm{d}z} \right] \tag{4.50}$$

将式(4.50)及相关关系式代入式(4.49)，整理得到气泡半径 R 随其深度

z 变化的微分方程为

$$\frac{dR}{dz}=-\frac{R\rho_{a,0}\rho_{L,0}g}{3p_0\rho_a-\dfrac{2\rho_{a,0}\sigma}{R}}(1+kz)+\frac{D_{a,L}\rho_{a,1}}{v\Delta r_L\left(\rho_a-\dfrac{2\rho_{a,0}\sigma}{3p_0R}\right)} \qquad (4.51)$$

取海面处空气密度 $\rho_{a,0}=1.29$ kg/m³，气泡初始半径 $R_0=20\sim300$ μm，气泡的初始深度 $z=10$ m，分别取气泡外海水球壳的厚度 $\Delta r_L=1$、3、5、10 m，由式(4.51)求得的结果如图 4.6～图 4.9 所示。

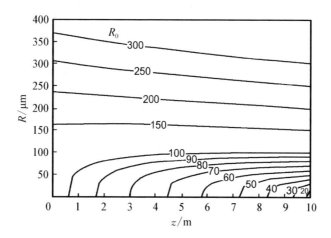

图 4.6　气泡外海水球壳厚度为 $\Delta r_L=1$ m 的曲线图

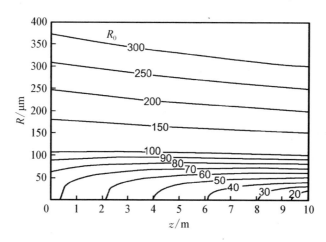

图 4.7　气泡外海水球壳厚度为 $\Delta r_L=3$ m 的曲线图

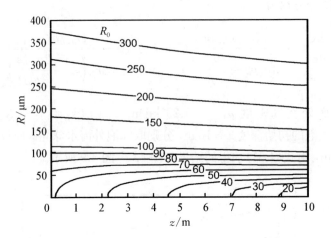

图 4.8　气泡外海水球壳厚度为 $\Delta r_L = 5\,\mathrm{m}$ 的曲线图

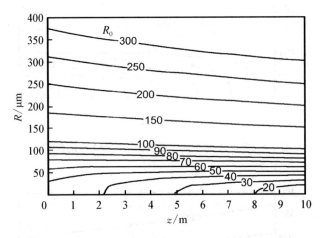

图 4.9　气泡外海水球壳厚度为 $\Delta r_L = 10\,\mathrm{m}$ 的曲线图

4.1.3.2　计算结果分析

为了更明确地分析气体扩散和海水压力变化对气泡半径的影响,进一步探讨气泡内部气体通过海水的扩散和海水压力变化对气泡半径的影响,由式(4.51)得

$$\left.\frac{\mathrm{d}R}{\mathrm{d}z}\right|_D = \frac{D_{a,L}\rho_{a,1}}{v\Delta r_L\left(\rho_a - \dfrac{2\rho_{a,0}\sigma}{3p_0 R}\right)}\text{(气体扩散的影响)} \qquad (4.52)$$

$$\left.\frac{\mathrm{d}R}{\mathrm{d}z}\right|_P = \frac{R\rho_{a,0}\rho_{L,0}g}{3p_0\rho_a - \dfrac{2\rho_{a,0}\sigma}{R}}(1+kz)\,(压力变化的影响) \qquad (4.53)$$

取气泡外海水球壳的厚度为 $\Delta r_L = 5\ \mathrm{m}$，由式(4.52)、式(4.53)求得的结果如图 4.10、图 4.11 所示。

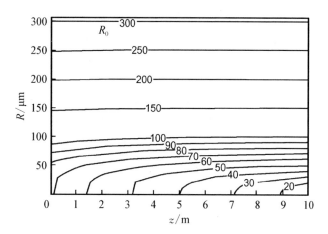

图 4.10　气体扩散对气泡半径的影响

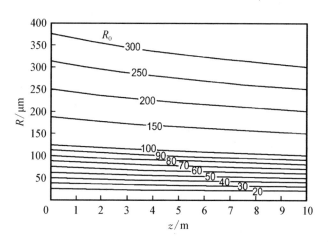

图 4.11　海水压力变化对气泡半径的影响

由图 4.10、图 4.11 可知，对于初始半径 R_0 较大的气泡，海水压力对气泡半径的影响较大，随着深度降低，压力减小，气泡的半径增大，而气体扩散对气泡半径没有显著影响；对于初始半径 R_0 较小的气泡，气泡中气体扩散对气泡半径的影响较大,气泡半径随深度降低而减小,而海水压力对气泡半径没有显著影响。然而,从图 4.6~图 4.9 中可以看到,在气体扩散和海水压力的综合作用下,对于初始半径为 $R_0 = 70 \sim 100\ \mu m$ 的气泡,因为海水压力降低所引起的气泡半径增加量与气体扩散所引起的气泡半径减小量在数值上几乎相等,所以这些气泡的半径几乎不随深度变化,因而在水面舰船尾流中半径为 70~100 μm 的气泡数密度最高。这个结论与 1976 年 Kolovayer 的测量结果基本吻合。

4.1.4 单气泡的上升路径

当气泡直径较小时,可以将其看成球形,由于球形各方向受力均匀,因而其加速过程的运动路径可被当成是直线来处理。但实验中观测到,相关文献中也提到,中等气泡和大气泡会成不规则椭球形或球帽形,其上升过程中还附加了"刚体"型的滚动,或者沿之字形或螺旋线轨迹运动,并伴有形状的变化。

4.1.4.1 气泡做直线运动的分析

当气泡直径较小时,可当成球形来处理。此时一般有 $Re < 1$,从而有 $C_D \approx 24/Re$,黏性阻力可写为

$$F_D = 3\pi\mu d v_b = 3\pi\mu d\ \frac{\mathrm{d}S}{\mathrm{d}t} \tag{4.54}$$

其中,S 为气泡的位移。

气泡经历一个短暂的变化加速过程后,其受力将达到平衡,气泡将以一稳定速度做匀速直线运动。这里,忽略附加质量力和 Basset 力的影响,考察气泡的运动过程。假设气泡在上升过程中其体积保持不变,根据受力分析,气泡在水平方向和竖直方向上应分别满足下述等式:

$$\frac{\mathrm{d}^2 S_x}{\mathrm{d}t^2} = F_{Dx} \tag{4.55}$$

$$\frac{\mathrm{d}^2 S_y}{\mathrm{d}t^2} = F_f - F_{Dy} \tag{4.56}$$

式中,S_x、S_y 分别为气泡在水平方向和竖直方向上的位移,F_{Dx}、F_{Dy} 分别为黏性阻力在水平方向和竖直方向上的分量。

由式(4.55)和式(4.56),可以得到以下两微分方程:

$$\frac{d^2 S_x}{dt^2} + \frac{18\mu}{d^2 \rho_1} \frac{dS_x}{dt} = 0 \tag{4.57}$$

$$\frac{d^2 S_y}{dt^2} + \frac{18\mu}{d^2 \rho_1} \frac{dS_y}{dt} - g = 0 \tag{4.58}$$

令 $k = \dfrac{18\mu}{d^2 \rho_1}$，分别对式(4.57)、式(4.58)解微分方程，得

$$\frac{dS_x}{dt} = v_x = e^{-kt+c1} \tag{4.59}$$

$$S_x = -\frac{1}{k} e^{-kt+c1} + c_2 \tag{4.60}$$

$$\frac{dS_y}{dt} = v_y = \frac{g}{k} + c_3 e^{-kt} \tag{4.61}$$

$$S_y = \frac{g}{k} t - \frac{c_3}{k} (e^{-kt} + c_4) \tag{4.62}$$

其中，v_x、v_y 分别为运动速度的水平分量和垂直分量。

设初始时刻气泡的水平位移和垂直位移均为 0，而水平方向和垂直方向的初速度分别为 v_{xo} 和 v_{yo}，分别代入式(4.59)、式(4.60)、式(4.61)和式(4.62)中，得

$$c_1 = \ln u_{xo}, \ c_2 = \frac{u_{xo}}{k}, \ c_3 = u_{yo} - \frac{g}{k}, \ c_4 = -1$$

由此得

$$\frac{dS_x}{dt} = v_x = u_{xo} e^{-kt} \tag{4.63}$$

$$S_x = \frac{1}{k} u_{xo} (1 - e^{-kt}) \tag{4.64}$$

$$\frac{dS_y}{dt} = v_y = \frac{g}{k} + \left(u_{yo} - \frac{g}{k} \right) e^{-kt} \tag{4.65}$$

$$S_y = -\frac{1}{k} \left(u_{yo} - \frac{g}{k} \right) e^{-kt} + \frac{1}{k} \left(u_{yo} - \frac{g}{k} \right) + \frac{g}{k} t \tag{4.66}$$

由以上 4 式可以看到,随着时间的增加,v_x 将趋于零,而 v_y 将趋于一稳定值,此后气泡将以这一稳定速度做匀速直线运动,而稳定速度 v_T 均满足:

$$v_T = v_y = \frac{g}{k} = \frac{\rho_1 g d^2}{18\mu} \tag{4.67}$$

利用式(4.63)~式(4.66),计算不同初始速度气泡上升过程中速度及运动路径变化情况,如图 4.12、图 4.13 所示。取大气压 $P = 1.01 \times 10^5$ Pa,温度 $T = 20\ ℃$ 时纯水中运动的气泡。其中,$\rho_1 = 1.00 \times 10^3$ kg/m³、$\sigma = 7.30 \times 10^{-2}$ N/m、$\mu = 1.01 \times 10^{-3}$ Pa·s,$d = 0.5$ mm,$S_{xo} = S_{yo} = 0$,v_{xo} 分别取 25 cm/s 和 5 cm/s,v_{yo} 分别取 30 cm/s 和 5 cm/s。经过计算可得到不管初始速度如何变化,气泡的稳定上升速度都是 $v_T = 13.5$ cm/s。

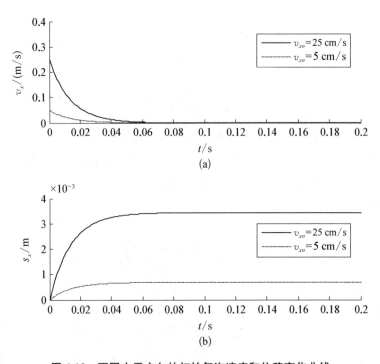

图 4.12 不同水平方向的初始气泡速度和位移变化曲线

4.1.4.2 气泡作准谐振动型运动的分析

当海水中气泡直径增大到某一数值后,其上升过程中会变成椭球形,同时气泡会有规律地左右倾斜,并按正弦曲线作上升运动,如图 4.14 所示。这是因为气泡直径达到一定程度后其形状将发生变化,各方面受力不均,其运动轨迹也会呈曲线形。一般认为,这是由于气泡形变过程中,气泡内气体分

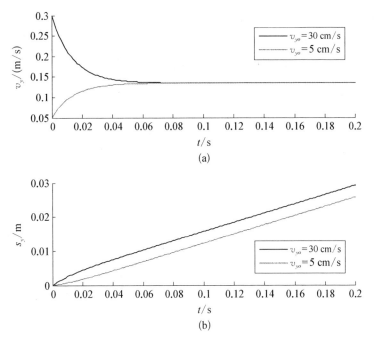

图 4.13 不同竖直方向的初始气泡速度和位移变化曲线

子受到外界干扰,出现气体分子在水平方向往返冲击气泡膜运动,或是很快又处于热平衡,且在平衡态下,椭球形气泡一旦出现倾斜时,由于气泡上下表面受力不均,就会开始做准正弦曲线的上升运动。

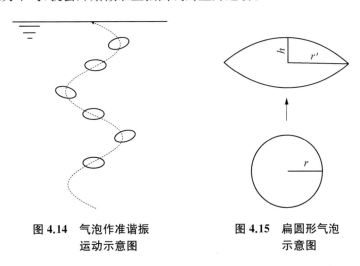

图 4.14 气泡作准谐振
运动示意图

图 4.15 扁圆形气泡
示意图

为便于理论分析,我们把椭球形气泡看成由上下两个半径为 R、高度均为

h 的球缺组成的扁圆形,如图 4.15 所示。设扁圆形气泡的半径为 r',两球缺(扁圆盘气泡)的体积 $V' = 2 \times [1/6\pi h(3r'^2 + h^2)]$,而未变形时球形气泡的体积 $V = 4\pi r^3/3$。忽略气体扩散,且两气泡体积相等,则扁圆形气泡的半径为

$$r' = \sqrt{\frac{1}{3h}(4r^3 - h^3)}$$

这里,分析一下气泡在流体中倾斜时的受力情况,OY 方向的作用力为浮力,使其作上升运动;而在水平面上,设各力在 OZ 方向的分量由于对称而抵消,只有 OX 方向的分量使其作准谐振运动,选择的坐标系如图 4.16 所示。设扁圆形气泡某时刻倾斜角为 α,在上下两球缺上任取对称两点 g 和 g',设 g 点对应的球缺高度为 h'',θ 为 OO' 与 Og 的夹角,则有 $h'' = R(1 - \cos\theta)$,gg' 的距离 $h' = 2[h - R(1 - \cos\theta)]$,球缺外表面球冠如图 4.17 所示,则球冠的面积元 $ds = R^2\sin\theta d\theta d\delta$。

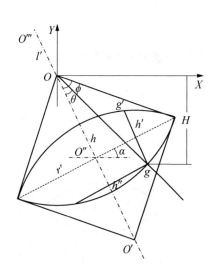

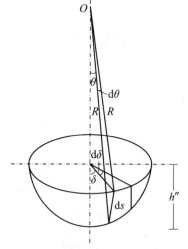

图 4.16　气泡作准谐振运动的示意图　　**图 4.17　球冠状扁圆形气泡示意图**

计算作用在下球冠表面 g 点和上球冠表面 g' 点的压力,两点压力分别为

$$P_g = \rho_l gH = \rho_l gR\cos(\alpha + \theta) \tag{4.68}$$

$$P_{g'} = P_g - 2\rho_l g[h - R(1 - \cos\theta)]\cos\alpha \tag{4.69}$$

压力在 OX 方向的分量为

$$P_{gx} = -P_g\sin(\alpha + \theta) \tag{4.70}$$

$$P_{g'x} = P_{g'} \sin(\alpha - \theta) \tag{4.71}$$

所以

$$\begin{aligned} P_{gx} + P_{g'x} &= 2\rho_l g \sin\alpha\cos\alpha [R - 2R\cos^2\theta + (R-h)\cos\theta] - \\ &\quad 2\rho_l g \cos^2\alpha(R-h)\sin\theta \end{aligned} \tag{4.72}$$

两球冠上下表面水平作用力的合力为

$$\begin{aligned} F_x &= \oiint (P_{gx} + P_{g'x}) \mathrm{d}s = \oiint (P_{gx} + P_{g'x}) R^2 \sin\theta \mathrm{d}\theta \mathrm{d}\delta \\ &= 4\rho_l g \pi R^2 (R-h)\left(\phi - \frac{1}{2}\sin 2\phi\right)\cos^2\alpha \\ &\approx -\frac{8}{3}\rho_l g \pi R^2 (R-h)\phi^3 \cos\alpha \left(\frac{1}{\alpha} - \frac{\alpha}{2}\right)\alpha \\ &= -Ka\cos\alpha \end{aligned} \tag{4.73}$$

其中，$K = \dfrac{8}{3}\rho_l g \pi R^2 (R-h)\phi^3 \left(\dfrac{1}{\alpha} - \dfrac{\alpha}{2}\right)$，设摆长 $l = O'O''' = l' + (R-h)$，

则质心 O'' 的切线加速度与角加速度的关系是 $\alpha = l\dfrac{\mathrm{d}^2\alpha}{\mathrm{d}t^2}$，根据牛顿定律得

$$ml\frac{\mathrm{d}^2\alpha}{\mathrm{d}t^2} = -K\alpha \tag{4.74}$$

这是准谐振动方程，且 $\phi > 0$，但要产生准谐振动，必须满足两个条件：

(1) $R - h > 0$ 即 $R > h$。

(2) $\dfrac{1}{\alpha} - \dfrac{\alpha}{2} > 0$ 即 $-81° < \alpha < 81°$。

由第一个条件可知，只有扁圆形气泡才能产生简谐振运动。当 $R = h$ 时，$F_x = 0$，说明球形气泡不可能出现简谐振动；当 $R < h$ 时，气泡为非稳定形气泡，这种气泡是由于气体能量分配不均引起的。非稳定形气泡不可能出现有规律的运动，而且最终总要变成稳定形气泡或分裂成小气泡。从第二个条件看出，当 $\alpha < 81°$ 或 $\alpha > 81°$ 时，不满足谐振动条件，这时由于气泡内气体分子的剧烈运动，泡内气体能量分配不均和惯性作用，气泡将出现垂直翻滚上升现象。

式(4.74)的通解为

$$\alpha = \alpha_0 \cos(\omega_0 t + \varphi_0) \tag{4.75}$$

式中，$\omega_0 = \sqrt{k/ml}$ 是谐振圆频率，α_0 是角振幅，φ_0 是初始位相，谐振周期为

$$T = \frac{2\pi}{\omega_0} = 2\pi\sqrt{ml \cdot \frac{8}{3}\rho_1 g\pi R^2(R-h)\left|\frac{1}{\alpha} - \frac{\alpha}{2}\right|} \qquad (4.76)$$

由上式可知,随着气泡上升,压力随之减小,气泡半径 r' 增大,球冠的半径 R 也相应增大,其结果是谐振周期缩短,频率提高,直至气泡上升到自由液面破裂为止。同时,在实验中也观察到,随着气泡上升,压力减小,气泡半径 r' 增大,气泡质心谐振振幅 A 也会增大,相应的角振幅 α_0 也随之增大。

4.1.4.3 气泡作螺线形运动的分析

在实验中,除了观察到有作准谐振运动的气泡外,还发现有气泡作螺线形上升运动,如图 4.18 所示。一般的解释是这样的:气泡形成时,由于气体分子激剧上升,气泡下半部气体分子减少,从而使气泡薄膜向上弯曲,然后由于薄膜收缩不均,致使气体分子在气泡内沿赤道作同方向快速转动,在很短的时间内薄膜变为扁圆形,从而气泡变成盘状椭球形。由于整个气泡都在旋转运动,可以把它当成刚体来研究。

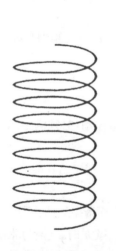

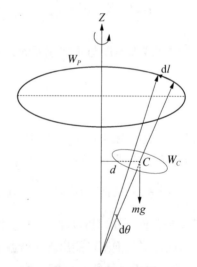

图 4.18 作螺线形运动的 图 4.19 气泡作螺线形
气泡运动轨迹图 运动的示意图

若气体分子绕垂直于气泡的中心轴 OC 作逆时针快速旋转,则其转动惯量为 $J_c = mr'^2/2$。当气泡稍有倾斜时,气体重力对 O 点产生一力矩 $\boldsymbol{M} = \boldsymbol{d} \times m\boldsymbol{g}$,其方向由右螺旋定则决定。气泡受到冲量矩 $\boldsymbol{M}\mathrm{d}t$ 作用后,将使其角动量 $\boldsymbol{L} = J_c\boldsymbol{\omega}_c$ 发生变化。角动量的增量 $\mathrm{d}\boldsymbol{L}$ 的方向与 $\boldsymbol{L}$ 垂直,这时气泡在绕 OC 轴转动的同时,OC 轴还将绕竖直轴 OZ 回转,这种现象是气泡受外力

矩 **M** 作用而产生的进动效应,如图 4.19 所示。从前述可知:

$$dL = L d\theta = J_c \omega_c d\theta \tag{4.77}$$

式中,ω_c 是气泡转动角速度;$d\theta$ 是在 dt 时间内 OC 轴相应的角位移。

由角动量原理可知:

$$dL = M dt = mgd\,dt \tag{4.78}$$

按定义,进动角速度 $\omega = \dfrac{d\theta}{dt}$,由式(5.77)、式(5.78)可得

$$d = \frac{J_c \omega_c \omega}{mg} = \frac{\omega_c \omega}{2g} r'^2 \tag{4.79}$$

将 r' 的计算公式代入,则螺旋线半径为

$$d = \frac{\omega_c \omega}{2g}\left[\frac{1}{3h}(4r^3 - h^3)\right] \tag{4.80}$$

由以上分析可知,在这种情况下,气泡一方面受浮力作用上升,一方面产生进动效应,其合成结果是螺线形上升运动,并且由式(4.79)、式(4.80)可看出,随气泡上升压力减小,其半径增大,从而螺旋线半径 d 也会增大。同时,还应注意到,即便是球形气泡,只要气泡内气体分子宏观上是绕倾斜于垂直地面轴线旋转的,也同样可以产生进动效应。

4.2　静水中微气泡上浮规律

4.2.1　静水中微气泡上浮规律的关键影响因素

现有的气泡上浮运动模型中,虽已考虑了气泡半径变化和上浮速度对气泡运动过程的综合影响,但还存在一些明显的不足,比如:气泡半径决定其上浮速度,而上浮速度变化又会改变气泡周围流场,从而影响其扩散传质性能,并改变泡内气体压强的变化率,进而又会影响气泡半径的变化,目前对这一瞬时动态耦合过程还缺乏必要的研究。为此,考虑微气泡上浮过程的动态变化特点,全面分析气泡的受力情况,得出气泡瞬态加速度模型;将非平衡传质理论引入气泡传质模型中,得出气泡的瞬态非平衡传质模型;进而依据两模型的关联因素实现耦合,构建完整的静水中微气泡上浮运动模型。

4.2.1.1　气泡瞬态加速度模型

微气泡在运动过程中可维持稳定的球状外形,其受力情况可表示如下:

（1）浮力和重力：

$$F_V = \frac{4}{3}\pi R^3 \rho_L g\,,\ F_G = \frac{4}{3}\pi R^3 \rho_g g \tag{4.81}$$

（2）黏性阻力：

$$F_D = \frac{1}{2} C_D \rho_L \pi R^2 v_b^2\,,\ C_D = \frac{12}{Re}(1 + 0.168 Re^{0.75})\,,\ Re = \rho_L R v_b / \mu \tag{4.82}$$

（3）附加质量力。气泡在液体中作加速运动时，不但气泡自身速度变化，其周围液体的速度也会改变，带动这些液体加速所需的力即为附加质量力，可表示为

$$F_m = \frac{1}{2}\rho_L V_g \frac{\mathrm{d}v_b}{\mathrm{d}t} = \frac{2}{3}\pi R^3 \rho_L \frac{\mathrm{d}v_b}{\mathrm{d}t} \tag{4.83}$$

（4）Basset 力。气泡在黏性流体中作加速运动时，受到一个瞬时流动阻力，该力与气泡的运动过程相关，其表达式如下：

$$F_B = 6R^2\sqrt{\pi \rho_L \mu}\int_0^t \frac{\mathrm{d}v_b/\mathrm{d}\tau}{\sqrt{t-\tau}}\mathrm{d}\tau \tag{4.84}$$

上述各式中，R 代表气泡半径；v_b 代表气泡上浮速度；ρ_L、ρ_g 分别代表海水与气泡内气体密度；μ 代表海水动力黏度系数。

取竖直向上为正方向，根据受力分析易得

$$\frac{4}{3}\pi R^3 \rho_g \frac{\mathrm{d}v_b}{\mathrm{d}t} = F_V - F_G - F_D - F_m - F_B \tag{4.85}$$

由于气液两相的密度差三个量级，因而可得：

$$\begin{cases} F_V - F_G = \dfrac{4}{3}\pi R^3 (\rho_L - \rho_g)g \approx \dfrac{4}{3}\pi R^3 \rho_L g \\[2mm] F_m + \dfrac{4}{3}\pi R^3 \rho_g \dfrac{\mathrm{d}v_b}{\mathrm{d}t} = \dfrac{4}{3}\pi R^3 \left(\rho_g + \dfrac{\rho_L}{2}\right)\dfrac{\mathrm{d}v_b}{\mathrm{d}t} \approx \dfrac{2}{3}\pi R^3 \rho_L \dfrac{\mathrm{d}v_b}{\mathrm{d}t} \end{cases} \tag{4.86}$$

因此，将各力表达式代入式(4.85)，并忽略重力项 F_G 与惯性力项，整理后得

$$\rho_L R \frac{\mathrm{d}v_b}{\mathrm{d}t} = 2\rho_L g R - \frac{3}{4} C_D \rho_L v_b^2 - 9\sqrt{\frac{\rho_L \mu}{\pi}} \int_0^t \frac{\mathrm{d}v_b/\mathrm{d}\tau}{\sqrt{t-\tau}} \mathrm{d}\tau \qquad (4.87)$$

式(4.87)即为气泡的瞬态加速度表达式,包含当前气泡半径、气泡速度等瞬态参数,并与气泡历史运动过程有关,需耦合其他条件才能求解。

4.2.1.2　气泡瞬态非平衡传质模型

微气泡在运动过程中可维持稳定的球状外形,且因气泡尺度小,与液体的相对运动速度慢,则其雷诺数相对较小,不易发生边界层分离现象。同时,气-液界面不同于固-液界面,在边界上仅要求速度连续而不必为零,即气泡内部可以发生环流,从而进一步有效地控制边界层的分离,因而微气泡上浮形成的外围流场特征可用无分离的球体绕流方程表示。根据流体力学基础理论可知,以球坐标形式表示的绕气泡流动的流函数为

$$\psi = -\frac{1}{2} v_b \sin^2\theta \left(r^2 - \frac{3Rr}{2} + \frac{R^3}{2r} \right) \qquad (4.88)$$

液相中传质的扩散方程为

$$u_r \frac{\partial C}{\partial r} + \frac{u_\theta}{r} \frac{\partial C}{\partial \theta} = D_{AB} \left[\frac{1}{r^2} \frac{\partial}{\partial r} \left(r^2 \frac{\partial C}{\partial r} \right) + \frac{1}{r^2 \sin\theta} \frac{\partial}{\partial \theta} \left(\sin\theta \frac{\partial C}{\partial \theta} \right) \right] \ (4.89)$$

式中,C 为气体溶解于液体中的质量浓度,$\mathrm{kg \cdot m^{-3}}$;D_{AB} 为气体分子在液体中的扩散速率,$\mathrm{m^2/s}$。

又因气泡传质的佩克里数 $Pe_m = 2v_b R/D_{AB}$,而气泡直径 d 是微米量级,对应的气泡速度 v_b 为厘米量级,而气体分子在液体中的扩散系数 D_{AB} 一般小于 10^{-8} 量级,所以其传质佩克里数 Pe_m 往往很大。因此,可以认为远离气泡的液相主体为恒浓度区,气液传质主要发生在气泡界面处具有很大浓度梯度的传质边界层中,即满足下式:

$$\frac{\partial}{\partial r} \left(r^2 \frac{\partial C}{\partial r} \right) \gg \frac{1}{\sin\theta} \frac{\partial}{\partial \theta} \left(\sin\theta \frac{\partial C}{\partial \theta} \right) \qquad (4.90)$$

据此,对式(4.89)化简可得气泡传质边界层方程为

$$u_r \frac{\partial C}{\partial r} + u_\theta \frac{1}{r} \frac{\partial C}{\partial \theta} = D_{AB} \left(\frac{\partial^2 C}{\partial r^2} + \frac{2}{r} \frac{\partial C}{\partial r} \right) \qquad (4.91)$$

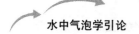

根据流函数的定义可知：

$$u_r = \frac{1}{r^2\sin\theta}\frac{\partial \psi}{\partial \theta}, \ u_\theta = -\frac{1}{r\sin\theta}\frac{\partial \psi}{\partial r} \tag{4.92}$$

联立式(4.88)、式(4.91)、式(4.92)可求得气泡界面上的质量流量：

$$J = D_{AB}\left(\frac{\partial C}{\partial r}\right)\Big|_{r=R} = D_{AB}\frac{C_A - C_I}{1.15}\left(\frac{3v_b}{4D_{AB}R^2}\right)^{1/3}\frac{\sin\theta}{\left(\theta - \dfrac{\sin 2\theta}{2}\right)^{1/3}}$$

$$\tag{4.93}$$

式中，C_A 代表液相主体中的气体质量浓度，而 C_I 代表气液界面处的气体质量浓度。由此得到单位时间内气泡向液体传质的量，即气泡瞬态传质表达式为

$$\frac{\mathrm{d}m_g}{\mathrm{d}t} = \int J\,\mathrm{d}S = 2\pi R^2\int_0^\pi J\sin\theta\mathrm{d}\theta = 8(C_A - C_I)D_{AB}^{2/3}v_b^{1/3}R^{4/3} \tag{4.94}$$

式(4.94)中，包含一个关键参数，即气液界面处气体浓度 C_I，该参数的合理确定对整个耦合模型的准确性具有重要影响。目前，为人们所熟知的膜模型、渗透模型、表面更新模型，以及结合湍流理论得到的膜-渗透模型、漩涡扩散模型等气液界面传质机理模型，都建立在一个共同的假设基础上：即界面无阻力，传质过程中界面处两相呈热力学平衡状态，满足亨利定律，即 $C_I = H \cdot P_g$（H 为亨利系数）。然而，由于气液界面表面张力的存在，气体分子越过界面进入液相必然会做功，而平衡假定忽略了界面的影响，更重要的是平衡假定无法解释气泡内气体向液相传质的推动力的来源。鉴于实验测量结果显示了在气液界面处液相侧浓度远未达到与气相成平衡的浓度，这里引入非平衡传质理论，由下式计算界面处气体浓度：

$$\frac{C^*}{C_I} = \mathrm{e}^{\frac{2(C_I - C_A)}{C_I + C_A}}, \ C^* = H \cdot p_g, \ p_g = P_{\mathrm{atm}} + \rho_L gh + \frac{2\sigma}{R} \tag{4.95}$$

式中，P_{atm} 代表气液两相体系外界压强，$\mathrm{N} \cdot \mathrm{m}^{-2}$；$h$ 代表气泡所处的深度，m；σ 是表面张力系数，$\mathrm{N/m}$。

联合式(4.94)可得到气泡的瞬态非平衡传质模型。其计算结果由当前时刻的气泡半径、速度及所处深度等因素决定。

4.2.2　静水中微气泡上浮过程的动态耦合模型

4.2.2.1　动态耦合模型的构建

瞬态加速度模型、瞬态非平衡传质模型单独解算时均须作近似处理,难以准确完整地描述液体中气泡上浮与传质的全过程,为此必须寻找关联因素以实现两模型的耦合求解。

式(4.87)表明,瞬态加速度模型实质为气泡半径 R 与上浮速度 v_b 的微分方程,要对其求解显然需 R 与 v_b 的另一关系式。在气泡瞬态非平衡传质模型中,以 R 和 v_b 为参数求得的传质速率 $\mathrm{d}m_g/\mathrm{d}t$ 即为气泡质量变化率,它显然可用气泡密度与体积的乘积表示。考虑到密度受气泡内的压强(决定于气泡所处深度)影响,即密度变化反映着深度变化,而深度变化率即为 v_b,同时体积变化即代表 R 变化,于是可得 R 与 v_b 的另一关系式,从而实现耦合求解。

在任意时刻气泡内所含气体质量都满足式 $m_g=4\pi R^3\rho g/3$,得

$$\frac{\mathrm{d}m_g}{\mathrm{d}t}=\frac{4}{3}\pi R^2\left(R\,\frac{\mathrm{d}\rho_g}{\mathrm{d}t}+3\rho_g\,\frac{\mathrm{d}R}{\mathrm{d}t}\right) \tag{4.96}$$

气泡上浮过程中一般满足等温条件,即

$$\rho_g=\rho_{g_0}\frac{p_g}{P_{atm}}=\frac{\rho_{g_0}}{P_{atm}}\left(P_{atm}+\rho_L gh+\frac{2\sigma}{R}\right) \tag{4.97}$$

式(4.97)对时间求导得

$$\frac{\mathrm{d}\rho_g}{\mathrm{d}t}=\frac{\rho_{g_0}}{P_{atm}}\left(\rho_L g\,\frac{\mathrm{d}h}{\mathrm{d}t}-\frac{2\sigma}{R^2}\,\frac{\mathrm{d}R}{\mathrm{d}t}\right) \tag{4.98}$$

显然,在气泡上浮运动过程中则有

$$\frac{\mathrm{d}h}{\mathrm{d}t}=-v_b \tag{4.99}$$

将式(4.98)、式(4.99)代入式(4.96),并与式(4.94)联立得

$$\left(P_{atm}+\rho_L gh+\frac{4\sigma}{3R}\right)\frac{\mathrm{d}R}{\mathrm{d}t}=\frac{R}{3}\rho_L gv_b+0.635\,\frac{P_{atm}}{\rho_{g_0}}(C_A-C_I)D_{AB}^{2/3}v_b^{1/3}R^{-2/3} \tag{4.100}$$

综合式(4.87)、式(4.94)、式(4.99)、式(4.100),并加入初始条件,即可得

到描述液体中微气泡上浮与传质过程的动态耦合模型：

$$
\begin{cases}
\rho_L R \dfrac{\mathrm{d}v_b}{\mathrm{d}t} = 2\rho_L g R - \dfrac{3}{4} C_D \rho_L v_b^2 - 9\sqrt{\dfrac{\rho_L \mu}{\pi}} \int_0^t \dfrac{\mathrm{d}v_b/\mathrm{d}\tau}{\sqrt{t-\tau}} \mathrm{d}\tau \\[3mm]
\left(P_{\mathrm{atm}} + \rho_L g h + \dfrac{4\sigma}{3R}\right)\dfrac{\mathrm{d}R}{\mathrm{d}t} = \dfrac{R}{3}\rho_L g v_b + 0.635\dfrac{P_{\mathrm{atm}}}{\rho_{g_0}}(C_A - C_I)D_{AB}^{2/3}v_b^{1/3}R^{-2/3} \\[3mm]
\dfrac{\mathrm{d}h}{\mathrm{d}t} = -v_b \\[3mm]
\dfrac{C^*}{C_I} = \mathrm{e}^{\frac{2(C_I - C_A)}{C_I + C_A}} , \; C^* = H\left(P_{\mathrm{atm}} + \rho_L g h + \dfrac{2\sigma}{R}\right) \\[3mm]
\text{初值：} v_b \mid_{t=0} = v_{b0}, \; R\mid_{t=0} = R_0, \; h\mid_{t=0} = h_0
\end{cases}
$$

$$(4.101)$$

4.2.2.2　动态耦合模型的解算方法

由于 Basset 力的积分式中包含一奇异端点，因此解算液体中微气泡上浮与传质过程的动态耦合模型时，还需先对其中的广义积分项进行处理。

首先判断其收敛性，根据气泡加速度的物理意义，$\mathrm{d}v_b/\mathrm{d}t$ 有界正则，即必然存在一正数 $M < +\infty$，使 $\mid \mathrm{d}v_b/\mathrm{d}\tau \mid \leqslant M$ 成立。根据广义积分的极限收敛法，并取 $p = 1/2$，则有

$$
\lim_{\tau \to t^-}\left[(t-\tau)^P \left| \frac{\mathrm{d}v_b/\mathrm{d}\tau}{\sqrt{t-\tau}} \right| \right] = \mid \mathrm{d}v_b/\mathrm{d}\tau \mid \leqslant M \tag{4.102}
$$

于是可知广义积分 $\displaystyle\int_0^t \frac{\mathrm{d}v_b/\mathrm{d}\tau}{\sqrt{t-\tau}}\mathrm{d}\tau$ 必定收敛。为进行数值解算，对该广义积分做如下处理：

$$
\int_0^t \frac{\mathrm{d}v_b/\mathrm{d}\tau}{\sqrt{t-\tau}}\mathrm{d}\tau = \int_0^{t-\Delta t} \frac{\mathrm{d}v_b/\mathrm{d}\tau}{\sqrt{t-\tau}}\mathrm{d}\tau + \int_{t-\Delta t}^t \frac{\mathrm{d}v_b/\mathrm{d}\tau}{\sqrt{t-\tau}}\mathrm{d}\tau \tag{4.103}
$$

上式右端第一项已不存在奇异点，可直接由复化梯形公式数值求积分。对右端第二项，在小区间 $[t-\Delta t, t]$ 内，可做如下近似处理：

$$
\int_{t-\Delta t}^t \frac{\mathrm{d}v_b/\mathrm{d}\tau}{\sqrt{t-\tau}}\mathrm{d}\tau \approx \left(\frac{\mathrm{d}v_b}{\mathrm{d}\tau}\Big|_{\tau = t} + \frac{\mathrm{d}v_b}{\mathrm{d}\tau}\Big|_{\tau = t-\Delta t}\right)\sqrt{\Delta t} \tag{4.104}
$$

由此可得该广义积分的数值计算公式，为表述方便，这里令 $a(\tau) =$

$\mathrm{d}v_b / \mathrm{d}\tau$，则

$$\int_0^t \frac{\mathrm{d}v_b / \mathrm{d}\tau}{\sqrt{t - \tau}} \mathrm{d}\tau = \frac{\Delta t}{2} \left[\frac{a(0)}{\sqrt{t}} + 2 \sum_{i=1}^{n-2} \frac{a(i \Delta t)}{\sqrt{t - i \Delta t}} \right]$$

$$+ \frac{3}{2} a(t - \Delta t) \sqrt{\Delta t} + \sqrt{\Delta t} \frac{\mathrm{d}v_b}{\mathrm{d}t} \qquad (4.105)$$

将式(4.104)代换式(4.101)中的对应项，并引入初始条件，则对气泡上浮与传质过程耦合模型的求解转变为求解常微分方程组初值问题。进一步采用变步长 Runger - Kutta 方法，即可对任意时刻的气泡半径、上浮速度、所在位置、瞬时传质速率等参数实现快速数值求解。

4.2.2.3 传质条件与 Basset 力对尾流气泡运动规律的影响

为考查传质条件与 Basset 力两个因素对尾流气泡运动规律的影响，分别采用完整的上浮运动模型式(4.101)、替换为传统平衡传质条件(即 $C_1 = H \cdot P_g$)和忽略 Basset 力的 3 种方程进行解算。解算时取初始深度 $h_0 = 10.0\ \mathrm{m}$，以初始半径为 $100\ \mu\mathrm{m}$、$200\ \mu\mathrm{m}$、$300\ \mu\mathrm{m}$ 的 3 个尾流气泡为例进行计算。根据尾流气泡中 N_2 约占 $2/3$、O_2 占 $1/3$ 的组分特点，温度 10 ℃条件下的物性参数，经加权平均计算出尾流气泡中气体的 $D_{AB} = 1.8 \times 10^{-9}$、$H = 1.76 \times 10^{-7}$。

根据计算结果，绘出如图 4.20 所示的气泡上浮过程中气泡半径 R 与其所处深度 h 间的关系曲线和如图 4.21 所示的气泡上浮速度 v_b 随时间 t 的变

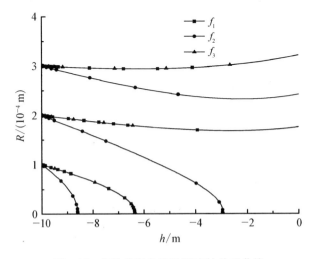

图 4.20 气泡半径与所处深度的关系曲线

化曲线。鉴于不同模型的计算结果中,有的气泡浮出水面破碎消失,而有的完全溶解于水中消失,其存留时间差异很大,为此在图 4.21 中仅绘出时间 $t<100\text{ s}$ 阶段中的速度变化情况。同时,为方便描述还约定:f_1 代表完整模型的计算结果;f_2 代表采用平衡传质条件的计算结果;f_3 代表忽略 Basset 力的计算结果。

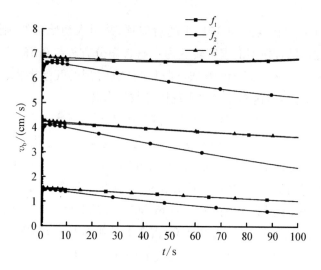

图 4.21　气泡上浮初始阶段($t<100\text{ s}$)的速度曲线

由图 4.20、图 4.21 可知,f_1 与 f_3 类曲线基本重合,而 f_2 类曲线偏离较大,这表明,该模型用于计算尾流中气泡上浮运动过程时,Basset 力对其计算结果无明显影响,但传质条件的差异对计算结果影响显著。采用传统平衡传质条件时,即用 f_2 类曲线表述的结果,其气泡溶解速度大幅提高,显然这将大大缩短水中气泡场的存留时间。进一步数据分析可知,对应平衡传质条件时,不同初始深度、不同初始半径的气泡,其最大存留时间的计算值均难以超过 30 min,这一结果无法很好地解释尾流气泡场光特性的可探测时间大于 45 min 的实验现象。而引入非平衡传质条件后,可使计算结果与实验数据吻合得更好。由图 4.21 可知,Basset 力对气泡初始上浮阶段的速度变化有一定影响,且气泡半径越大,这一影响越明显,持续时间越长。

4.2.3　舰船尾流气泡运动特性计算分析

对于静止流体中运动的气泡来说可以不考虑气泡的加速过程,而是将其视为气泡运动时只受到浮力与黏性阻力的影响,在接近静止的远程尾流区运动的气泡也可作类似处理。

4.2.3.1 尾流气泡上浮平均速度计算

尾流气泡上浮过程中其尺度不断变化,自然导致了在尾流气泡上浮过程中速度也不断变化,较大尺度的气泡上浮过程中浮出水面破碎消失,而小尺度气泡则随着上浮不断溶解于水中直至消失。为比较不同初始半径的尾流气泡在其运动全程中的速度差异,引入平均速度 $v_{平均}$。对于可浮出水面的气泡 $v_{平均} = h_0/t_{max}$,对于溶解于水中的气泡 $v_{平均} = L_{max}/t_{max}$,其中 L_{max} 代表气泡上浮的最大距离,t_{max} 代表气泡最大存留时间。取初始深度 h_0 分别为 4.0 m、7.0 m、10.0 m,气泡初始半径分布区间为 $10 \sim 300 \ \mu m$,计算结果如图 4.22 所示。

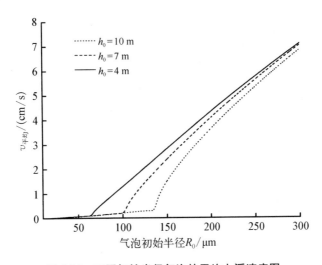

图 4.22 不同初始半径气泡的平均上浮速度图

由图 4.22 可知,随着尾流气泡尺度的增大,其上浮速度总体上呈增大趋势,但其最大值仍不超过 8 cm/s,尾流气泡尺度最为集中分布在 50 μm 左右,其上浮速度甚至不足 1 mm/s。由此可见,自然状态下尾流气泡的上浮速度是非常缓慢的,这也正是尾流气泡场长时间存留的根本原因。图中的 3 条曲线均存在斜率显著变化的"转折点",其原因应是不同初始尺度气泡变化趋势存在差异。对应某一初始深度 h_0,存在一临界气泡半径,定义为 R 临界。当气泡初始半径 $R_0 < R$ 临界时,气泡上浮过程中气体传质对其半径变化起主导作用,随着气泡上浮,半径不断减小,其速度也越来越小,直至完全溶解于水中;而当 $R_0 > RT_{max}$ 时,气泡上浮带来的压力减小所引起的体积膨胀强于传质造成的气泡变小,随着气泡上浮,半径不断增大,其速度也相应增加,气泡不断加速膨胀上浮,由此造成其平均上浮速度显著增大。又从气泡非平衡传质模型中可见,气泡所处深度越大,其溶解效率越高,因此随着h_0的增加其对应的R临界尺寸也变大。

4.2.3.2　尾流气泡群存留时间计算

舰船尾流场可被探测的根源是其中的大量气泡,尾流气泡场整体的可探测存留时间可以认为本质上是由其中大量单个气泡的存留时间决定的。由动态耦合模型计算不同初始深度、不同初始半径的尾流气泡存留时间,部分计算结果如图 4.23 所示。

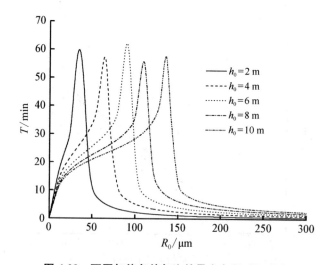

图 4.23　不同初值条件气泡的最大存留时间曲线

由图 4.23 可见,初始半径 300 μm 的气泡仅需 2 min 左右即可浮出水面消失,由此也可从理论上初步解释了为什么尾流中可被探测利用的气泡尺度仅分布于 300 μm 以下。进一步分析图 4.23 可见,对应某一初始深度 h_0,存在一可使气泡存留时间最大的初始半径。该初始半径即为 R 临界。随着 h_0 增大,对应的 R 临界亦增大,但其最大存留时间 T_{max} 均在 60 min 左右,由此可推断尾流气泡场整体的最大可探测时间理论上可达 1 h。这一结果较好地解释了尾流气泡场光特性的可探测时间大于 45 min 的实验现象。

4.2.3.3　尾流气泡数密度变化情况计算

尾流中的气泡数密度直接决定了尾流的目标特征强度,是影响鱼雷制导装置捕获能力的关键因素。单位长度远程尾流场中分布的气泡总数可表

示为

$$N(t) = \int_{\Omega} \int_{R_{\min}}^{R_{\max}} n(R, t) \mathrm{d}R \mathrm{d}s \tag{4.106}$$

式中，$n(R, t)$ 表示对应 t 时刻单位体积海水中半径分布于 R 到 $R + \Delta R$ 间的气泡个数；Ω 代表该时刻尾流气泡场的横截面积。

对连续积分式(4.106)离散化简可得：

$$N(t) = \int_{\Omega} \int_{R_{\min}}^{R_{\max}} n(R, t) \mathrm{d}R \mathrm{d}s \approx \sum_0^{h_{\max}} \sum_{-L_{\max}}^{L_{\max}} \sum_{R_{\min}}^{R_{\max}} \eta(h_0, L_0, R_0, t) \tag{4.107}$$

式中，$h_{\max}$ 代表初始尾流最大深度，$L_{\max}$ 代表了对应深度处的尾流最大宽度，(h_0, L_0) 确定了气泡的初始位置，$(R_{\min}, R_{\max})$ 则代表了尾流气泡初始半径的分布范围。$\eta(h_0, L_0, R_0, t)$ 的取值由下式确定：

$$\eta(h_0, L_0, R_0, t) = \begin{cases} 1 & t < T(h_0, L_0, R_0) \\ 0 & t \geqslant T(h_0, L_0, R_0) \end{cases} \tag{4.108}$$

式中，$T(h_0, L_0, R_0)$ 即为初始位置 (h_0, L_0) 处、初始半径为 R_0 的气泡，在水中可存留的最长时间。具有相同的 h_0 和 R_0，而初始水平位置 L_0 不同的气泡，其存留时间是相同的。

远程尾流场横截面几何边界成高斯曲线，即满足 $L_{\max}(h) = \sigma[\ln(h_{\max}/h)]^{0.5}$，$\sigma$ 为一常数。式(4.107)又可进一步化简为

$$N(t) \approx \sum_0^{h_{\max}} \sum_{-L_{\max}}^{L_{\max}} \sum_{R_{\min}}^{R_{\max}} \eta(h_0, L_0, R_0, t)$$

$$\approx \sigma \sum_0^{h_{\max}} \sum_{R_{\min}}^{R_{\max}} [\ln(h_{\max}/h_0)]^{0.5} \eta(h_0, R_0, t) \tag{4.109}$$

为便于与前人实验数据比较，利用式(4.109)计算尾流场中气泡相对数密度 $N(t)/N_0$ 随时间的变化规律，N_0 代表远程尾流场初始位置，即 $t=0$ 时刻气泡的数量。取 $h_{\max} = 10.0\ \mathrm{m}$，初始半径 R_0 计算区间为 $(0, 300)\mu\mathrm{m}$，当 h_0 与 R_0 的取值节点大于 20×100 后，计算结果基本稳定，相应曲线如图 4.24 所示。

由图 4.24 可见，3 min 时尾流中气泡数密度即减少到初始密度的 30% 左右；5 min 以后，其数密度基本以线性规律减小，这与气泡场厚度以线性规律减小的趋势一致；30 min 时，尾流中气泡数密度即不足初始密度的 5%，又

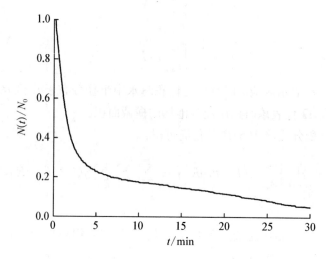

图4.24 尾流中气泡相对数密度变化曲线

初生尾流中气泡数密度比海洋背景中高 1～2 个数量级,因而此时尾流中气泡数密度与海洋背景中已相差不大。

4.2.3.4　尾流气泡尺度分布变化情况计算

气泡半径与其声学共振频率一一对应,因而尾流中气泡的尺度分布情况是确定鱼雷制导头等声学探测设备工作频率的关键依据。这一尺度分布情况通常由气泡尺度的概率密度函数 $f(R)$ 表示,对应 t 时刻与 $n(R, t)$ 的关系如下:

$$f(R, t) = \frac{n(R, t)}{\int n(R, t) \mathrm{d}R} \qquad (4.110)$$

依据数理统计理论中概率与频率的关系,又结合式(4.109),可将式(4.110)离散化为

$$f(R, t) \approx \frac{\sum\limits_{0}^{h_{\max}} \sum\limits_{R_{\min}}^{R_{\max}} [\ln(h_{\max}/h_0)]^{0.5} \xi(h_0, R_0, t)}{\sum\limits_{0}^{h_{\max}} \sum\limits_{R_{\min}}^{R_{\max}} [\ln(h_{\max}/h_0)]^{0.5} \eta(h_0, R_0, t)} \qquad (4.111)$$

式中,$\eta(h_0, R_0, t)$ 的值仍由式(4.108)确定,$\xi(h_0, R_0, t)$ 的取值如下:

$$\xi(h_0, R_0, t) = \begin{cases} 1 & R_t \in (R, R+\Delta R] \\ 0 & R_t \notin (R, R+\Delta R] \end{cases} \qquad (4.112)$$

R_t 代表初始条件为 (h_0, R_0) 的气泡在 t 时刻所对应的半径,ΔR 是半径

的离散步长。

取 $\Delta R = 5\ \mu\mathrm{m}$，并对式(4.111)的计算值进行拟合得到 $f(R)$ 随时间变化的情况，如图4.25所示。图中各曲线与光学方法测得的尾流中气泡尺度分布情况吻合良好，且由图4.25还可见，在远程尾流发展变化的初始阶段($t<$ 1.0 min)气泡的尺度分布相对均匀，但在尾流发展的中期(1.0<t<10 min)，尺度分布特征变化明显，小气泡所占比重迅速增大，而在尾流发展的后期 (10<t<30 min)，其尺度分布特征又较为稳定，微气泡占绝对多数。这一变化过程应是由于舰船航行产生的初生尾流中大、小尺度气泡数量相当且分布均匀，但大气泡较快浮出水面而破裂消失，小气泡上浮缓慢可长时间存留于水中，从而导致了上述尺度分布的变化过程。

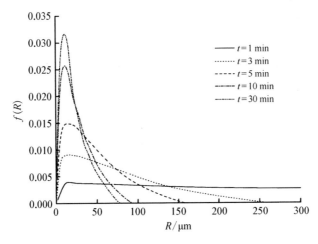

图 4.25　气泡尺度分布变化情况曲线

4.3　流场中微气泡的运动规律

在静水中尾流气泡上浮规律研究的基础上，通过分析流场中尾流气泡受力和传质的特殊性，建立其质心运动模型和径向运动模型，并在此基础上构建出完整描述流场中尾流气泡运动全过程的耦合模型，进而分析流场中尾流气泡的运动特性。

4.3.1　流场中微气泡运动过程的影响要素

分析流场中尾流气泡运动特性时，仍然假设其运动过程中保持稳定的球状外形。参照对静水中尾流气泡上浮过程的分析,流场中的气泡运动也可分解为空间位置的移动(即质心运动)和气泡体积的变化(即径向运动)。因此,采用与静水中尾流气泡上浮规律研究相似的方法,首先分别研究其质心运动和径向运动模型。

4.3.1.1 流场中微气泡的质心运动模型

由于流场中尾流气泡运动时,外界流体和气泡本身都具有速度,且往往存在速度差,导致流场中气泡的受力情况更为复杂,具体分析如下。

(1) 重力。与静水中一致,表达式仍为

$$F_G = \frac{4}{3}\pi R^3 \rho_g g \tag{4.113}$$

(2) 黏性阻力。其物理含义与静水中一致,但表达式需修正如下:

$$\boldsymbol{F}_D = \frac{1}{2}C_D\rho_L\pi R^2 \mid \boldsymbol{v}_L - \boldsymbol{v}_b \mid (\boldsymbol{v}_L - \boldsymbol{v}_b) \tag{4.114}$$

式中, $C_D = \dfrac{12}{Re}(1 + 0.168Re^{0.75})$, $Re = \rho_L R \mid \boldsymbol{v}_L - \boldsymbol{v}_b \mid /\mu$。

(3) 附加质量力。其物理含义与静水中一致,表达式修正如下:

$$\boldsymbol{F}_m = \frac{2}{3}\pi R^3 \rho_L \left(\frac{\mathrm{d}\boldsymbol{v}_L}{\mathrm{d}t} - \frac{\mathrm{d}\boldsymbol{v}_b}{\mathrm{d}t}\right) \tag{4.115}$$

流场自身的各物理量均采用欧拉描述,因此式中 $\dfrac{\mathrm{d}\boldsymbol{v}_L}{\mathrm{d}t} = \dfrac{\partial \boldsymbol{v}_L}{\partial t} + (\boldsymbol{v}_b \cdot \nabla)\boldsymbol{v}_L$, $\nabla = \dfrac{\partial(\ )}{\partial x}\boldsymbol{i} + \dfrac{\partial(\ )}{\partial y}\boldsymbol{j} + \dfrac{\partial(\ )}{\partial z}\boldsymbol{k}$。

(4) Basset 力。其物理含义与静水中一致,表达式修正如下:

$$\boldsymbol{F}_B = 6R^2\sqrt{\pi\rho_L\mu}\int_0^t \left(\frac{\mathrm{d}\boldsymbol{v}_L}{\mathrm{d}\tau} - \frac{\mathrm{d}\boldsymbol{v}_b}{\mathrm{d}\tau}\right)\frac{\mathrm{d}\tau}{\sqrt{t-\tau}} \tag{4.116}$$

式中, $\mathrm{d}\boldsymbol{v}_L/\mathrm{d}\tau$ 项也须按式(4.114)中方法计算。

(5) 压力梯度力。当气泡在有压力梯度的流场中运动时,会受到由于流体压力梯度产生的作用力。因尾流气泡尺度较小,则作用在其上的压力梯度力可表示为

$$\boldsymbol{F}_P = -\frac{4}{3}\pi R^3 \nabla P \tag{4.117}$$

式中,压强 P 代表由流体静压和动压共同产生的广义压强。显然当流体静止时,式(4.117)即简化为气泡所受浮力的表达式。

（6）Magus 升力。气泡在有速度梯度的流场中运动时,由于冲刷气泡表面的速度不均匀,气泡将受到一个剪切转矩的作用而发生旋转。在低雷诺数的情况下,一般认为球形气泡相对流体的旋转角速度为

$$\boldsymbol{\omega} = -0.5 \, \nabla \times \boldsymbol{v}_L \tag{4.118}$$

则气泡在流体中边运动边旋转形成的 Magus 升力的计算公式为

$$\boldsymbol{F}_M = \pi R^3 \rho_L \boldsymbol{\omega} \times (\boldsymbol{v}_L - \boldsymbol{v}_b) \tag{4.119}$$

（7）Saffman 升力。气泡在有速度梯度流场中运动时,由于气泡表面各处的速度不一样,从而导致表面各点的压力不一样,这样,气泡将受到一个 Saffman 升力的作用,表达式为

$$F_{si} = K_S R^2 (\mu \rho_L)^{1/2} (v_{Lj} - v_{bj}) \left| \frac{\partial v_{Lj}}{\partial x_i} \right|^{1/2} \tag{4.120}$$

式中,K_S 为 Saffman 升力系数,仅在 $Re < 1$ 时,$K_S = 6.46$；而 Re 较大时,Saffman 升力还没有相应的计算式。

上述各式中,$\boldsymbol{v}_L$ 代表流场速度。根据上述受力分析,依据牛顿第二定律,可建立矢量形式的气泡在任意流场中的质心运动方程：

$$\frac{4}{3} \pi R^3 \rho_{\mathrm{g}} \frac{\mathrm{d} \boldsymbol{v}_b}{\mathrm{d}t} = \boldsymbol{F}_G + \boldsymbol{F}_D + \boldsymbol{F}_m + \boldsymbol{F}_B + \boldsymbol{F}_p + \boldsymbol{F}_M + \boldsymbol{F}_S \tag{4.121}$$

如将各力表达式都代入式(4.121)中,所得气泡质心运动方程将极为复杂,求解也非常困难。为此,需要分析各力的相对大小,以便对式(4.121)进行合理的化简,得到易于求解的流场中尾流气泡质心运动方程。首先,与静水中气泡受力分析的条件一致,由于气液两相的密度差 3 个量级,参照式(4.86),重力项 F_G 与式(4.121)左端的惯性力项可以忽略。其次,由 Magus 升力和 Saffman 升力的定义及其表达式可见,两者在速度梯度较大的边界层中时较为明显,而一般在主流区流场的速度梯度通常很小；这些升力一般与气泡的重力处于同一量级,因此在考查主流区中尾流气泡的质心运动时,Magus 升力和 Saffman 升力也可省略。

基于上述分析,对式(4.121)进行化简,并将相应各力表达式代入其中并整理,可得矢量形式的主流场中尾流气泡的质心运动模型,即

$$R \frac{\mathrm{d}\boldsymbol{v}_b}{\mathrm{d}t} = \frac{3}{4} C_D \mid \boldsymbol{v}_L - \boldsymbol{v}_b \mid (\boldsymbol{v}_L - \boldsymbol{v}_b) + 9\sqrt{\frac{\mu}{\pi \rho_L}} \int_0^t \left(\frac{\mathrm{d}\boldsymbol{v}_L}{\mathrm{d}\tau} - \right.$$

$$\left. \frac{\mathrm{d}\boldsymbol{v}_b}{\mathrm{d}\tau} \right) \frac{\mathrm{d}\tau}{\sqrt{t-\tau}} - 2 \frac{R}{\rho_L} \nabla P + R \frac{\mathrm{d}\boldsymbol{v}_L}{\mathrm{d}t} \tag{4.122}$$

与静水中的气泡瞬态加速度模型相似,式(4.122)包含当前气泡半径、气泡速度,以及流场速度、压力等瞬态参数,并与气泡运动历史过程有关,需耦合其他条件才能准确求解。

4.3.1.2 流场中微气泡的径向运动模型

无论是流场中还是静水中,尾流气泡体积的变化(即径向运动)都取决于气泡对外传质和气泡内压变化两个关联因素。而由静水中气泡瞬态非平衡传质模型的物理本质及其推导过程易知,流场中尾流气泡的瞬时传质同样满足式(4.94)的形式,只需将气泡速度 v_b 替换为气泡与流体的相对速度 $\mid \boldsymbol{v}_L - \boldsymbol{v}_b \mid$,如

$$\frac{\mathrm{d}m_g}{\mathrm{d}t} = 8(C_A - C_I) D_{AB}^{2/3} \mid \boldsymbol{v}_L^{\cdot} - \boldsymbol{v}_b \mid^{1/3} R^{4/3} \tag{4.123}$$

式中,C_A、C_I 的计算仍采用非平衡传质模型式(4.94),但需将其中的压力项修正为广义压力 P,如下所示:

$$\frac{C^*}{C_I} = \mathrm{e}^{\frac{2(C_I - C_A)}{C_I + C_A}} , \quad C^* = H \cdot p_g , \quad p_g = P + \frac{2\sigma}{R} \tag{4.124}$$

又因气泡内所含气体质量的变化反映着气泡半径和泡内气体密度的变化,而泡内气体密度变化则与气泡内压直接相关,这一关系的数学表达如下:

$$\frac{\mathrm{d}m_g}{\mathrm{d}t} = \frac{4}{3} \pi R^2 \left(R \frac{\mathrm{d}\rho_g}{\mathrm{d}t} + 3\rho_g \frac{\mathrm{d}R}{\mathrm{d}t} \right) \tag{4.125}$$

尾流气泡上浮过程中一般满足等温条件,则

$$\rho_g = \rho_{g_0} \frac{p_g}{P_{\mathrm{atm}}} = \frac{\rho_{g_0}}{P_{\mathrm{atm}}} \left(P + \frac{2\sigma}{R} \right) \tag{4.126}$$

式中,ρ_{g_0} 表示在标准大气压 P_{atm} 下的气体密度,$\mathrm{kg \cdot m^{-3}}$。对式(4.126)求导得

$$\frac{\mathrm{d}\rho_g}{\mathrm{d}t} = \frac{\rho_{g_0}}{P_{\mathrm{atm}}} \left(\frac{\mathrm{d}P}{\mathrm{d}t} - \frac{2\sigma}{R^2} \frac{\mathrm{d}R}{\mathrm{d}t} \right) \tag{4.127}$$

因此,将式(4.126)、式(4.127)代入式(4.124),并与式(4.123)联立整理即得

流场中尾流气泡的径向运动模型如下：

$$\left(P + \frac{4\sigma}{3R}\right)\frac{dR}{dt} = -\frac{R}{3}\frac{dP}{dt} + 0.635\frac{P_{atm}}{\rho_{g_0}}(C_A - C_I)D_{AB}^{2/3}\mid \boldsymbol{v}_L - \boldsymbol{v}_b\mid^{1/3}R^{-2/3}$$

(4.128)

显然，式(4.128)与式(4.100)在形式上基本一致，但需注意式(4.128)中 dP/dt 是气泡的随体导数，需按如下方式解算：

$$\frac{dP}{dt} = \frac{\partial P}{\partial t} + (\boldsymbol{v}_b \cdot \nabla)P$$

(4.129)

4.3.2　流场中微气泡运动过程的耦合模型

4.3.2.1　耦合模型的构建

参照静水中尾流气泡上浮运动耦合模型的构建思路，将流场中尾流气泡的质心运动模型和径向运动模型联合即可实现对气泡速度、半径等参数的耦合求解，但需注意，式(4.122)、式(4.128)中包含了与气泡位置 $r(X, Y, Z)$ 相关的 P 和 $\boldsymbol{v}_L$，因此还需寻找其他关系式才能实现方程组的封闭。在欧拉描述下，存在如下关系：

$$\boldsymbol{v}_b = d\boldsymbol{r}/dt$$

(4.130)

综上所述，将式(4.122)、式(4.128)、式(4.130)联立起来，并引入初值条件，即可建立尾流气泡在主流场中运动的耦合模型，以矢量形式表示如下：

$$\begin{cases} R\dfrac{d\boldsymbol{v}_b}{dt} = \dfrac{3}{4}C_D \mid \boldsymbol{v}_L - \boldsymbol{v}_b \mid (\boldsymbol{v}_L - \boldsymbol{v}_b) + 9\sqrt{\dfrac{\mu}{\pi\rho_L}}\int_0^t\left(\dfrac{d\boldsymbol{v}_L}{d\tau} - \right. \\ \qquad \left. \dfrac{d\boldsymbol{v}_b}{d\tau}\right)\dfrac{d\tau}{\sqrt{t - \tau}} - 2\dfrac{R}{\rho_L}\nabla P + R\dfrac{d\boldsymbol{v}_L}{dt} \\ \left(P + \dfrac{4\sigma}{3R}\right)\dfrac{dR}{dt} = -\dfrac{R}{3}\dfrac{dP}{dt} + 0.635\dfrac{P_{atm}}{\rho_{g_0}}(C_A - C_I)D_{AB}^{2/3}\mid \boldsymbol{v}_L - \boldsymbol{v}_b\mid^{1/3}R^{-2/3} \\ \dfrac{d\boldsymbol{r}}{dt} = \boldsymbol{v}_b \\ \text{初值：} \boldsymbol{v}_b\mid_{t=0} = \boldsymbol{v}_{b0}, \; R\mid_{t=0} = R_0, \; \boldsymbol{r}\mid_{t=0} = \boldsymbol{r}_0(x_0, y_0, z_0) \end{cases}$$

(4.131)

该模型中的 P 和 $\boldsymbol{v}_L$ 是由流场自身的性质决定的，而与气泡运动无关，因此当气泡在一确定流场中运动时,式中 P 和 $\boldsymbol{v}_L$ 是已知量。

4.3.2.2 耦合模型解法

首先,式(4.131)中的广义积分项 $\int_0^t \left(\dfrac{\mathrm{d}\boldsymbol{v}_L}{\mathrm{d}\tau} - \dfrac{\mathrm{d}\boldsymbol{v}_b}{\mathrm{d}\tau}\right) \dfrac{\mathrm{d}\tau}{\sqrt{t-\tau}}$ 收敛性的判断

及其解算时需将 v_b 替换为 $|\boldsymbol{v}_L - \boldsymbol{v}_b|$,需要注意的是,式中对 $\boldsymbol{v}_L$ 的求导均为求取其随体导数,应按照式(4.114)中的方式计算,其数值计算式如下:

$$
\begin{cases}
\displaystyle\int_0^t \left(\frac{\mathrm{d}\boldsymbol{v}_L}{\mathrm{d}\tau} - \frac{\mathrm{d}\boldsymbol{v}_b}{\mathrm{d}\tau}\right) \frac{\mathrm{d}\tau}{\sqrt{t-\tau}} = \frac{\Delta t}{2}\left[\frac{\boldsymbol{a}(0)}{\sqrt{t}} + 2\sum_{i=1}^{n-2}\frac{\boldsymbol{a}(i\Delta t)}{\sqrt{t-i\Delta t}}\right] + \frac{3}{2}\boldsymbol{a}(t-\Delta t)\sqrt{\Delta t} + \\
\qquad\qquad\qquad\qquad\qquad \sqrt{\Delta t}\,\dfrac{\mathrm{d}(\boldsymbol{v}_L - \boldsymbol{v}_b)}{\mathrm{d}t} \\[2mm]
\boldsymbol{a}(\tau) = \dfrac{\mathrm{d}(\boldsymbol{v}_L - \boldsymbol{v}_b)}{\mathrm{d}\tau}
\end{cases}
$$

$$\tag{4.132}$$

其次,要求解流场中尾流气泡的运动情况必须首先获得原流场的流动参数,即该式(4.131)中的 P 和 $\boldsymbol{v}_L$。而该模型主要分析海洋环境主流区中尾流气泡的运动问题,因此可以认为,流体不可压缩,即 ρ_L 为常数;质量力只有重力;水体的流动无粘、无旋;水面处压强为标准大气压 P_{atm},则在此条件下流动满足拉格朗日积分,取竖直向上为 z 轴正方向,其数学表达如下:

$$
\frac{\partial\varphi}{\partial t} + \frac{1}{2}|\boldsymbol{v}_L|^2 + \frac{P - P_{\mathrm{atm}}}{\rho_L} + gz = 0 \tag{4.133}
$$

式中,φ 为速度势函数,满足 $\boldsymbol{v}_L = \nabla\varphi$。由上式得

$$
P = P_{\mathrm{atm}} - \rho_L gz - \rho_L\frac{\partial\varphi}{\partial t} - \frac{\rho_L}{2}|\boldsymbol{v}_L|^2 \tag{4.134}
$$

将式(4.134)、式(4.132)代换式(4.131)中的对应项,主流场中尾流气泡耦合运动模型的求解即转变为求解常微分方程组初值问题。进一步采用变步长 Runger-Kutta 方法,即可对任意 t 时刻对应的气泡半径、运动速度、所在位置,以及瞬时传质速率等参数实现快速数值求解。

4.3.3 一维定常流场中尾流气泡运动特性计算分析

为便于计算,后续分析在二维流场中进行,设流动发生在 Oxz 平面上,x 轴水平,z 轴竖直向上,原点位于水面处。首先针对简单的横向流进行计

算分析,设定气泡初始位置均为$(0, -10)$,初始速度均为 $v_b = (0, 0)$,分别以气泡初始半径 $R_0 = 100\,\mu m$、$200\,\mu m$、$300\,\mu m$,流场速度 $v_L = (1, 0)$ 为例,由式(4.131)计算可得气泡的运动轨迹如图 4.26 所示。

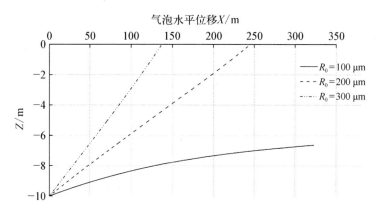

图 4.26　横向流中尾流气泡运动轨迹图

由图 4.26 显见,与静水中尾流气泡单一的上浮运动不同,流场中的尾流气泡跟随流场发生了显著的平移运动。为定量表征气泡对流场的跟随能力,定义如下随动系数为

$$\xi = |\, v_b - v_L \,| \,/\, |\, v_L \,| \tag{4.135}$$

显然,ξ 值越小,表明气泡跟随流场的能力越强,$\xi = 0$ 时气泡完全跟随流场运动。根据上式计算图 4.26 中各气泡的 ξ 值变化情况,如图 4.27 所示。

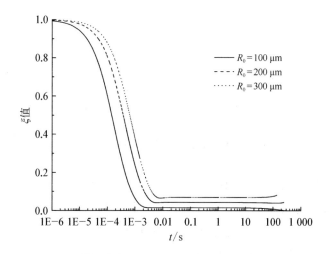

图 4.27　横向流中不同尺度尾流气泡的跟随能力曲线

因 ξ 值仅在气泡运动的初始阶段变化显著，为此，横坐标轴采用对数形式，以便于突出其变化情况。由图 4.27 可知，尾流气泡尺度越小对流场的跟随能力越好，且均可在极短的时间($<10\ \mathrm{ms}$)内达到对流场的稳定跟踪状态。又图 4.27 中初始半径 $R_0 = 100\ \mu\mathrm{m}$ 的气泡，因扩散传质的影响居于主导，在运动的最后阶段，其半径越来越小，直至完全溶解于水中，因此 ξ 值最终趋于零；而 $R_0 = 200\ \mu\mathrm{m}$、$300\ \mu\mathrm{m}$ 的气泡，因其运动过程中，压强减小引起的体积膨胀作用居于主导，其半径也逐渐变大，导致其 ξ 值略有增加的趋势。这一现象也表明尺度越小的气泡对流场的跟随能力越好。

为进一步分析流场自身特性对气泡跟随性能的影响，下面将分别计算不同流速、不同流向下的 ξ 值。同时，从流场的角度看，ξ 值也反映了流场对尾流气泡的携带能力，只是该值为零时代表了流场的携带能力最强。

首先，考查流速对气泡跟随性能的影响，取气泡初始半径 $R_0 = 200\ \mu\mathrm{m}$，流场速度分别为 $v_L = (0.5,\ 0)$、$(1.0,\ 0)$、$(1.5,\ 0)$，其他条件同上，ξ 值的变化情况如图 4.28 所示。由图可见，流场的流速越大气泡的跟随性越好，即流场对气泡的携带能力越强。

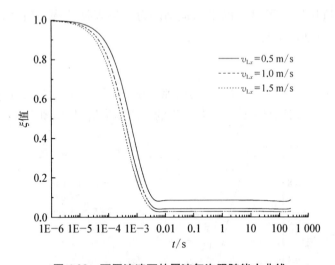

图 4.28　不同流速下的尾流气泡跟随能力曲线

其次，考查流向对气泡跟随性能的影响，仍取气泡初始半径 $R_0 = 200\ \mu\mathrm{m}$，流场速度的模 $|v_L| = 1\ \mathrm{m/s}$。以静水中气泡自由上浮的方向(即 z 轴正方向)为基准，分别计算流速 v_L 与其夹角 β 成 $0°$、$60°$、$120°$、$180°$时，ξ 值的变化情况，结果如图 4.29 所示。

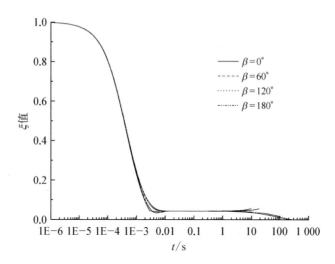

图 4.29　不同流向下的尾流气泡跟随能力曲线

由图 4.29 可见,相同速率的流场,不管其流向如何,对相同尺度的气泡其携带能力是基本一致的。图中 $\beta = 120°$ 和 $\beta = 180°$ 对应的曲线在末端下降,是因为这两个方向的流场将气泡带入更深层水体中,气泡尺度不断变小直至溶解,从而引起 ξ 值趋向零。

需特别注意的是,当 $\beta = 0°$ 时,气泡在上升流的携带下以接近 $|v_L|$ 的速度快速浮出水面。这也正是人工生成的大气泡上浮携带消除尾流气泡的重要理论依据之一。

同时,由图 4.27~图 4.29 可知,经过瞬间的加速阶段后,气泡在相对稳定的运动过程中,其速度与流场速度差的模量 $|v_b - v_L| = \xi |v_L|$ 是很小的。因此,气泡运动的雷诺数很小,流场中尾流气泡成球形的假设是合理的。

4.4　波浪中微气泡的运动规律

实际情况下的海洋环境中,波浪是一种普遍现象,进一步分析波浪中微气泡的运动特性,将有助于更深入地了解舰船尾流气泡场的演化情况。

4.4.1　波浪中微气泡运动过程的耦合模型

波浪实质上是一种特殊形式的流场,可利用流场中气泡的耦合运动模型式(4.131)对气泡在波浪中的运动问题进行初步研究。

为便于理论分析,并考虑到舰船的主要航行区域,采用二维深水波模型

描述波浪场。设波动发生在 Oxz 平面上，x 轴水平，z 轴垂直向上，原点位于静止时的自由面处，其速度势 φ 可表示为

$$\varphi = A\,\mathrm{e}^{kz}\sin k(x - ct) \tag{4.136}$$

又由波浪理论可知，在上述速度势下波浪场中的压强分布为

$$P(x,\ z,\ t) = -\rho_L gz + A\rho_L kc\,\mathrm{e}^{kz}\cos k(x - ct) + P_{\mathrm{atm}} \tag{4.137}$$

其标量形式的速度场为

$$v_{Lx} = Ak\,\mathrm{e}^{kz}\cos k(x - ct),\ v_{Lz} = Ak\,\mathrm{e}^{kz}\sin k(x - ct) \tag{4.138}$$

波浪各要素间的关联式为

$$c^2 = g/k,\ H = 2Akc/g,\ \lambda = 2\pi/k \tag{4.139}$$

式中，c 为波速；k 为波数；H 为波高；λ 为波长，各量均为国标单位。

给出波浪的波长、波高参数后，由式(4.139)计算出波浪的其他要素参数，代入式(4.137)、式(4.138)即可得到速度和压强分布的准确表达式，将其进一步代入模型式(4.131)化简即可得二维波浪场中尾流气泡的耦合运动模型。

4.4.2　不同尺度气泡在波浪中的运动特性

首先，计算分析不同尺度的尾流气泡在波浪中运动特性的异同。以波长 $\lambda = 100\ \mathrm{m}$、波高 $H = 2.0\ \mathrm{m}$ 的波浪场为例，计算初始半径 $R_0 = 100\ \mu\mathrm{m}$、$200\ \mu\mathrm{m}$、$300\ \mu\mathrm{m}$、$500\ \mu\mathrm{m}$，初始位置均为 $(0,\ -10)$ 的 4 个气泡的运动情况，其运动轨迹如图 4.30 所示。

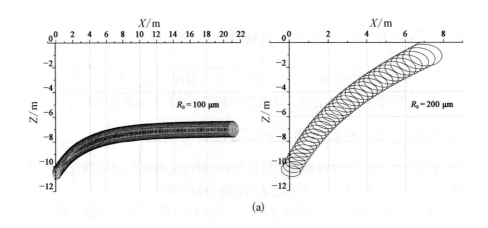

(a)

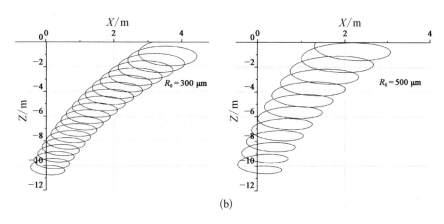

(b)

图 4.30 波浪中不同尺度气泡的运动轨迹示意图

由图 4.30 可见,与静水中和一维定常流场中的情况显著不同,4 种尺度的气泡在波浪作用下,其上浮轨迹均变成了上下起伏的螺旋线形,并都产生了向波浪传播方向的水平位移,但气泡初始半径越小,其水平位移越大,其螺旋线的半径也越小,交叠越严重。在气泡螺旋上升的过程中,初始半径为 $200\ \mu m$、$300\ \mu m$、$500\ \mu m$ 的气泡,其螺旋半径逐渐增大,直至浮出水面破裂消失;而初始半径为 $100\ \mu m$ 的气泡,其螺旋线越来越趋近于圆形,在运动的末期几乎完全随水质点做圆周运动,直至完全溶解于水中消失。因此,半径越小的气泡,其自身的上浮速度越小,波浪场的诱导速度对其影响越显著,为定量描述这一特性,随动系数 ξ 的变化情况如图 4.31 所示。

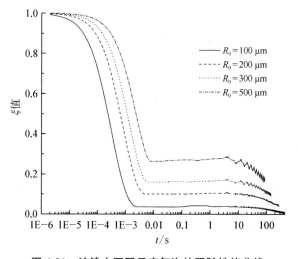

图 4.31 波浪中不同尺度气泡的跟随性能曲线

由图 4.30 还可见,与静水中相比,相同初始半径、初始位置的气泡在波浪中其运动路径大幅延长。为此,从舰船尾流气泡场整体存留时间的角度考虑,有必要进一步分析波浪中尾流气泡最大存留时间的变化。将上述 4 个气泡分别在静水中和波浪中的最大存留时间汇总成如表 4.1 所示。

表 4.1　波浪场中与静水中气泡存留时间 T_{max} 对比　　单位: s

存留时间项	气泡初始半径/μm			
	100	200	300	500
静水中存留时间	1 703.6	275.4	142.8	83.7
波浪中存留时间 ($\lambda=100$ m,$H=2.0$ m)	1 701.9	272.3	143.6	86.5

由表 4.1 可见,气泡在波浪中运动路径的延长并未导致其存留时间的增加。而由式(4.138)可知,波浪中水质点的流动实际是以其波动前初始位置为圆心的圆周运动,则波浪在水质点向下流动的半周期内带动气泡向下运动,延缓了气泡的上浮,而在随后的另一半周期内带动气泡加速上浮,两个半周期内的作用互相抵消。因此,在气泡运动的全过程中,其 z 轴方向的平均速度与静水中的自由上浮平均速度一致。但由式(4.138)也可知,波浪场中深度越小,水质点流动的速度越大,因此随着气泡上浮,其深度越小所受到水平方向的诱导速度越大,由此导致了气泡的水平位移。

4.4.3　不同波浪要素对气泡运动过程的影响

在前述不同尺度尾流气泡在波浪中运动特性分析的基础上,进一步分析不同波浪场对尾流气泡运动的影响情况:取气泡初始半径 $R_0=200$ μm、初始位置为$(0,-10)$,设定 4 组波浪要素分别为:(Ⅰ)波长 $\lambda=100$ m、波高 $H=1.0$ m;(Ⅱ)波长 $\lambda=100$ m、波高 $H=2.0$ m;(Ⅲ)波长 $\lambda=50$ m、波高 $H=1.0$ m;(Ⅳ)波长 $\lambda=50$ m、波高 $H=2.0$ m。该气泡在 4 种波浪场中的运动轨迹如图 4.32 所示。

由图 4.32 中横向比较可见,相同波长,随波高增大,气泡的水平位移变大;而纵向比较可知,相同波高,随波长减小,气泡的水平位移变大,但波浪场(Ⅱ)$\lambda=100$ m,$H=2.0$ m 和(Ⅲ)$\lambda=50$ m,$H=1.0$ m 之间不易进行比较。水质点的运动速度是诱导气泡水平位移的关键因素。任意时刻水质点

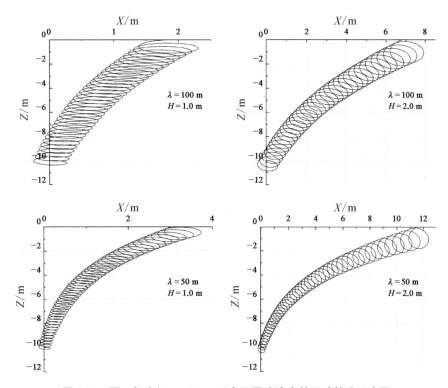

图 4.32　同一气泡($R_0 = 200\ \mu m$)在不同波浪中的运动轨迹示意图

运动的速率为 $Ak\mathrm{e}^{kz}$，则在同一深度水质点运动速率的大小直接取决于该值，因此可以尝试通过比较波浪的 Ak 值来判断其对气泡运动的影响大小。由式(4.139)得

$$Ak = H\sqrt{g\pi/2\lambda} \qquad (4.140)$$

则对应上述 4 种波浪的 Ak 值分别为：$Ak(\text{Ⅰ}) = 0.3922$、$Ak(\text{Ⅱ}) = 0.7845$、$Ak(\text{Ⅲ}) = 0.5547$、$Ak(\text{Ⅳ}) = 1.1095$。显然，$Ak(\text{Ⅱ}) > Ak(\text{Ⅲ})$，所以在波浪场(Ⅲ)中的水平移动更显著，与图 4.32 所示结果一致。

气泡在各波浪场中的随动系数 ξ 变化情况如图 4.33 所示。由图 4.33 也可知，Ak 值越大对气泡的携带能力越强。

为进一步验证波浪对尾流气泡最大存留时间无显著影响，将上述初始半径为 $200\ \mu m$ 的气泡在静水中和 4 种不同波浪中的最大存留时间汇总于表 4.2 中。显然，不同波浪中气泡的最大存留时间与在静水中的情况仍然基本一致。

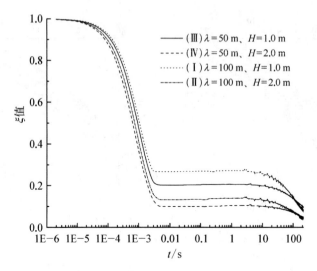

图 4.33 同一气泡 $(R_0 = 200\ \mu m)$ 在不同
波浪中的跟随性能曲线

表 4.2 静水与不同波浪中气泡 $(R_0 = 200\ \mu m)$ 存留时间 T_{max} 对比表　　单位：s

外界环境	存留时间 T_{max}
静水中	275.4
$\lambda = 100$ m $H = 1.0$ m	274.3
$\lambda = 100$ m $H = 2.0$ m	272.3
$\lambda = 50$ m $H = 1.0$ m	276.7
$\lambda = 50$ m $H = 2.0$ m	269.5

　　综合表 4.1、表 4.2,及图 4.30、图 4.32 可知,波浪作用未对气泡的存留时间构成显著影响,却使不同尺度气泡发生了不同的水平位移。因此,波浪加速了尾流气泡场在水平方向的扩散。同时,波浪作用越强烈时,海况越恶劣,由波浪破碎产生的气泡也越多,由此增加了海洋环境背景中的气泡数密度,也就减小了舰船尾流场与海洋背景中的气泡数密度差。在上述两方面因素的共同作用下,舰船尾流气泡场的可探测距离缩短,鱼雷尾流自导的效果也将变差。

第 5 章
气泡群上升演变规律

气泡群上升运动过程中,不同尺度的气泡间会相互影响,产生碰撞、破裂、聚并等现象,同时还受到海洋背景场的影响,上升演变规律极为复杂。舰船尾流场中的气泡群上升运动涉及双气泡聚并、气泡群聚并、气泡与湍流的相互作用、气泡上浮与传质作用等诸多研究内容。

5.1 气泡群上升演变规律的特征量

气泡群的上升运动与单个气泡存在着一些不同,舰船尾流区的气泡群上升运动又更为复杂。近程尾流区大量存在的气泡会使得气泡群中气泡所受阻力发生变化进而影响上升速度。同时,近程尾流区的气泡数密度较大,所以气泡间运动的相互影响不能忽略。

5.1.1 气泡群中气泡运动的阻力与速度

气泡群中由于大量气泡的存在,气泡运动所受的阻力与单个气泡有所不同,现作以下假设:① 气泡流动为无旋流;② 气泡均为半径 a 的球形并均匀分布在液体中,将外部绕流看成是半径为 b 的球形,气泡位于每个液体球的中心,系统含气率 $\phi = a^3/b^3$;③ 两个气泡之间的液体运动与两个同心球之间的液体运动是等效的,则气泡群中气泡所受的阻力 F_D 与单个气泡所受阻力 F_{D0} 的关系为

$$F_D = F_{D0} \frac{1 - \phi^{5/3}}{(1 - \phi)^2} \tag{5.1}$$

对于静止流体中运动的气泡来说,可以不考虑气泡的加速过程,认为气

泡运动时只受到浮力与黏性阻力的影响,且气泡运动达到平衡后,稳定上升速度也可由浮力与黏性阻力的平衡来求得:

$$F_f = F_D \tag{5.2}$$

所得气泡群中气泡的稳定上升速度为

$$v_T^2 = \frac{4dg}{3C_D} \frac{(1-\phi)^2}{1-\phi^{5/3}} \tag{5.3}$$

或

$$v_T = v_{T0} \frac{1-\phi}{\sqrt{1-\phi^{5/3}}} \tag{5.4}$$

由上式画出气泡群中气泡上升速度与单个气泡上升速度之比随着含气率的变化关系,如图 5.1 所示。由图可以看出,气泡群中气泡上升速度与单个气泡上升速度之比会随着含气率的增大而降低,且二者呈近似线性变化关系。但由于水面舰船尾流中含气率都比较低,因而粗略一点来看,含气率对气泡上升速度的影响可以忽略。

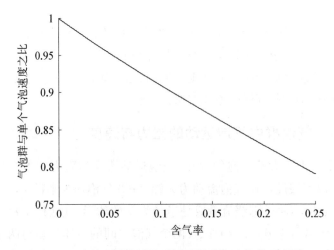

图 5.1 气泡群中气泡上升速度随含气率变化示意图

5.1.2 气泡运动的相互影响

气泡群的上升运动与单个气泡的另一个明显不同在于其气泡间会相互影响。在水平方向上,气泡间的影响效果并不明显;但在竖直方向上,前面气泡运动产生的尾流是影响后一气泡运动的主要因素之一。气泡运动时在其后端形成的尾流,对后面运动的气泡存在加速效应,使之最终与前一气泡合并或超过前一气泡。因此,串行上升的气泡是气泡群上升的一个特殊但典型的例子。为便于研究,以串行气泡代替气泡群来研究气泡运动的相互影响,并比较串行气泡与单个气泡受力及运动速度的情况。

5.1.2.1　串行气泡受力分析

串行气泡上升过程中,前一气泡会在其后形成一个尾流区,带动尾随其后的气泡运动。为分析和计算的简便,以两个成串上升的气泡运动为例进行分析,后一气泡相当于在前一气泡形成的流场中运动,现特作以下假设:① 设气泡没有变形,均为球形;② 两气泡大小一致,直径均为 d;③ 气泡后形成的尾流为稳定的轴对称层流;④ 单考虑气泡间的影响,所以设周围流场静止,流速为零;⑤ 只考虑前一气泡对后一气泡的影响,忽略后一个气泡对前一个气泡的影响;⑥ 系统含气率很低,计算时其影响可忽略不计。

由前述气泡在流场中的运动分析可知,这种情况下气泡的运动方程可写为

$$m_b \frac{\mathrm{d}v_b}{\mathrm{d}t} = F_f + F_D + F_p + F_{vm} + F_B \tag{5.5}$$

式中,右边的 5 个变量分别代表浮力、黏性阻力、压力梯度力、附加质量力和 Basset 力。

设 x 轴的方向垂直向上,考察两个成串上升的气泡,尾随气泡所处位置的流速可以看成是其前表面处的平均径向流速 $\bar{v}$,所受阻力可写成:

$$F_D = -\frac{\pi}{8} C_D \rho_l d^2 (\bar{v} - v_b)^2 \tag{5.6}$$

式中,C_D 和 v_b 分别代表受到相互作用的尾随气泡的阻力系数和上升速度,负号表示方向与 x 轴正方向相反。如果是单个气泡在流速为 v_0 的均匀流中运动,则阻力为

$$F_{D0} = -\frac{\pi}{8} C_{D0} \rho_l d^2 (v_0 - v_{b0})^2 \tag{5.7}$$

式中,C_{D0} 和 v_{b0} 分别代表单个气泡的阻力系数和上升速度。二者的阻力之比为

$$\frac{F_d}{F_{d0}} = \frac{C_D}{C_{D0}} \left(\frac{\bar{v} - v_b}{v_0 - v_{b0}} \right)^2 \tag{5.8}$$

相关研究成果已经证实粒子在流场中运动时,尾随气泡和单个气泡阻力系数之比等于单个气泡和尾随气泡的雷诺数之比,现将其扩展到气泡在流体中运动,即

$$\frac{C_D}{C_{D0}} = \frac{Re_0}{Re_1} = \frac{v_0 - v_{b0}}{\bar{v} - v_b} \tag{5.9}$$

式中,Re_0 和 Re_1 分别为单个气泡和尾随气泡的雷诺数。

将式(5.9)代入式(5.8),得

$$\frac{F_d}{F_{d0}} = \frac{\bar{v} - v_b}{v_0 - v_{b0}} \tag{5.10}$$

或

$$\frac{F_d}{F_{d0}} = \frac{\bar{v} - v_{b0}}{v_0 - v_{b0}} + \frac{v_{b0} - v_b}{v_0 - v_{b0}} \tag{5.11}$$

前面已经假设流速为零,即 $v_0 = 0$。将无量纲形式的平均流速分布代入,得

$$\frac{F_d}{F_{d0}} = \frac{v_b}{v_{b0}} - \frac{C_{D0}}{2} \left[1 - \exp\left(-\frac{Re_0 d}{16x} \right) \right] \tag{5.12}$$

式中,$Re_0 = \rho_l v_{b0} d / \mu$,$\mu$ 是流体的黏度系数,x 代表前一个气泡的下表面和后一个气泡的上表面的距离。

由前面分析可知,球形气泡的浮力、压力梯度力、附加质量力和 Basset 力可分别表示为

$$F_f = \frac{1}{6} \pi d^3 (\rho_l - \rho_b) g \approx \frac{1}{6} \pi d^3 \rho_l g \tag{5.13}$$

$$F_p = -\frac{\pi}{6} d^3 \nabla p \tag{5.14}$$

$$F_{vm} = \frac{\pi}{12} d^3 \rho_l \frac{\mathrm{d}}{\mathrm{d}t} (v - v_b) \tag{5.15}$$

$$F_B = \frac{3}{2} d^2 \sqrt{\pi \rho_l \mu} \int_{t_0}^{t} \frac{d(v - v_b)/d\tau}{\sqrt{t - \tau}} d\tau \tag{5.16}$$

在静止流体中，$dv/dt = 0$。假定尾随气泡位于前一气泡尾流区较远的位置，在这一区域压力梯度可以忽略不计，从而有 $F_p = 0$，则有

$$F_{vm} = -\frac{\pi}{12} d^3 \rho_l \frac{dv_b}{dt} \tag{5.17}$$

$$F_B = -\frac{3}{2} d^2 \sqrt{\pi \rho_l \mu} \int_{t_0}^{t} \frac{dv_b/d\tau}{\sqrt{t - \tau}} d\tau \tag{5.18}$$

从而式(5.5)可写为

$$\frac{\pi}{12} d^3 \rho_l \frac{dv_b}{dt} = \frac{\pi}{6} d^3 \rho_l g + \left\{ \frac{v_b}{v_{b0}} - \frac{C_{D0}}{2} \left[1 - \exp\left(-\frac{Re_0 d}{16x}\right) \right] \right\} F_{d0} - $$
$$\frac{3}{2} d^2 \sqrt{\pi \rho_l \mu} \int_{t_0}^{t} \frac{dv_b/d\tau}{\sqrt{t - \tau}} d\tau \tag{5.19}$$

单个气泡运动处于平衡状态时有：

$$F_{d0} = -\frac{1}{6} \pi d^3 \rho_l g \tag{5.20}$$

将式(5.20)代入式(5.19)，得：

$$\frac{dv_b}{dt} = 2g \left\{ 1 - \frac{v_b}{v_{b0}} + \frac{C_{D0}}{2} \left[1 - \exp\left(-\frac{Re_0 d}{16x}\right) \right] \right\} - $$
$$\frac{18}{d} \sqrt{\frac{v}{\pi \rho_l}} \int_{t_0}^{t} \frac{dv_b/d\tau}{\sqrt{t - \tau}} d\tau \tag{5.21}$$

5.1.2.2　串行气泡上升速度模型

相互影响的串行气泡水中上升运动的解析式如式(5.21)所示，在此基础上做一些假设就可以得到描述其上升速度的数学模型。为便于分析和比较串行气泡与单个气泡上升速度的差异，引入以下无量纲数：

$$v_b^* = \frac{v_b}{v_{b0}}, \quad t^* = \frac{t v_{b0}}{d}, \quad \tau^* = \frac{\tau v_{b0}}{d}, \quad x^* = \frac{x}{d}$$

从而式(5.21)可写为

$$\frac{\mathrm{d}v_b^*}{\mathrm{d}t^*} = \frac{2gd}{v_{b0}^2}\left\{1 - v_b^* + \frac{C_{D0}}{2}\left[1 - \exp\left(-\frac{Re_0}{16x^*}\right)\right]\right\} -$$

$$\frac{18}{\sqrt{\pi\rho_l Re_0}}\int_{t_0^*}^{t^*}\frac{\mathrm{d}v_b^*/\mathrm{d}\tau^*}{\sqrt{t^* - \tau^*}}\mathrm{d}\tau^* \tag{5.22}$$

即

$$v_b^*\frac{\mathrm{d}v_b^*}{\mathrm{d}x^*} = \frac{2gd}{v_{b0}^2}\left\{1 - v_b^* + \frac{C_{D0}}{2}\left[1 - \exp\left(-\frac{Re_0}{16x^*}\right)\right]\right\} -$$

$$\frac{18}{\sqrt{\pi\rho_l Re_0}}\int_{t_0^*}^{t^*}\frac{\mathrm{d}v_b^*/\mathrm{d}\tau^*}{\sqrt{t^* - \tau^*}}\mathrm{d}\tau^* \tag{5.23}$$

此式满足边界条件：当 $x^* \to \infty$ 时，$v_b^* = 1$，$\mathrm{d}v_b^*/\mathrm{d}x^* = 0$。使用有限差分方法对上式进行数值计算，对上式左边使用如下的一阶差分式进行离散：

$$\left(\frac{\mathrm{d}v_b^*}{\mathrm{d}x^*}\right)_i = \frac{v_{b,i}^* - v_{b,i-1}^*}{x_i^* - x_{i-1}^*} \tag{5.24}$$

对式(5.22)右边的 Basset 力使用欧拉方程进行积分。为避免在 $\tau^* = t_i^*$ 积分时遇到奇点，故任意时间间隔内被积函数 $\Delta\tau_k^*(= t_k^* - t_{k-1}^*, k = 1, 2, \cdots, i)$ 的值均用 $\tau^* = t_{k-1}^*$ 时刻的值来估算。这样，式(5.23)可写为

$$v_{b,i}^*\frac{v_{b,i}^* - v_{b,i-1}^*}{\Delta x_i^*} - \frac{2gd}{v_{b0}^2}v_{b,i}^* = -\frac{2gd}{v_{b0}^2}\left\{1 + \frac{C_{D0}}{2}\left[1 - \exp\left(-\frac{Re_0}{16x^*}\right)\right]\right\} +$$

$$\frac{18}{\sqrt{\pi\rho_l Re_0}}\int_{t_0^*}^{t^*}\frac{\mathrm{d}v_b^*/\mathrm{d}\tau^*}{\sqrt{t^* - \tau^*}}\mathrm{d}\tau^* \tag{5.25}$$

$v_{b,i}^*$ 值可由上式求出，为看得更清楚，把上式简写为

$$v_{b,i}^* = 0.5(\alpha + \sqrt{\alpha^2 - 4\beta}) \tag{5.26}$$

其中，$\alpha = v_{b,i-1}^* + \Delta x_i^*\dfrac{2gd}{v_{b0}^2}$；

$$\beta = \Delta x_i^*\frac{2gd}{v_{b0}^2}\left\{1 + \frac{C_{D0}}{2}\left[1 - \exp\left(-\frac{Re_0}{16x^*}\right)\right]\right\} -$$

$$\Delta x_i^*\frac{18}{\sqrt{\pi Re_0}}\int_{t_0^*}^{t^*}\frac{\mathrm{d}v_b^*/\mathrm{d}\tau^*}{\sqrt{t^* - \tau^*}}\mathrm{d}\tau^*$$

5.1.2.3　计算结果及讨论

为验证上述模型,分别取球形气泡的直径为 150 μm、300 μm 和 500 μm,利用式(5.25)进行数值求解,积分时间取为 0.025 s。图 5.2 画出了数值求解的结果,纵坐标为气泡相对速度,即气泡受前一气泡尾流影响下的上升速度与单个气泡运动情况下的上升速度之比,横坐标为气泡间距,即前后两气泡间距离与气泡直径之比。

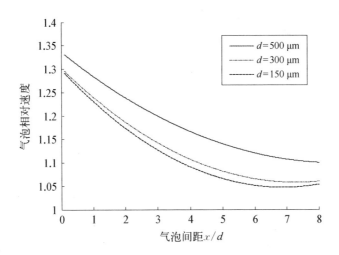

图 5.2　尾随气泡上升速度随距离变化情况图

由图 5.2 可以看出,受前一气泡影响的尾随气泡的上升速度随气泡间距离变化的总体趋势是,尾随气泡的上升速度随气泡间距离的缩小而增大,且在整个尾流区其上升速度总是大于单个气泡的运动速度,气泡直径越大,这种加速趋势越为明显,由此可以得出结论,气泡间运动存在着明显的影响,尤其是在竖直方向上,串行上升气泡的前一气泡对后一气泡存在着加速效应,且距离越近、气泡直径越大其加速效果越显著。

5.1.3　气泡群与湍流相互作用研究

水面舰船的近程尾流区存在的急剧湍流,极大影响着气泡的运动,而湍流自身的形成除了受到螺旋桨的搅动外,也会受到气泡群运动的影响。在气泡数密度较高的近程尾流区,气泡群运动也会引发湍流,并导致发生湍流性质的变化。

5.1.3.1　气泡运动形成的湍流研究

为便于分析,现将气泡在流体中的运动等效成流体以某一流速 v_0 绕过一固定物体流动,气泡前后流体的速度会不连续,这种速度的不连续将导致流动的不稳定。而由于流体的黏性,这种不连续会随着距离的增加而逐渐变得光滑,如图 5.3 所示。由流体力学知识可知,这样将导致黏性流体绕物体流动时会在物体后部产生尾流区,且尾流区的半宽度 b 会随着 x 的增加而增加,如图 5.4 所示。尾流区的流动性质随雷诺数的变化而有所不同:当雷诺数很小时为层流尾流,随着雷诺数的增加会在球体表面产生边界层;当雷诺数不断增大,尾流中会形成不规则的旋涡并破碎,演变成湍流尾流。而绕流物体后的尾流流速将小于主流流速,流速减小的原因是由于绕流气泡的阻力所引起的流体动量亏损。随着尾流向下逐渐扩展,其也在横向方向不断扩展,尾流中流速与主流流速的差别逐渐缩小以至消失。

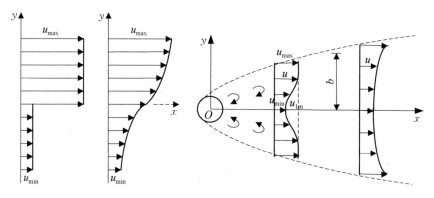

图 5.3　自由剪切层示意图　　　图 5.4　气泡运动形成的尾流示意图

在湍流尾流中,剪切力主要是由湍流运动引起的,且垂直于流动方向的速度梯度远小于流动方向的速度梯度,因此具有与边界层流动相似的特点,可以采用普朗特边界层微分方程,即

$$\frac{\partial u}{\partial x} + \frac{\partial v}{\partial y} = 0 \tag{5.27}$$

$$u\frac{\partial u}{\partial x} + v\frac{\partial v}{\partial y} = \frac{1}{\rho}\frac{\partial \tau}{\partial y} \tag{5.28}$$

式中,u、v 分别为湍流速度在 x 方向和 y 方向的分量,省略了时均符号;τ 为湍流剪切力,ρ 为流体密度。对于湍流剪切力采用混合长理论使之与时均速度联系起来,即

$$\tau = -\rho\overline{u'v'} = \rho l^2\left(\frac{\partial u}{\partial y}\right)^2 \tag{5.29}$$

式中, l 为混合长度,按普朗特混合长理论的观点,它与半宽度 b 有关,在尾流这样的自由湍流中,可假设其与半宽度 b 成正比,即

$$l = Kb \tag{5.30}$$

式中, K 为比例常数。

尾流宽度的增长率 $\mathrm{d}b/\mathrm{d}t$ 与垂直方向的脉动速度 v' 成正比:

$$\frac{\mathrm{d}b}{\mathrm{d}t} = \frac{\partial b}{\partial t} + u\frac{\partial b}{\partial x} + v\frac{\partial b}{\partial y} \propto v' \propto l\frac{\partial u}{\partial y} \tag{5.31}$$

对于气泡运动形成的尾流,半厚度 b 只是 x 的函数而与时间 t 无关,故式(5.31)可写成:

$$\frac{\mathrm{d}b}{\mathrm{d}t} = u\frac{\partial b}{\partial x} \propto u_{\max}\frac{\mathrm{d}b}{\mathrm{d}x} \tag{5.32}$$

相关研究通过实验发现上升气泡群引发的湍流特性与均匀流场中的湍流性质相似,其脉动速度均方根值、湍动能衰减及自保持性都可以用均匀湍流理论来描述。由于其具有自保持性,所以可以假定在尾流的半宽度内, $\partial u/\partial y$ 与 u_{1m}/b 成比例,即

$$\frac{\mathrm{d}b}{\mathrm{d}t} \propto l\frac{\partial u}{\partial y} \propto l\frac{u_{1m}}{b} = Ku_{1m} \tag{5.33}$$

设 u_1 为尾流区流速亏损值,且 $u_1 = u_{\max} - u$;而 u_{1m} 为尾流中心线上流速亏损值,且 $u_{1m} = u_{\max} - u_{\min}$。 由式(5.32)和式(5.33)得

$$u_{\max}\frac{\mathrm{d}b}{\mathrm{d}x} \propto l\frac{u_{1m}}{b} = Ku_{1m} \tag{5.34}$$

即

$$\frac{\mathrm{d}b}{\mathrm{d}x} \propto \frac{l}{b}\frac{u_{1m}}{u_{\max}} = K\frac{u_{1m}}{u_{\max}} \tag{5.35}$$

对于尾流,流体动量亏损是由于绕流气泡的阻力引起的,而绕流阻力可表示为

$$D = \rho\int_A u(u_{\max} - u)\mathrm{d}A \tag{5.36}$$

式中, A 为某段尾流的横断面积,若将此横断面取在气泡尾流下游的相当一

段距离处,则此处流速和压强已与主流区接近,从而有

$$D = \rho \int_A u(u_{max} - u) \, dA \approx \rho u_{max} \int_A u_1 \, dA \tag{5.37}$$

单位时间内的动量通量为

$$J = D = \rho \int_A u(u_{max} - u) \, dA \approx \rho u_{max} \int_A u_1 \, dA \tag{5.38}$$

从而有

$$J \propto \rho u_{max} u_{1m} b^2 \tag{5.39}$$

设气泡的迎流面积为 S,则气泡的绕流阻力 D 又可写为

$$D = \frac{1}{2} C_D \rho_l u_{max}^2 S \tag{5.40}$$

由式(5.39)、式(5.40)可得:

$$J = \frac{1}{2} C_D \rho_l u_{max}^2 S \propto \rho u_{max} u_{1m} b^2 \tag{5.41}$$

从而有

$$\frac{u_{1m}}{u_{max}} \propto \frac{C_D S}{b^2} \tag{5.42}$$

将式(5.42)代入式(5.35)可得:

$$b \propto (K C_D S x)^{1/3} \propto x^{1/3} \tag{5.43}$$

将式(5.43)代入式(5.42)可得:

$$\frac{u_{1m}}{u_{max}} \propto \frac{C_D S}{(K C_D S x)^{2/3}} \propto x^{-2/3} \tag{5.44}$$

从而可以得出结论,尾流的宽度与 $x^{1/3}$ 成正比,尾流中心线流速损失与 $x^{-2/3}$ 成正比。

同时,气泡群的运动还将导致湍流性质的改变。气泡运动引起液相湍流变化的因素有气泡运动所产生的尾流;气泡占据的液体空间所引起的动量变化;气液两相流动速度差所引起的气泡阻力;气泡体积或形状变化所引起的湍流耗散。其中,前两项将引起湍流增加;后两项会引起湍流减小。

5.1.3.2　气泡群在湍流中的运动

舰船近程尾流区主要是湍流区。由于湍流中无时无刻都存在剧烈的随机涨落,气泡在湍流场中运动所受的压力、速度等物理量将出现脉动,使得气泡的运动发生很大变化。为研究这种复杂的情况下的气泡运动,必须根据湍流场的湍流特性对气泡运动做一些修正。

这里借用欧拉方法来描述的双流体模型来研究气泡群在湍流中的运动。欧拉-欧拉方法描述的双流体模型的出发点是将流体与分散于其中的气泡作为互相渗透的拟流体,针对整个气泡群在近程尾流区的流动,将气泡与液体都视为互相穿透的连续介质,在空间某点两种流体各以一定的概率出现,并用气含率和液含率来表征。两种流体都遵循流体 N-S 方程的运动规律,则气液两相流的基本方程主要由连续性方程与动量方程组成。对于任意相而言,其连续性方程如下:

$$\frac{\partial}{\partial t}(\rho_\alpha r_\alpha) + \frac{\partial}{\partial x_i}(\rho_\alpha r_\alpha v_{\alpha, i}) = (\dot{m}_{\alpha\beta} - \dot{m}_{\beta\alpha}) + r_\alpha S_\alpha \tag{5.45}$$

$$\frac{\partial}{\partial t}(\rho_\beta r_\beta) + \frac{\partial}{\partial x_i}(\rho_\beta r_\beta v_{\beta, i}) = (\dot{m}_{\beta\alpha} - \dot{m}_{\alpha\beta}) + r_\beta S_\beta \tag{5.46}$$

式中,下标 α 和 β 分别代表流体相和气体相,v 表示相的速度,ρ 是物质密度,r 代表相的体积分数,对于气液两相的体积分数显然有 $r_\alpha + r_\beta = 1$。式中右端项描述了两相的质量传递及源项。由于两相的方程相似,下面的方程都只列出 α 相。

若忽略相间质量传递与源项,则有

$$\frac{\partial}{\partial t}(\rho_\alpha r_\alpha) + \frac{\partial}{\partial x_i}(\rho_\alpha r_\alpha v_{\alpha, i}) = 0 \tag{5.47}$$

动量方程可由均匀流的 N-S 方程考虑附加各相体积分数与相间输运项而得,即

$$\frac{\partial}{\partial t}(\rho_\alpha r_\alpha v_{\alpha, i}) + \frac{\partial}{\partial x_i}(\rho_\alpha r_\alpha v_{\alpha, i} v_{\alpha, j}) = -r_\alpha \frac{\partial p}{\partial x_i} + \frac{\partial}{\partial x_j} r_\alpha \mu_{\alpha, e}\left(\frac{\partial v_{\alpha, i}}{\partial x_j} + \frac{\partial v_{\alpha, j}}{\partial x_i}\right) +$$
$$\rho_\alpha r_\alpha g_i + F_{\alpha, i} \tag{5.48}$$

其中,μ 为动力黏性系数,p 为压力。方程右端描述了所有作用在控制体 α 相上的力,总压力项、黏性力项以及重力与相间相互作用项 $F_{\alpha, i}$。如果只考虑阻力的影响,则可根据 Clift 等所得的公式为

$$F_{a, i} = \frac{3}{4} C_D r_a \rho_a \frac{1}{d_b} \mid v_l - v_a \mid (v_l - v_a) \tag{5.49}$$

式中，C_D 为阻力系数；d_b 为气泡直径；v_l 为液相的速度，$v_l - v_a$ 为气相对于液相的速度。

对于连续相可用单相标准湍流模型 κ-ε 模型来模拟气液两相流中连续相的湍流现象，其湍流动能 κ 和湍能耗散率 ε 方程如下：

$$\frac{\partial}{\partial t}(\rho_a r_a \kappa_a) + \frac{\partial}{\partial x_i}(\rho_a r_a v_{a, i} \kappa_a) - \frac{\partial}{\partial x_i}\left(r_a \mu_{a, e} \frac{\partial \kappa_a}{\partial x_i}\right) = r_a (G_a + \rho_a \varepsilon_a)$$

$$\tag{5.50}$$

$$\frac{\partial}{\partial t}(\rho_a r_a \varepsilon_a) + \frac{\partial}{\partial x_i}(\rho_a r_a v_{a, i} \varepsilon_a) - \frac{\partial}{\partial x_i}\left(r_a \mu_{a, e} \frac{\partial \varepsilon_a}{\partial x_i}\right) = r_a \frac{\varepsilon_a}{\kappa_a}(C_{\varepsilon 1} G_a - C_{\varepsilon 2} \rho_a \varepsilon_a)$$

$$\tag{5.51}$$

式中，G_a 为湍流产生项，而有效黏性系数 $\mu_{a, e} = \mu_a + \dfrac{\mu_{c, t}}{\sigma_k}$。其中，湍流黏性项 $\mu_{c, t} = C_\mu \rho_c \dfrac{\kappa_c^2}{\varepsilon_c}$，$\kappa$-$\varepsilon$ 模型中的常数如表 5.1 所示。

表 5.1 κ-ε 模型中常数值

C_μ	$C_{\varepsilon 1}$	$C_{\varepsilon 2}$	σ_ε	σ_k	κ
0.09	1.44	1.92	1.0	$\dfrac{\kappa^2}{(C_{\varepsilon 2} - C_{\varepsilon 1})\sqrt{C_a}}$	0.418 7

由气体导致的湍流流动的变化，可以通过改进湍流动能与湍流耗散率产生项 G_a 体现。该项在 κ-ε 方程中用来描述相间相互作用。

通过以上的双流体模型和已知的初始条件及边界条件，可对湍流场中的气泡运动进行数值模拟，但需充分考虑到其与单相流的不同。首先，各相都有体积分数这一变量；其次，对各相本身的湍流运输规律以及相间相互作用规律和相间压力进行分配与调整。

实验研究中发现，气泡在湍流中运动时容易聚集于湍流旋涡的中心，且聚集在湍流流速向下方向的气泡数量大于聚集在流速向上方向的气泡数量，大量气泡的统计平均速度小于在普通流场中的平均速度。相关数值模拟研究发现,在 4 个不同的采样时间下,湍流中运动的气泡速度均小于其在普通流场中运动的气泡速度,聚集于旋涡流速向下区的气泡数量也总是超过 50%。如表 5.2 所示,表中 $\langle v \rangle_b$ 和 v_T 分别代表湍流和层流中气泡运动速度;N_- 和 N_b 分别代表聚集于旋涡流速向下区域的气泡数量和总的气泡数量。从这方面来看,湍流将减小气泡的平均上升速度,增加气泡的水中存留时间,从而会延长气泡尾流的寿命。

表 5.2　湍流对气泡运动的影响

湍流对气泡	采样时间点			
运动的影响	a	b	c	d
速度变化	-0.72	-0.53	-0.35	-0.21
数量变化	0.58	0.56	0.54	0.53

5.2　气泡间的聚并行为研究

气泡聚并是指在气液两相流或多相流中,当两个气泡相遇或碰撞时,在某种动力学机制作用下,发生合并形成一个气泡的现象。气泡聚并现象对多相流体系的传热、传质性能有重要影响,在国民经济众多领域中有非常广泛的应用,一直是国内外多相流及相关领域内的研究重点与热点。但由于在多相流系统中,影响气泡聚并行为的因素很多,如气液相表观流速、各相物性、相含率以及外界环境条件等,加之气泡与周围流体间还存在着不间断的相互作用,这种作用既包括气泡与流体间的相互作用,又包括气泡与气泡间的相互影响,使得气泡聚并行为更为复杂多变。因此,对气泡聚并过程进行精确的描述是非常困难的,目前对气泡聚并机理的研究也还远没达到成熟的水平。鉴于此,本节将不以气泡聚并机理的研究为重点,而是通过总结前人的相关研究成果,明确影响气泡聚并的关键因素,据此判断人工产生的大气泡与小气泡聚并的可能性,并进一步定量分析大气泡聚并尾流气泡的作用范围,为舰船气泡尾流抑制技术提供理论支撑。

5.2.1　气泡聚并机理

5.2.1.1　气泡聚并过程

在现有气泡聚并机理研究中,为了对气泡聚并行为进行定量的模型化处理,普遍将连续相流体的流动划分为相互耦合的内场和外场(见图 5.5),气泡所处的连续性流体的宏观流场,促使气泡在靠近过程中发生界面变形,决定着气泡的聚并概率 C、气泡之间的相互作用力 F 和碰撞时间 t,被视为外场,而两个气泡间形成的液层视为内场,在接触碰撞的能量转移、转化过程中,由于多种附加作用力的影响,使这一液层不断脱落变薄,若在外场作用时间内内场厚度减小至临界厚度,则会发生破裂,两个气泡融合为一个,实现气泡的聚并。

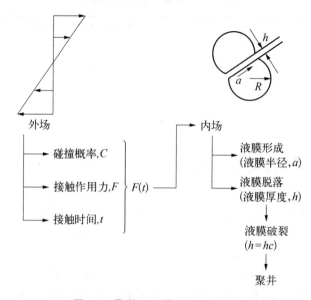

图 5.5　聚并机理模型建立的框架

气泡聚并过程一般可分为 3 个阶段:

第一阶段是液膜形成过程。在那个阶段,两气泡相互靠近、接触,形成液膜,根据物系的不同,液膜的初始厚度在 $1\sim10\ \mu m$ 范围内,这一阶段的快慢由主体液相的流体动力学行为控制,即由外场特性决定。但在液相中促使两自由气泡相遇的作用机理很多,如湍流速度的波动和尾涡的捕捉作用等。牛顿型流体中串行气泡间的靠近过程就是由于前气泡尾涡中的液体流动减小了后气泡上升所受的阻力,从而使后气泡加速赶上前气泡发生接触。

第二阶段是液膜脱落过程。在那个阶段,液膜形成后逐渐脱落直至临界厚度,约为 $10\ nm$,若该过程所需时间较接触时间长,则不会发生聚并,该步骤由液膜内液体的流体动力学行为控制。而对液膜脱落过程产生影响的因素较多,诸如液膜变薄作用力、气泡大小、分散相和连续相物性以及电解质和表面活性剂的存在等。这些影响因素相互关联,一般可归纳为两个基本影响因素,即液膜变薄作用力和界面运动特性。首先,分散相的尺寸变化是通过改变毛细压力大小来抑制或促进气泡的聚并行为的;分散相或连续相物性的变化会引起表面张力或密度差的变化,从而改变液膜变薄作用力,与此同时,物性的变化也会引起界面运动特性的变化。同样,电解质和表面活性剂的加入对表面张力的影响较大,因此能显著地改变液膜变薄作用力,同时溶剂的加入会导致物质的扩散,又由扩散引起的浓度梯度而建立表面张力梯度,更大程度地影响界面特性。

第三阶段是液膜破裂过程。这个阶段,一旦液膜足够薄,基于不稳定理论,液膜就发生破裂,两气泡合二为一,聚并完成。液膜破裂的机理被归因于范德华分子间作用力引起的界面临界波长的放大,而这种放大效应影响了液膜的稳定性,从而引起聚并的发生。相对液膜脱落过程而言,液膜破裂过程瞬间完成,所需时间非常短暂,所以目前有关气泡聚并时间的理论研究与实验测量均直接以液膜脱落过程所需时间来表征气泡完成聚并所需要的时间。

一般认为,判断两个气泡能否发生聚并的直接依据在于,气泡接触时间与气泡聚并时间的大小关系。若气泡聚并时间小于其接触时间,即液膜厚度能够减小到临界厚度值,则液膜破裂发生聚并,否则气泡碰撞后将互相脱离而无法聚并。

5.2.1.2　气泡聚并时间

液膜变薄与液膜破裂的时间总和称为聚并时间,是研究气泡聚并行为过程中的一个重要参数。在纯系溶液中,破裂时间相比于排水时间可以忽略不计,但当在气泡表面的活性剂浓度超过一定值时,破裂时间则不可忽略。不难看出,整个聚并过程也是液膜排水的过程,液膜排水模型是众多学者进行气泡聚并研究的基础,几乎所有成果都是在此基础上建立起来的。自 1886 年 Reynolds 建立第一个液膜变薄动力学模型以来,绝大多数研究者为简化建模过程,将外场的影响抛开,针对内场中液膜脱落这一关键过程进行了深入的研究。后续研究对 Reynolds 的模型进行了各种修正,机理模型中考虑的因素逐渐增多,如各种微观作用力(范德华作用力或静电作用力)、界面运动特性、表面黏度和界面质量动量传递等,并建立了众多的液膜脱落速率动力学模型。每位学者在构建具体数学模型时,采用了众多不同的假设条件,由此产生了多种多样的气泡聚并时间计算模型,但目前还未能建立起一个被大家所公认的模型。

5.2.2　流场中的气泡聚并

聚并的瞬时性、复杂性和混沌性限制和加大了对其机理研究的难度。一方面,聚并会对气泡的生成、速度、轨迹以及液体的传质、传热产生重要的影响;另一方面,液体的惯性力、黏性力、静电力、浮力又会对聚并产生不间断的作用。在液膜破裂的瞬间,其释放的表面能可以产生 $200 \sim 400$ cm/s 的波动速度。根据舰船尾流不同区域的环境场特征,我们分别研究静止流场和湍流场中的气泡聚并。

5.2.2.1　静止流场中的气泡聚并

在静止流场中,主气泡的尾流会对尾随气泡的运动产生主要的影响。当尾随气泡进入主气泡的尾流区时,尾流作用使得尾随气泡开始加速;当尾随气泡与主气泡接近到一定距离时,两气泡间形成液膜,并逐渐变薄直至破裂,从而实现两气泡的聚并。一个典型的液膜脱落动力学模型如图 5.6 所示,根据 N‐S 方程可以对此进行简单求解。

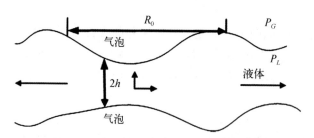

图 5.6　简单的液膜脱落动力学模型

液膜的物理形状可以划分为如图 5.7 所示的平面膜、球面膜、凸面膜 3 类。其中,图 5.7(a)是针对等半径气泡的聚并情况的;图 5.7(b)适用于两个气泡尺度差距较大时;图 5.7(c)是针对气泡与自由气液界面之间聚并时的情况的。

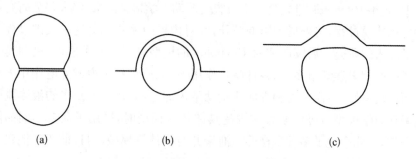

图 5.7　液膜的三类物理模型示意图

现有研究成果建立了众多不同的液膜脱落动力学模型。学者们在构建具体数学模型时,各自采用了众多不同的假设条件,由此产生了多种多样的气泡聚并时间计算模型,其中比较成熟的计算模型如下。

用于计算两个气泡尺寸相差悬殊的聚并时间:

$$t = 0.79 \frac{\mu R^{4.06} (\Delta \rho g)^{0.84}}{\sigma^{1.38} B^{0.46}} \tag{5.52}$$

用于计算相同尺寸气泡的聚并时间:

$$t = 0.44 \frac{\mu R^{0.7355} R_f^{1.6232}}{\sigma^{0.5471} B^{0.4529}} \tag{5.53}$$

用来计算不同尺寸气泡的聚并时间:

$$t = 0.729 \frac{\mu R_f^{1.68}}{\sigma^{0.54} B^{0.46}} \left(\frac{R_1 R_2}{R_1 + R_2} \right)^{0.7} \tag{5.54}$$

用来计算表面活性剂溶液中的气泡聚并时间:

$$t = 0.276 \frac{\mu^{0.27} \sigma_1^{0.24} R_f^{1.24}}{D_s^{0.24} \sigma^{0.55} B^{0.41}} \left(\frac{R_1 R_2}{R_1 + R_2} \right)^{0.77} \tag{5.55}$$

用于计算并行喷嘴产生的气泡的聚并时间:

$$t = 86 \left(\frac{u Q_{ave}}{r_t^2 g \rho x'^2} \right)^{-2/5} \tag{5.56}$$

上述式中出现的所有符号为:μ 为液体黏度系数,ρ 为水的密度,$\Delta \rho$ 为液相与气相密度差,R、R_1、R_2 为气泡半径,B 为分子间作用力常数,σ 为表面张力系数,g 为地球引力常数,R_f 为液膜初始半径,D_s 为溶质中表面活性剂的扩散系数,x' 为喷嘴之间的距离,Q_{ave} 为气体平均流速(m^3/s),r_t 为喷嘴内径。

这些模型所表现出的各因素对气泡聚并时间的影响均符合理论分析的趋势,即表面张力的增加,增大了液膜变薄的作用力,减小了气泡聚并时间;黏度的增加,增加了液体流动的阻力,降低了液膜脱落速度,增大了气泡聚并时间;气泡直径的增加,加大了液膜的体积,增加了液膜的脱落时间。

5.2.2.2　湍流场中的气泡群聚并

上述静止流场聚并机理的研究是在忽略外场影响的基础上进行的,而复杂流场中对外场的影响不能忽略。复杂流场是除了静止流场以外的其他流场,包括层流、湍流流场。由于存在于工业生产中的流场多以湍流为主,因此基于湍流场进行气泡聚并的研究占大多数。湍流是一种最复杂的流场,在湍流流场中,气泡接触的概率主要由湍流场的涡旋能量所决定的。仅气泡间的相互作用就有以下 3 种模型:一是随机碰撞,即由涡旋和浮力诱导的接触,这是气泡接触的主要机制;二是尾流诱导,即由主气泡尾流诱导的接触;三是剪切运动,即小气泡围绕大气泡边缘所作的切向运动。

不可否认的是,所有复杂流场中气泡聚并的机理均是在静止流场聚并机理的基础研究上进行的。如果说静水中气泡聚并的概率只有 0 和 1 这两个数,那么湍流场中气泡聚并的概率则是零到一这个区间,也就是任意给出两个固定大小半径的气泡,在静水中我们可以直接判断出它们能否聚并,而在湍流场中则无法对此进行准确的判断,只能给出它们聚并的"可能性",也就是聚并概率,这便是湍流场气泡聚并与静水中气泡聚并机理的最大不同,也是湍流场中气泡聚并的主要研究依据。既然涉及概率,那么研究对象就不会是单一的,因此对湍流场中气泡聚并的研究也就常常立足于对气泡群聚并的研究,当然,单纯靠聚并概率公式是无法研究气泡群聚并的,气泡群聚并涉及气泡的碰撞、气泡的聚并两大过程,至少需要可以描述碰撞概率和聚并概率的两个公式,才可以对气泡群聚并概率进行系统的研究,这也是湍流场中气泡群聚并研究的关键所在。

Prince 是最早对湍流场中气泡群聚并进行研究的学者,其研究成果也比较系统和成熟。他针对鼓泡塔提出了用于研究气泡群尺寸分布的 BPBE 模型,后来被多位学者广泛引用和发展,当前最成功的对湍流场中气泡群聚并进行定性描述和定量分析的数值模型如下:

$$\frac{\partial}{\partial t}n(z, d, t) + \frac{\partial}{\partial z}[n(z, d, t)u(z, d)] +$$

$$\frac{\partial}{\partial d}[n(z, d, t)\frac{\partial}{\partial t}d(z, d)] = S(z, d, t) \tag{5.57}$$

式中,$n(z, d, t)$ 为与空间 z、气泡尺寸 d、时间 t 有关的单位体积气泡数密度函数,u 是气泡速度,$d(z, d)$ 为与空间 z、尺寸 d 有关的表示气泡尺寸因气体传质而引起变化的函数。此外,与气泡聚并和破裂有关的源项 $S(z, d, t)$ 可以表示如下:

$$S(z, d, t) = B_c - D_c + B_B - D_B \tag{5.58}$$

式中,B_c 是由于尺寸小于 d 的气泡聚并而生成尺寸为 d 的气泡速率,D_c 是由

于气泡 d 聚并而引起气泡 d 数目的减少速率，B_B 是尺寸大于 d 的气泡分裂成 d 的气泡速率，D_B 为气泡 d 自身分裂而导致气泡 d 数目的减少速率。

Prince 还提出了用于描述湍流场中气泡（只适用于直径尺寸是毫米级别的）上浮的速度公式：

$$u_{ri} = \left(2.14 \frac{\sigma}{\rho d_i} + 0.505 g d_i\right)^{0.5} \tag{5.59}$$

Prince 的这些研究成果对于湍流场中的气泡群相关问题研究具有重要的推进作用，后来多位学者利用 BPBE 模型进一步研究了鼓泡塔中的气泡群尺寸分布，并对此模型进行了不同程度的分析与完善。随着 BPBE 模型的进一步发展，部分学者开始将其应用于其他两相流领域的研究。Alexiadis 曾利用 BPBE 模型研究工业生产中金属提炼过程中注气时的气泡尺寸分布。Kamp 将 BPBE 模型应用于管流中气泡的尺寸变化问题，并对湍流场中的气泡聚并进行了深入的理论推导和实验研究，发现小于漩涡尺度的气泡之间的碰撞是由涡旋的脉动引起的，而这种气泡群又占大多数。Kamp 根据静水中的聚并判据公式（聚并时间大于接触时间，即 $t_d/t_i > 1$）：

$$\frac{t_d}{t_i} = \frac{k_1}{2\pi}\left(\frac{6\rho V_0^2 R_1 R_2}{\sigma C_{vm}(R_1 + R_2)}\right)^{1/2} \tag{5.60}$$

导出湍流中气泡聚并的判据公式：

$$\frac{t_d}{t_i} = \frac{k_2 k_1 C_t}{2\pi\sqrt{1.61}}\left(\xi \frac{R_1 + R_2}{2}\right)^{1/3}\left(\frac{6\rho R_1 R_2}{\sigma C_{vm}(R_1 + R_2)}\right)^{1/2} \tag{5.61}$$

最后得到湍流场中气泡聚并的概率公式：

$$P_c \approx \exp(-t_d/t_i) = \exp\left\{-K_p\left[\frac{\rho((\xi d_{00})^{1/3}C_t/\sqrt{1.61})^2 d_{00}}{2\sigma}\right]^{1/2} \times \right.$$
$$\left. \left(\frac{R_1^* R_2^*}{C_{vm}}\right)^{1/2}\left(\frac{R_1^* + R_2^*}{2}\right)^{-1/6}\right\} \tag{5.62}$$

式中，$R_i^* = R_i/d_{00}$，$K_p = \sqrt{6}k_1 k_2/2\pi$，$C_t$ 为离散相与连续相的脉动速度比率，k_1、k_2 为修正系数，C_{vm} 为虚质量系数，d_{00} 为特定直径大小，V_0 为气泡相对运动速度。在忽略传质与压力梯度前提下，据此求解了以气泡聚并为主的气泡输运方程如下：

$$V_G \frac{\mathrm{d}S_i}{\mathrm{d}z} = \varphi_i \tag{5.63}$$

将以上模型的计算结果与失重条件下（即忽略重力的影响，只考虑湍流诱导的聚并）的实验数据进行对比，结果吻合较好，模型可用于预测气泡尺寸的分布特点，但受限于测量水平，仍有部分结果背离实验数据。这一研究充分说明了气泡聚并对气泡尺寸变化的重要影响。后来，Miguel 采用 BPBE 模型对三维湍流管流场中的气泡群尺寸分布进行了进一步的数值模拟研究。此外，由于 BPBE 模型良好的移植性和适应性，部分学者将 BPBE 模型应用于不规则容器中的气泡群尺寸分布问题的研究，获得了较好的结果。

传统的 BPBE 模型求解的实际流场中的气泡数密度均较小，每组气泡的数密度均不超过 100 个，因此也就不会出现上述问题。然而，舰船尾流场中的气泡数密度是巨大的，单组气泡的个数超过 106 个，如此大的气泡数密度显然已经不适合用传统的 BPBE 模型进行求解。鉴于此，提出了新的用于计算舰船尾流场气泡聚并发生事件的 D‐BPBE 模型。D‐BPBE 模型的气泡聚并概率、气泡分裂概率、气泡碰撞概率等基础公式仍与 BPBE 模型相同，其改进之处在于聚并发生事件的计算方法。

考虑气泡数密度沿空间的分布，由于单位空间内可以忽略气泡流向速度 $u(x, d)$、展向速度 $u(y, d)$、垂向速度 $u(z, d)$ 的各自梯度，式(5.57)的空间项可化为下式：

$$
\begin{aligned}
\nabla \big[n(z, d, t) u(z, d) \big] &= \frac{\partial}{\partial x} \big[n(z, d, t) u(x, d) \big] + \\
&\quad \frac{\partial}{\partial y} \big[n(z, d, t) u(y, d) \big] + \\
&\quad \frac{\partial}{\partial z} \big[n(z, d, t) u(z, d) \big] \\
&= u(x, d) \frac{\partial}{\partial x} \big[n(z, d, t) \big] + \\
&\quad u(y, d) \frac{\partial}{\partial y} \big[n(z, d, t) \big] + \\
&\quad u(z, d) \frac{\partial}{\partial z} \big[n(z, d, t) \big]
\end{aligned} \tag{5.64}
$$

$$\begin{cases} x = u(x, d)t \\ y = u(y, d)t \\ z = u(z, d)t \end{cases} \tag{5.65}$$

则有

$$\begin{cases} \dfrac{\partial}{\partial t} = \dfrac{\partial}{\partial x}\dfrac{\partial x}{\partial t} = \dfrac{\partial}{\partial x}u(x, d) = u(x, d)\dfrac{\partial}{\partial x} \\[2mm] \dfrac{\partial}{\partial y} = \dfrac{\partial}{\partial x}\dfrac{\partial x}{\partial y} = \dfrac{\partial}{\partial x}\dfrac{u(x, d)}{u(y, d)} = \dfrac{u(x, d)}{u(y, d)}\dfrac{\partial}{\partial x} \\[2mm] \dfrac{\partial}{\partial z} = \dfrac{\partial}{\partial x}\dfrac{\partial x}{\partial z} = \dfrac{\partial}{\partial x}\dfrac{u(x, d)}{u(z, d)} = \dfrac{u(x, d)}{u(z, d)}\dfrac{\partial}{\partial x} \end{cases} \tag{5.66}$$

将上式代入式(5.64)化简空间式得

$$\nabla \big[n(z, d, t)u(z, d)\big] = 3u(x, d)\dfrac{\partial}{\partial x}\big[n(x, d)\big] \tag{5.67}$$

同理,时间项可以化简为下式:

$$\dfrac{\partial}{\partial t}n(x, d, t) = u(x, d)\dfrac{\partial}{\partial x}n(x, d) \tag{5.68}$$

其中,传质项如下式所示:

$$\dfrac{\partial}{\partial d}\left[n(z, d, t)\dfrac{\partial}{\partial t}d(z, d)\right] = n(z, d, t) \times \dfrac{\partial}{\partial d}\left[\dfrac{\partial}{\partial t}d(z, d)\right] +$$
$$\dfrac{\partial}{\partial t}d(z, d)\dfrac{\partial}{\partial d}n(z, d, t) \tag{5.69}$$

由于时间项可以被消去,则上式可以化简为

$$\dfrac{\partial}{\partial d}\left[n(z, d, t)\dfrac{\partial}{\partial t}d(z, d)\right] = n(z, d, t) \times \dfrac{\partial}{\partial d}\left[\dfrac{\partial}{\partial t}d(z, d)\right]$$
$$= n(x, d)\psi(d) \tag{5.70}$$

其中,$\psi(d)$ 表征扩散与传质,是关于直径 d 的一元函数。由于舰船气泡尾流中的微气泡尺寸均小于 1 mm,基本不会发生分裂,因此用于计算舰船气泡尾流的 BPBE 模型可忽略掉分裂项的计算,最终发展得到的 D - BPBE 模型如下:

$$4u(x, d)\frac{\partial}{\partial x}n(x, d) + n(x, d)\psi(d) = B_c - D_c \qquad (5.71)$$

$n(x, d)$表示流向 x 处尺寸为 d 的单位体积气泡数密度；$u(x, d)$表示 x 方向尺寸为 d 的气泡流向运动速度。气泡群平衡方程最终化为只与坐标 x 和气泡尺寸 d 有关的二维偏微分方程，在求解前需要对轴坐标 x 和气泡尺寸 d 进行离散化处理。

为克服 BPBE 模型在计算中受到气泡数密度的不合理影响，D-BPBE 模型把用于计算聚并发生事件时的公式修改如下：

$$\Omega_c(V_j : V_i) = \min(n_i, n_j)\theta_{ij}P_c(d_i, d_j) \qquad (5.72)$$

上式，将不再受到气泡数密度的不合理影响，适用于任何大小的气泡数密度的气泡群计算。除了修改聚并事件发生公式之外，对于因聚并而消失的气泡数改变的公式也需要进一步修正：

$$D_c = \sum_{V_j = V_{\min}}^{V_{\max} - V_i} \Omega_c(V_j : V_i) = \sum_{V_j = V_{\min}}^{V_{\max} - V_i} \min[\min(n_i, n_j)\theta_{ij}P_c(d_i, d_j), n_i]$$

$$(5.73)$$

上式表达的意义是气泡群 d_i 因聚并而消失的气泡数最大不超过其实际数目 n_i。

5.2.3　大气泡与小气泡的聚并

5.2.3.1　大气泡与小气泡聚并的可能性

由前述分析可知，两个气泡聚并的可能性主要取决于其聚并时间和接触时间的大小关系。因此，只将它们的聚并时间与接触时间做一比较，即可得出定性结论。

舰船尾流场中存在大量气泡，假定小气泡半径为 50 μm，大气泡半径为 2 mm，则大气泡与小气泡的半径相差 40 倍，气液界面则相差 1 600 倍，因此大气泡的气液界面可以被认为是无限大。选取式(5.52)作为计算模型，取水温 20 ℃，海水含盐度 35‰，$\gamma = 0.073\,53$ N/m，$\mu = 0.001\,086$ Pa·s，范德华作用力常数取 $B = 10^{-28}$ 计算，则由此可求得大气泡与小气泡的聚并时间只需 1.9 ms。

考察某时刻一小区域内大气泡与小气泡的接触情况时，它们所处的外界流场环境应是相同的，所以此时可忽略外界流场的影响。当大气泡与其上浮路径上的小气泡发生接触形成液膜,而由于两者的速度差,大泡会"超越"小泡上升,若在这段"超越"时间内,液膜厚度减小至临界厚度则实现聚并,否则大、小气泡将脱离。因此,可以认为,大气泡与小气泡的接触时间也就是大气泡超越小气泡所需要的时间。

为简化超越时间的计算过程,不考虑大气泡尾涡的捕捉作用和大气泡附带液层对小气泡的携带作用等一切有利于延长接触时间的因素,并且认为小气泡静止,大气泡超越距离为一个直径,如图 5.8 所示,则超越时间即为大气泡的直径除以它的上升速度。大气泡上升速度约为 25 cm/s,由此可得大气泡与微气泡的接触时间约为 16 ms。显然,气泡接触时间远大于聚并时间,大气泡完全可以有效地聚并小气泡。因而,可以利用人工产生的大泡强化聚并尾流中的微小气泡,达到快速消除微气泡、削弱舰船尾流的效果。

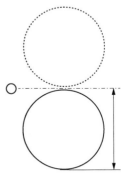

图 5.8　大气泡超越小气泡示意图

5.2.3.2　大气泡聚并小气泡的可能性判定

(1) 大气泡与小气泡的聚并时间。自 1886 年 Reynolds 建立第一个液膜变薄动力学模型以来,绝大多数研究者为简化建模过程,将外场的影响抛开,针对内场中液膜脱落这一关键过程进行了深入的研究,但目前还未能建立起一个被大家所公认的模型。学者们采用了众多不同假设条件构建出多个具体数学模型,并由此产生了多种多样的气泡聚并时间计算模型。前文所列的式(5.52)~式(5.56)等为常用的气泡聚并时间计算模型,分析上述各式的适用条件,选用图 5.7(b)所示的液膜模型和式(5.54)计算大气泡与小气泡的聚并时间,其中的气泡间液膜的初始厚度取最大值 10 μm,则液膜初始半径 $R_f = R_1 + 10$ μm,R_1 为尾流气泡的半径,范德华作用力常数按 $B = 10^{-28}$ J·m 计算。取大气泡的半径 $R_2 = 1$ mm、5 mm、10 mm、15 mm 4 个值,则半径分布在 10~300 μm 间的尾流气泡与其聚并的时间如图 5.9 所示。

由图 5.9 可见,随着尾流气泡和大气泡尺度的增加,聚并时间均延长,但当大气泡半径大于 5 mm 后,其半径变化对聚并时间的影响基本可忽略不计,且由图显见,半径 300 μm 的气泡与大气泡聚并的时间不到 60 ms,而尾流中分布最为集中的半径 50 μm 左右的微气泡,与大气泡聚并的时间仅为 2 ms 左右。

(2) 大气泡与尾流气泡的接触时间估计。大气泡与尾流气泡的接触时间是由外界流场环境决定的。大气泡群上浮消除尾流气泡的过程中,尾流

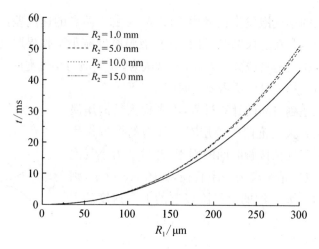

图 5.9　大气泡与尾流气泡聚并时间曲线

气泡处于大气泡诱导产生的流场中。

　　从相对运动的角度考虑,如观察者位于大气泡上,则相当于尾流气泡在一绕流场的作用下流经大气泡,而处于中心轴线及其附近流线上的尾流气泡必然会与大气泡发生直接碰撞或接近到 $10~\mu m$ 以内,在如此近的距离上大气泡与水体的速度差不超过 $0.1v_b$,即携带尾流气泡运动的绕流速度不大于 $0.1v_b$。因此,从大气泡前部接近的尾流气泡在绕流场的携带下,与大气泡的接触时间可由下式估计:

$$t = \pi R_2 / 0.1v_b \tag{5.74}$$

　　当取较小的大气泡半径 $R_2 = 1~cm$ 时,$v_b = 30~cm/s$,大气泡与尾流气泡的接触时间可达 $100~ms$ 左右,这一接触时间大于 $300~\mu m$ 的尾流气泡聚并所需的 $60~ms$,更远大于半径 $50~\mu m$ 左右的微气泡与大气泡聚并所需的 $2~ms$;而当大气泡半径 $R_2 = 10~mm$ 时,其接触时间可达秒级,且式(5.74)对气泡接触时间的估算,尚未考虑吸附和大气泡尾涡的捕捉等有助于延长接触时间的因素。

　　综上所述,大气泡与小气泡的接触时间远大于其聚并所需的时间,因此设法在舰船尾流场中人工生成大气泡,即可实现对其中微气泡的聚并消除。

　　5.2.3.3　大气泡聚并小气泡的作用范围

　　(1)大气泡与小气泡聚并的数学模型。大气泡能否与小气泡聚并的关键是气泡间的相对运动情况,因而必须分析尾流气泡在大气泡诱导流场中的运动问题。假设大气泡静止,则气泡外围水体相对于气泡运动的流函

数为

$$\psi = -\frac{1}{2}U_b \sin^2\theta\left(r^2 - \frac{3ar}{2} + \frac{a^3}{2r}\right) \tag{5.75}$$

式中，U_b 为大气泡的自由上浮速度，为便于与下面模型区分，此处以 a 代表大气泡的半径，则由上式可求得以球坐标形式表示的气泡绕流场的速度分布：

$$\begin{cases} u_r = -U_b\cos\theta\left(1 - \frac{3a}{2r} + \frac{a^3}{2r^3}\right) \\ u_\theta = U_b\sin\theta\left(1 - \frac{3a}{4r} - \frac{a^3}{4r^3}\right) \end{cases} \tag{5.76}$$

由上述的速度分布，根据斯托克斯流的运动方程可确定绕流场中的压力分布为

$$P = P_\infty + \frac{3\mu U_b a}{2r^2}\cos\theta \tag{5.77}$$

又因在气泡上浮的随体坐标系中，流动向下，各点压强与 z 轴坐标相关，上式可进一步表示为

$$P = P_{\text{atm}} + \rho_L g h_0 - \rho_L g z + \frac{3\mu U_b a}{2r^2}\cos\theta \tag{5.78}$$

式中，h_0 为大气泡球心所在的深度。

借鉴 4.3.2 节中尾流气泡在流场中的耦合运动模型，构建尾流气泡在大气泡绕流场中的耦合运动模型，首先将式(5.76)、式(5.78)变换为直角坐标系下的表达式：

$$\begin{cases} v_{Lz} = -\frac{U_b}{4}\left[4 - \frac{3a}{(x^2+z^2)^{0.5}} - \frac{3az^2+a^3}{(x^2+z^2)^{1.5}} + \frac{3a^3z^2}{(x^2+z^2)^{2.5}}\right] \\ v_{Lx} = \frac{3}{4}U_b\frac{xz}{(x^2+z^2)^{1.5}}\left(a - \frac{a^3}{x^2+z^2}\right) \\ P = P_{\text{atm}} + \rho_L g h_0 - \rho_L g z + \frac{3z\mu U_b a}{2(x^2+z^2)^{1.5}} \end{cases} \tag{5.79}$$

在大气泡绕流场中存在较大的速度梯度，因此为了更精确地描述尾流气泡在绕流场中的运动情况，需要考虑 Magus 升力与 Saffman 升力对尾流

气泡运动的影响。这里,分别由式(4.119)、式(4.120)计算上述两个力,并将其代入任意流场中气泡质心运动方程式(4.121)中,整理可得大气泡绕流场中尾流气泡的质心运动方程如下:

$$R\frac{\mathrm{d}\boldsymbol{v}_b}{\mathrm{d}t}=\frac{3}{4}C_D\mid\boldsymbol{v}_L-\boldsymbol{v}_b\mid(\boldsymbol{v}_L-\boldsymbol{v}_b)+$$

$$9\sqrt{\frac{\mu}{\pi\rho_L}}\int_0^t\left(\frac{\mathrm{d}\boldsymbol{v}_L}{\mathrm{d}\tau}-\frac{\mathrm{d}\boldsymbol{v}_b}{\mathrm{d}\tau}\right)\frac{\mathrm{d}\tau}{\sqrt{t-\tau}}-$$

$$2\frac{R}{\rho_L}\nabla P+R\frac{\mathrm{d}\boldsymbol{v}_L}{\mathrm{d}t}-\frac{3}{4}R(\nabla\times\boldsymbol{v}_L)\times(\boldsymbol{v}_L-\boldsymbol{v}_b)+$$

$$\frac{3}{2\pi}K_s\sqrt{\frac{\mu}{\rho_L}}(v_{Lj}-v_{bj})\left|\frac{\partial v_{Lj}}{\partial x_i}\right|^{1/2} \tag{5.80}$$

再将式(5.79)与流场中尾流气泡的径向运动方程式(4.122)联立,即可得到描述在大气泡二维绕流场中尾流气泡运动的耦合模型:

$$\begin{cases} R\dfrac{\mathrm{d}\boldsymbol{v}_b}{\mathrm{d}t}=\dfrac{3}{4}C_D\mid\boldsymbol{v}_L-\boldsymbol{v}_b\mid(\boldsymbol{v}_L-\boldsymbol{v}_b)+9\sqrt{\dfrac{\mu}{\pi\rho_L}}\int_0^t\left(\dfrac{\mathrm{d}\boldsymbol{v}_L}{\mathrm{d}\tau}-\dfrac{\mathrm{d}\boldsymbol{v}_b}{\mathrm{d}\tau}\right)\dfrac{\mathrm{d}\tau}{\sqrt{t-\tau}}-\\[4mm] \qquad 2\dfrac{R}{\rho_L}\nabla P+R\dfrac{\mathrm{d}\boldsymbol{v}_L}{\mathrm{d}t}-\dfrac{3}{4}R(\nabla\times\boldsymbol{v}_L)\times(\boldsymbol{v}_L-\boldsymbol{v}_b)+\\[4mm] \qquad \dfrac{3}{2\pi}K_s\sqrt{\dfrac{\mu}{\rho_L}}(v_{Lj}-v_{bj})\left|\dfrac{\partial v_{Lj}}{\partial x_i}\right|^{1/2}\\[4mm] \left(P+\dfrac{4\sigma}{3R}\right)\dfrac{\mathrm{d}R}{\mathrm{d}t}=-\dfrac{R}{3}\dfrac{\mathrm{d}P}{\mathrm{d}t}+0.635\dfrac{P_{\mathrm{atm}}}{\rho_{g_0}}(C_A-C_I)D_{AB}^{2/3}\mid\boldsymbol{v}_L-\boldsymbol{v}_b\mid^{1/3}R^{-2/3}\\[4mm] \dfrac{\mathrm{d}x}{\mathrm{d}t}=v_{bx}\,;\ \dfrac{\mathrm{d}z}{\mathrm{d}t}=v_{bz}\\[2mm] \text{初值:}\ \boldsymbol{v}_b\mid_{t=0}=\boldsymbol{v}_L,\ R\mid_{t=0}=R_0,\ (x,z)\mid_{t=0}=(x_0,15a) \end{cases}$$

$$\tag{5.81}$$

在距大气泡 10 倍半径以外,其对水体的诱导作用已产生。为使计算数据更准确,尾流气泡的 z 轴初始位置定于距大气泡 15 倍半径处,即 $(x,z)\mid_{t=0}=(x_0,15a)$,且因 $U_b\gg v_b$,可忽略尾流气泡初始的自由上浮速度,认为尾流气泡初始完全跟随绕流场运动,由此得 $\boldsymbol{v}_b\mid_{t=0}=\boldsymbol{v}_L$。求解式(5.81)时,先由式(5.79)表示出流场中各参数的分布及其微分后代入式(5.80),其中的广义积分项仍采用与前述相同的处理方法,式(5.81)即转变为数值求解常微分方程组的初值。

由式(5.81)可求解任意时刻尾流气泡在大气泡绕流场中的位置及半径，再与式(5.54)联合，即可实现对大气泡聚并尾流气泡过程的完整数学描述，且根据尾流气泡在大气泡绕流场中的运动情况，可以预见两者之间的聚并将分为两类：一是尾流气泡与大气泡直接发生碰撞从而瞬间聚并；二是在绕流场携带下尾流气泡从距离大气泡小于 10 μm 处经过形成液膜，且两者之间接触时间大于聚并所需时间，从而发生聚并。

（2）Magus 升力与 Saffman 升力对微气泡运动特性的影响。为深入分析 Magus 升力与 Saffman 升力对尾流气泡在大气泡绕流场中运动特性的影响，分别采用式(5.81)和忽略 Magus 升力与 Saffman 升力的两种方程进行解算。取大气泡半径 $a=10$ mm，初始深度 $h_0=5.0$ m，其自由上浮速度根据 4.1.2 节中的水中大气泡瞬时稳态上浮速度模型求得 $U_b=32.1$ cm/s，以初始半径 $R_0=100$ μm、300 μm，初始位置各为 $(0.2a, 15a)$、$(0.6a, 15a)$、$(a, 15a)$ 的两种尺度尾流气泡为例进行计算，其他物性参数取值同前。

根据计算结果可绘制两种尺度尾流气泡的运动轨迹，如图 5.10 所示。由式(5.79)可知，大气泡绕流场的速度和压力分布为关于 z 轴对称，因此

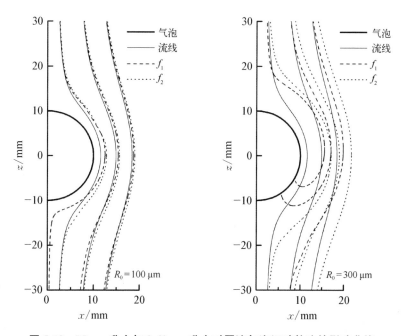

图 5.10 Magus 升力与 Saffman 升力对尾流气泡运动轨迹的影响曲线

图 5.10 中仅绘出了 x 正半轴部分,且由计算结果可知,在距离大气泡较远处,尾流气泡基本沿流线运动,为使绘图更清晰,图中仅绘出了 $-3a < z < 3a$ 的尾流气泡运动轨迹。为便于描述,约定 f_1 代表完整聚并模型的计算结果;f_2 代表忽略 Magus 升力与 Saffman 升力的计算结果。

由图 5.10 可见,Magus 升力与 Saffman 升力对尾流气泡的运动轨迹产生显著影响。为定量分析这一影响的大小,以对流场中尾流气泡运动轨迹起支配作用的黏性阻力 F_D 为参考,计算初始位置为 $(0.2a,15a)$ 的两种尺度尾流气泡的 Magus 升力与其黏性阻力比值 $|F_M|/|F_D|$ 和 Saffman 升力与其黏性阻力比值 $|F_S|/|F_D|$,随尾流气泡与大气泡间相对距离 $r = \sqrt{x^2 + z^2}$ 的变化而变化的情况,分别如图 5.11、图 5.12 所示。由于 $R_0 = 300\,\mu m$ 的尾流气泡经过大气泡时与其聚并消失,而 $R_0 = 100\,\mu m$ 的尾流气泡在绕流场作用下经过大气泡继续向下运动,图 5.11、图 5.12 中显见,对应 $R_0 = 300\,\mu m$ 的曲线从 $r = 15\,cm$ 左右开始,随 r 减小逐渐增大,直至达到最大值时消失;而对应 $R_0 = 100\,\mu m$ 的曲线,随 r 减小逐渐增大后又随 r 增大而减小。

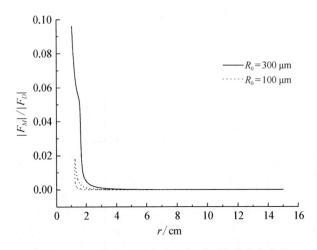

图 5.11 $|F_M|/|F_D|$ 随气泡间相对距离的变化曲线

综合图 5.10、图 5.11、图 5.12 可见,小气泡与大气泡的距离越近,即流场速度梯度越大,Magus 升力与 Saffman 升力对其运动的影响作用越显著。同时,小气泡自身尺度越大,即受力面积越大,影响作用越显著。由此也导致了从初始位置 $(0.2a,15a)$ 出发的 $R_0 = 300\,\mu m$ 的小气泡可以与大气泡聚并,而 $R_0 = 100\,\mu m$ 的小气泡未能实现聚并,且从图 5.13 中尾流气泡的运动

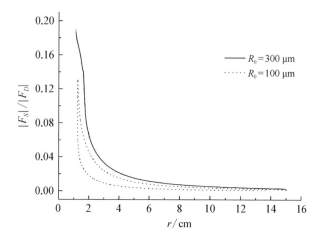

图 5.12　$|F_S|/|F_D|$ 随气泡间相对距离的变化曲线

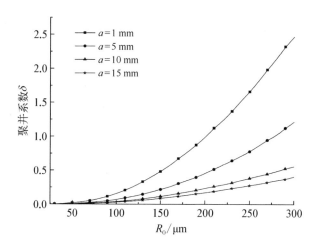

图 5.13　不同尺度大气泡与尾流气泡的聚并系数曲线

轨迹可见,在存在较大速度梯度的大气泡绕流场中,大气泡对小气泡产生了显著的吸附作用,且这一作用在大气泡下部的流场低压区内更为显著,由此也将大大加强大气泡对小气泡的聚并作用。

(3) 小气泡与大气泡尺度对聚并作用范围的影响。由图 5.10 显见,对应某一初始半径的尾流气泡,其初始位置的 x 轴坐标存在一个临界值,定义为 x_{max},当 $x \leqslant x_{max}$ 时,小气泡在绕流场的作用下与大气泡发生聚并,而 $x \geqslant x_{max}$ 时,则不能发生聚并。又由大气泡绕流场的轴对称特性可知,能与大气泡发生聚并的该尺度小气泡的分布范围是以 z 轴为圆心、以 x_{max} 为半

径的圆形区域。由此,可以定义一个表征大气泡对小气泡聚并能力的无量纲聚并系数 δ:

$$\delta = \frac{\pi x_{max}^2}{\pi a^2} = \left(\frac{x_{max}}{a}\right)^2 \qquad (5.82)$$

取大气泡的半径 $a = 1\ mm$、$5\ mm$、$10\ mm$、$15\ mm$ 4 个值,可求得初始半径分布于 $(10, 300)\ \mu m$ 间的小气泡,其相应的 δ 数变化情况如图 5.13 所示。

由图 5.13 可知,小气泡的尺度相对越大,其被大气泡聚并的性能越好。而当小气泡初始半径 $R_0 < 100\ \mu m$ 时,Magus 升力与 Saffman 升力对其运动的影响作用相对较弱,小气泡基本沿流线运动,从而难以与大气泡发生聚并,这与图 5.10~图 5.12 中体现的规律完全一致。由图还可知,大气泡的尺度相对越小,其聚并系数越大,对小气泡的聚并能力越强,如 $a = 1\ mm$ 的大气泡对 $R_0 = 300\ \mu m$ 尾流气泡的聚并范围可高达其自身截面积的 2.5 倍左右。

综上分析,在舰船尾流场中人工产生的大气泡完全可以实现对尾流气泡的聚并消除,而且,综合单气泡上升演变规律的研究结论,人工产生的大气泡半径控制在 1 mm 左右时可提高大气泡的聚并消除效果,且同时保证大气泡群具有较高的上浮速度。

第 6 章

气泡运动对水体的携带作用

气泡上浮运动对水体的携带作用直接影响气液两相流的传质传热效率,在工程应用中备受关注。气泡上浮过程中,由于黏性作用等必然会诱导其周围一定范围内的水体随之运动。工程应用中往往是气泡成群上浮,每个气泡对水体产生的诱导速度相互叠加从而形成一股上升流,携带其周围水体获得向上的运动速度。由于气泡群上浮过程中往往伴随着变形、流型转变、碰撞、聚并等现象,气泡群对水体的诱导携带作用极为复杂,难以对其进行准确描述和精确求解。本章利用斯托克斯方程对大气泡上浮携带水体的速度分布及范围进行估计,并对单个大气泡和气泡群上浮过程中其周围流体速度场的变化情况进行数值模拟,直观说明了气泡运动对周围水体的诱导携带作用,进而结合工程应用实际,研究了上升气泡水体携带能力的界定及其表征方法,构建出气泡上升携带水体的测量理论。

6.1 气泡运动对周围水体的诱导

6.1.1 气泡上浮携带水体的斯托克斯估计

为减小理论分析的难度,假设气泡在上浮过程中维持稳定的球形,且其周围水体的运动满足斯托克斯流动和无滑移边界条件。在理论分析中,建立随体球坐标系(r, θ, Φ),使坐标原点位于气泡的球心上,其半径为R,上浮速度v_b指向$\theta = 0$方向,如图 6.1 所示。

在上述坐标系下,气泡周围水体的流动具有轴对称特性,则此时流函数ψ不随Φ发生变化,其满足的方程和边界条件可简化为如下二维形式:

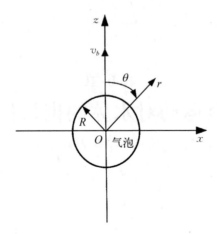

图 6.1　上浮气泡的随体坐标系

$$
\begin{cases}
D^2 D^2 \psi = 0 \\
r = R : \dfrac{1}{R^2 \sin\theta}\dfrac{\partial \psi}{\partial \theta} = v_b \cos\theta, \ \dfrac{1}{R\sin\theta}\dfrac{\partial \psi}{\partial r} = v_b \sin\theta \\
r \to \infty : \dfrac{1}{R^2 \sin\theta}\dfrac{\partial \psi}{\partial \theta} = \dfrac{-1}{R\sin\theta}\dfrac{\partial \psi}{\partial r} = 0
\end{cases}
\tag{6.1}
$$

进一步由变量分离方法可解得相对于无穷远处的静止流体,流函数 ψ 的表达式为

$$
\psi(r, \theta) = \frac{1}{4} v_b \sin^2\theta \left(3Rr - \frac{R^3}{r} \right)
\tag{6.2}
$$

由式(6.2)可知,气泡周围水体斯托克斯流动的流线示意图如下。

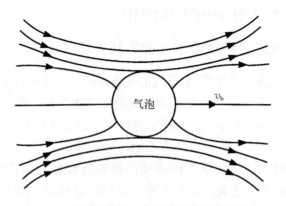

图 6.2　气泡周围斯托克斯流动的流线示意图

同时,根据式(6.2)和流函数的定义,气泡周围流场的速度分布为

$$u_r = \frac{1}{2} v_b \cos\theta \left(\frac{3R}{r} - \frac{R^3}{r^3} \right)$$

$$u_\theta = -\frac{1}{4} v_b \sin\theta \left(\frac{3R}{r} + \frac{R^3}{r^3} \right)$$

(6.3)

由上式可知,随着与气泡的距离 r 不断增大,由大气泡上浮诱导的流体速度近似成反比减小,但在 $10R$ 的距离上,其诱导产生的流体速度仍可达 $0.1v_b$ 的量级。

根据对流场中尾流气泡运动规律的研究,发现加快尾流总微小气泡上浮以减少其存留时间是有作用的,实质为大气泡诱导流体产生的竖直向上的速度分量。为便于对这一速度分量进行深入分析,将式(6.3)变换为对应图 6.1 中直角坐标系下的表达式:

$$v_z = \frac{v_b}{4} \left[\left(1 + \frac{z^2}{x^2 + z^2} \right) \frac{3R}{\sqrt{x^2 + z^2}} + \left(1 - \frac{3z^2}{x^2 + z^2} \right) \frac{R^3}{(x^2 + z^2)^{3/2}} \right]$$

$$v_x = \frac{3v_b}{4} \frac{xz}{x^2 + z^2} \left(\frac{R}{\sqrt{x^2 + z^2}} - \frac{R^3}{(x^2 + z^2)^{3/2}} \right)$$

(6.4)

为直观显示大气泡周围流体沿 z 轴方向速度分量的分布情况,借鉴"等高线"的概念内涵,提出"等速线"的概念,将其定义为流场中具有同一速度的点的连线。为统一不同气泡之间对水体诱导范围的度量标准,以气泡半径 R 和气泡上浮速度 v_b 为特征量将式(6.4)中的 v_b 分量无量纲化,即得下式:

$$v^* = \frac{1}{4} \left[\left(1 + \frac{z^{*2}}{x^{*2} + z^{*2}} \right) \frac{3}{\sqrt{x^{*2} + z^{*2}}} + \right.$$

$$\left. \left(1 - \frac{3z^{*2}}{x^{*2} + z^{*2}} \right) \frac{1}{(x^{*2} + z^{*2})^{3/2}} \right]$$

(6.5)

式中, $v^* = v_z / v_b$, $x^* = x/R$, $z^* = z/R$,且 $\sqrt{x^{*2} + z^{*2}} \geqslant 1$,则由式(6.5)计算可得 v^* 的等速线图。又由于式(6.5) v^* 关于 x^* 轴和 z^* 轴均对称,因此只绘出其在第一象限内的等速线。

由图 6.3 可见,气泡上浮过程中诱导了其周围大范围的水体产生竖直向

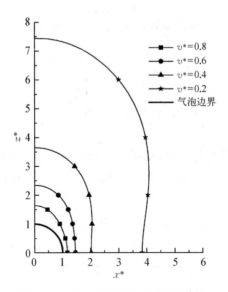

图 6.3　气泡上浮诱导水体的等速线图

上的速度,且这一范围沿气泡上浮速度的轴向分布较大,而在横向(x^* 轴方向)相对较小。结合图 6.2 分析可知,这一分布特征应是流线在沿气泡运动的轴向平直,而在气泡运动正横方向内凹,从而导致竖直向上的速度分量减小。

　　显然,图 6.3 是二维显示的气泡诱导范围,而由气泡外围流场的轴对称特性可知,各等速线在三维空间中可以闭合形成一个等速面。因此,为进一步定量比较气泡上浮携带的水体量,计算在不同等速面内的水体体积与气泡体积之比,以及相应诱导范围内的等效半径,各量均为相对于气泡半径的无量纲值。其中,体积比的计算式如下:

$$\frac{V_L}{V_b} = \left[2\pi \int_0^{z(v^*)} x(z,\ v^*)^2 \mathrm{d}z - \frac{4}{3}\pi \right] \Big/ \frac{4}{3}\pi \tag{6.6}$$

诱导范围等效半径的计算式如下:

$$R^* = \left[\frac{3}{2} \int_0^{z(v^*)} x\ (z,\ v^*)^2 \mathrm{d}z \right]^{1/3} \tag{6.7}$$

　　上述两式中的 $x(z)$ 均由式(6.5)确定。采用数值积分的方法解算两式,结果如表 6.1 所示。

表 6.1　气泡诱导水体速度及其影响范围对照表

$v^* >$	V_L/V_b	R^*
0.9	0.48	1.1
0.8	1.2	1.3
0.7	2.3	1.5
0.6	4.3	1.7
0.5	8.2	2.1
0.4	17.0	2.6
0.3	41.8	3.5
0.2	143.6	5.2
0.1	1 156.3	10.5

由表 6.1 可见，单个气泡上浮时可携带约为其一半体积的水体以基本相同的速度（$>0.9v_b$）一起上浮，而且在距气泡表面一倍半径处，气泡诱导产生的速度仍可达 $0.5v_b$。由此推测，当气泡群中气泡互相间距离不大于其一倍直径时，气泡群分布范围内的水体在气泡群的携带下，可完全跟随气泡群上浮，从而形成强劲的上升流，并且由于气泡间的互相带动作用，气泡上浮阻力减小，气泡群整体的上浮速度将显著高于同尺度单个气泡的上浮速度，而这一现象已被众多实验和数值模拟的结果所证实。

6.1.2　大气泡上浮过程的数值模型

上述计算结果均满足气泡成球形和斯托克斯流动条件，且是在界面无滑移的前提下获得的，而真实情况下水中大气泡上浮时，其形状不断变化，且可能发生内部环流从而产生界面滑移和边界层分离，进而在其尾部形成尾涡，而尾涡对水体和小气泡具有更强的携带作用，因而需要采用数值模拟的方法进一步分析气泡上浮过程中对其周围水体的诱导作用。

数值模拟是随着计算机技术和现代计算方法的进步而发展起来的一种相对新型的研究方法。与传统的物理实验相比，数值模拟具有费用少、速度快、重复性好、可模拟多种因素相互作用等众多优点。因此，数值模拟与理论分析、物理实验共同成为两相流领域的 3 种主要研究方法。在气液两相流领域的研究中，它通过求解由质量守恒方程、动量守恒方程和能量守恒方程等组成的非线性偏微分方程组，并借助于图像显示技术表示出空间各处的速度、压力、温度、组分浓度、湍流特性等信息,从而实现对各种理论分析难以解决的复杂的两相流问题进行描述。

大气泡携带水体上浮过程中,其形状不断变化,与周围水体发生着复杂的质量、动量和能量交换,传统的理论分析方法难以获得其解析模型。利用目前应用较为广泛的 VOF 方法追踪气液界面,结合连续方程和不可压缩雷诺时均 N-S 方程,并利用 k-ε 方程封闭方程组,可建立描述大气泡上浮过程的数值模型。

6.1.2.1 大气泡上浮过程的控制方程

建立控制方程是进行数值模拟的第一步。为简化控制方程,在反映大气泡上浮过程携带水体基本特征的前提下,将空气与水组成的混合物看成是一种变密度单流体,各相共享同一压力和速度场。引入体积分数 a_q,其中 $a_q=0$ 代表在单元内没有 q 相流体;$a_q=1$ 代表单元内全部为 q 相流体;$0<a_q<1$ 代表该计算单元处于两相界面上。对只有空气和水两相流体构成的变密度单流体,其密度 ρ 和黏性系数 μ 可采用式(6.8)计算:

$$\rho=a_0\rho_0+a_1\rho_1$$
$$\mu=a_0\mu_0+a_1\mu_1 \tag{6.8}$$

$$\frac{\partial\rho}{\partial t}+\frac{\partial}{\partial x_i}(\rho v_i)=0 \tag{6.9}$$

$$\frac{\partial(\rho v_i)}{\partial t}+\frac{\partial(\rho v_i v_j)}{\partial x_j}=-\frac{\partial p}{\partial x_i}+\frac{\partial}{\partial x_j}\left[\mu\left(\frac{\partial v_i}{\partial x_j}+\frac{\partial v_j}{\partial x_i}-\frac{2}{3}\delta_{ij}\frac{\partial v_l}{\partial x_l}\right)\right]+$$
$$\frac{\partial}{\partial x_j}(-\rho\overline{v'_i v'_j})-\mu(x)v_i- \tag{6.10}$$

$$\rho\overline{v'_i v'_j}=\mu_t\left(\frac{\partial v_i}{\partial x_j}+\frac{\partial v_j}{\partial x_i}\right)-\frac{2}{3}\left(\rho k+\mu_t\frac{\partial v_i}{\partial x_i}\right)\delta_{ij} \tag{6.11}$$

变密度单流体的控制方程表达式为式(6.9)~式(6.11),各式与单相流的连续方程和雷诺平均 N-S 方程的形式相同,只是方程中的密度 ρ 和黏性系数 μ 由式(6.8)确定,速度和压力定义为变密度单流体的速度和压力平均值。式中,δ_{ij} 是"Kronecker delta"符号,当 $i=j$ 时,$\delta_{ij}=1$;当 $i\neq j$ 时,$\delta_{ij}=0$。μ_t 为湍流黏性系数,计算式如下:

$$\mu_t=\rho C_\mu k^2/\varepsilon \tag{6.12}$$

式中,C_μ 为系数,取 0.09。

由于将空气和水两相流体看成是一种变密度单流体,湍流动能 k 和湍动能耗散率 ε 采用标准 k-ε 方程来计算:

$$\frac{\partial(\rho k)}{\partial t}+\frac{\partial(\rho k v_i)}{\partial x_i}=\frac{\partial}{\partial x_j}\left[\left(\mu+\frac{\mu_t}{\sigma_k}\right)\frac{\partial k}{\partial x_j}\right]+G_k+G_b-\rho\varepsilon \quad (6.13)$$

$$\frac{\partial(\rho\varepsilon)}{\partial t}+\frac{\partial(\rho\varepsilon v_i)}{\partial x_i}=\frac{\partial}{\partial x_j}\left[\left(\mu+\frac{\mu_t}{\sigma_\varepsilon}\right)\frac{\partial\varepsilon}{\partial x_j}\right]+$$

$$C_{1\varepsilon}\frac{\varepsilon}{k}(G_k+C_{3\varepsilon}G_b)-C_{2\varepsilon}\rho\frac{\varepsilon^2}{k} \quad (6.14)$$

式中,G_k 表示由层流速度梯度而产生的湍流动能,计算式如下:

$$G_k=\mu_t\left(\frac{\partial v_i}{\partial x_j}+\frac{\partial v_j}{\partial x_i}\right)\frac{\partial v_i}{\partial x_j} \quad (6.15)$$

其中,G_b 是由浮力产生的湍流动能,对不可压缩流体 $G_b=0$。$C_{1\varepsilon}$、$C_{2\varepsilon}$ 是常量,取 $C_{1\varepsilon}=1.44$、$C_{2\varepsilon}=1.92$、$C_{3\varepsilon}=\tanh(\mu/\rho v)$。$\sigma_k$ 和 σ_ε 是 k 方程和 ε 方程的湍流 Prandtl 数,取 $\sigma_k=1.0$、$\sigma_\varepsilon=1.3$。 同时,体积分数 a_q 需要满足如下方程:

$$\frac{\partial a_q}{\partial t}+\frac{\partial(v_i a_q)}{\partial x_i}+\frac{\partial(v_j a_q)}{\partial x_j}=0 \quad q=0,1 \quad (6.16)$$

$$\sum_{q=0}^{1}a_q=1$$

综合上述式(6.8)～式(6.16)即可得到基于 VOF 方法的大气泡上浮过程控制方程。

6.1.2.2　计算区域和边界条件、初始条件

计算区域限定了数值求解的范围,需要参考模拟的实际物理过程来设计。而初始条件和边界条件是数值求解控制方程的前提条件,只有在设定的计算区域内将控制方程与相应的初始条件和边界条件组合,才能构成描述一个物理过程的完整数值模型。其中,初始条件是计算区域中开始时刻各个求解变量的空间分布情况,研究大气泡上浮这一瞬时动态问题必须给定初始条件;而边界条件是在求解区域的边界上各变量或其导数随地点和时间的变化规律,对于任何问题都需要给定其边界条件。

对于某一确定尺度的大气泡,在其上浮全过程中的速度变化相对较小,因此为提高计算速度仅模拟在一相对有限区域中的大气泡上浮过程。同

时,为消除壁面对气泡运动的影响,设计了如图 6.4 所示的二维计算区域,其尺寸为 $100d \times 50d$,d 为大气泡的初始直径。

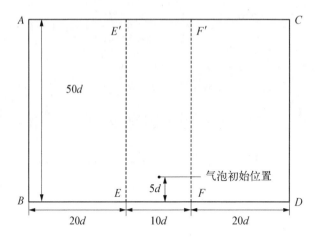

图 6.4　大气泡上浮过程二维模拟的计算区域示意图

图 6.4 中所示二维计算区域的边界条件设置为左边界 AB、右边界 CD、底边界 BD,均为固壁边界条件;上边界 AD 为压力出口边界条件。初始条件为计算区域中各点的初始速度取 $v_j = 0$,$v_i = 0$;气泡初始形状设定为球形,球心初始位置在计算区域中轴线上距底边 $5d$ 处;在气泡半径覆盖范围内的计算单元其初始 $a_q = 1$,其他计算单元的初始 a_q 均为 0,这表示在计算区域中除气泡外全部充满水。

6.1.3　单个大气泡上浮诱导水体的数模分析

根据上述建立的大气泡上浮过程数值模型,首先对单个大气泡上浮诱导水体的情况进行数模分析,利用 Gambit2.2 对图 6.4 所示的计算区域进行几何形状的构建、边界类型的确定以及网格的生成,然后利用 Fluent6.3 对这一数值模型进行解算。动量方程及 k-ε 方程离散格式均使用一阶迎风格式,对离散后得到的线性方程组采用分离式解法,对压力插值方式选用体积力加权方式,对压力速度耦合方式选用隐式分裂算法。具体网格划分及计算结果如下。

6.1.3.1　计算区域的网格划分

对图 6.4 所示计算区域网格划分的基本原则是在保证足够精度的前提下兼顾计算效率。考虑到大气泡上浮过程中其界面形状不断变化,由此也对诱导水体的范围和速度产生显著影响,且根据气泡上浮携带水体的斯托克斯估计结果,这一影响可达数倍气泡半径之外,因此为了准确地追踪气泡界面变化并反映气泡诱导水体的速度场,在 $EE'F'F$ 区域内采用加密的网格,为节省计算资源在远离气泡的 $ABEE'$ 和 $CDFF'$ 区域内采用较为稀疏的网格。据此,经过多次实验,采用结构网格对计算区域进行划分,其中 $EE'F'F$ 区域内网格尺度为 $0.1d \times 0.1d$,即边界 EF、$E'F'$ 上各有 100 个网格单元,边界 EE'、FF' 上各有 500 个网格单元;区域 $ABEE'$ 和 $CDFF'$ 内网格尺度为 $0.4d \times 0.1d$,其中边界 AB、CD 上有 500 个单元,边界 AE'、CF'、BE、DF 上各有 50 个单元。由此生成的网格总数为 1×10^5 个。

6.1.3.2　单个大气泡上浮过程的数模结果

首先以初始直径 $d = 10\,\text{mm}$ 的大气泡为例,考查其上浮过程中的形状变化及其诱导水体所产生速度场的情况。依据数模结果得到,在 $t = 10^{-3}\,\text{s}$、$0.2\,\text{s}$、$0.4\,\text{s}$、$0.6\,\text{s}$、$0.8\,\text{s}$ 的不同时刻,大气泡的形状及其诱导速度场分别如图 6.5~图 6.9 所示。

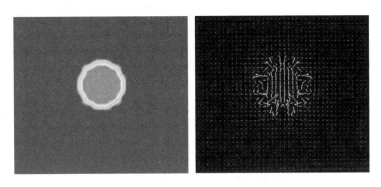

图 6.5　$t = 10^{-3}$ s 时刻大气泡形状及其诱导流场速度分布图

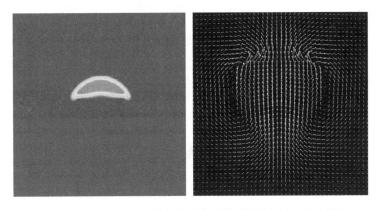

图 6.6　$t = 0.2$ s 时刻大气泡形状及其诱导流场速度分布图

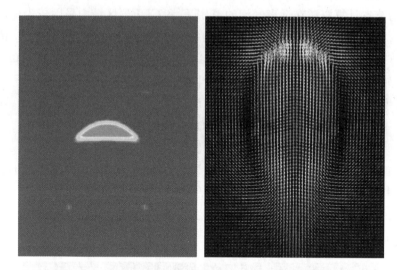

图 6.7 $t=0.4\,\mathrm{s}$ 时刻大气泡形状及其诱导流场速度分布图

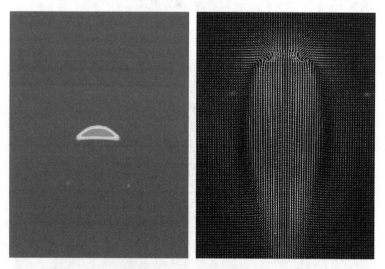

图 6.8 $t=0.6\,\mathrm{s}$ 时刻大气泡形状及其诱导流场速度分布图

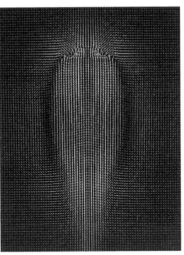

图 6.9 $t=0.8$ s 时刻大气泡形状及其诱导流场速度分布图

由于大气泡从静止开始运动,其诱导水体的范围逐渐增大,直到达到相对稳定的运动状态。为尽可能清晰地表示其诱导流场的情况,不断调整"观察窗口"的大小,因此上述各图之间的缩放比例并不相同,但各图中左右两个子图之间代表的区域保持一致。由图 6.5～图 6.9 可见,大气泡上浮过程中对周围水体产生了显著的诱导作用,特别是在其尾部形成了一个远大于其自身体积的上升流场,直观地表明了大气泡上浮过程中对其周围水体具有显著的携带作用。从数值模拟结果可知,初始为球形的静止大气泡开始运动后,其形状和上浮速度迅速达到相对稳定的上浮状态,其诱导水体产生的速度场也基本稳定。

6.1.4 气泡群周围流体速度场的数值模拟

6.1.4.1 数值模型构建

大气泡群上浮的控制方程及其边界条件和初始条件,与单气泡模拟一致,此处不再赘述。假设大气泡初始尺寸相同,初始位置分布如图 6.10 所示,任意两个相邻气泡之间的距离均为其一倍直径。

根据前期理论估算和单气泡的数模结果,为提高计算效率,对大气泡上浮模拟的计算区域和网格划分作如图 6.10 所示的调整。计算区域宽度增加到 $60d$,以保证边界 AB、CD 不会影响计算结果,高度仍采用 $50d$。设定图 6.10 中 $EE'F'F$ 区域内网格尺度为 $0.2d \times 0.2d$,即边界

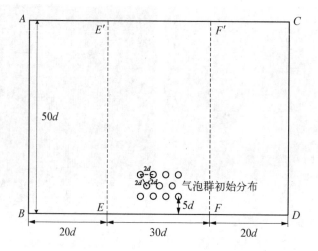

图 6.10　大气泡群上浮过程中气泡分布及计算区域模拟图

EF、$E'F'$ 上各有 150 个网格单元,边界 EE'、FF' 上各有 250 个网格单元;区域 $ABEE'$ 和 $CDFF'$ 内网格尺度为 $0.4d \times 0.2d$。 其中,边界 AB、CD 上有 250 个单元,边界 AE'、CF'、BE、DF 上各有 50 个单元,由此生成的网格总数为 6.25×10^4 个。

6.1.4.2　数模结果分析

大气泡初始直径仍设定为 10 mm,依据数模结果得到在 $t = 10^{-3}$ s、0.2 s、0.4 s、0.6 s、0.8 s、1.0 s 的不同时刻,大气泡群及其诱导速度场分布如图 6.11~图 6.16 所示,各图右侧速度分布图为水体的竖直方向速度,直接表现了大气泡群诱导产生的上升流。

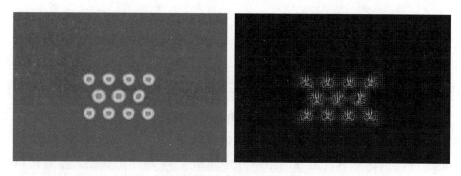

图 6.11　$t = 10^{-3}$ s 时刻大气泡群形态及其诱导流场速度分布图

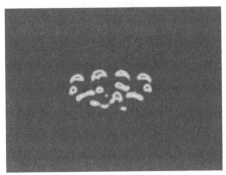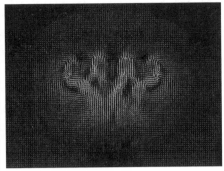

图 6.12　$t=0.2$ s 时刻大气泡群形态及其诱导流场速度分布图

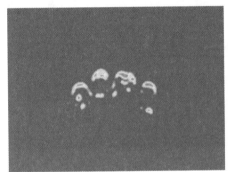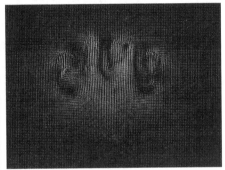

图 6.13　$t=0.4$ s 时刻大气泡群形态及其诱导流场速度分布图

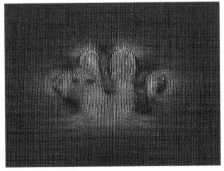

图 6.14　$t=0.6$ s 时刻大气泡群形态及其诱导流场速度分布图

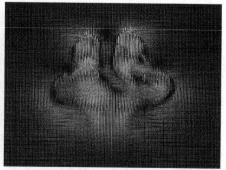

图 6.15　$t=0.8$ s 时刻大气泡群形态及其诱导流场速度分布图

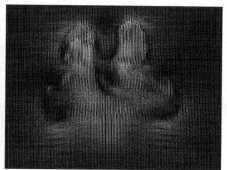

图 6.16　$t=1.0$ s 时刻大气泡群形态及其诱导流场速度分布图

　　图 6.11～图 6.16 直观地反映出了大气泡群上浮过程中诱导其周围大范围内的水体产生向上的速度。各图也同时展示了大气泡群上浮过程中,气泡碰撞、聚并、破碎等物理过程。

6.2　气泡上升扰动水体的内涵

　　上浮气泡对周围水体的扰动作用广泛存在于自然界和工业过程中,这一作用的大小对气液两相流的流动特性和传质效率等均有着直接影响,气泡上升携带水体的测量表征研究,一直是两相流领域研究的热点。

6.2.1　气泡上升扰动水体

　　水中气泡脱离喷嘴后,在浮力作用下不断上升。随着气泡所处深度的变化,其所受到的浮力、黏性阻力、压差阻力、表面张力、附加质量力等都将发生改变,进而引起气泡的形变,相应的上升速度、上升轨线等也将随之发生改变,这是一个非线性的、复杂的动态过程。在这一过程中,由于压力梯度的变化和黏性作用的影响等,上升气泡对周围水体的扰动如图 6.17 所示。上浮气泡顶部的水体受到上升气泡的推动而上升,尾部水体则因气泡上升引起的压力梯度或剪切作用获得向上运动的速度,气泡左右两侧的水体将因气液两相间的黏性作用等被诱导上升,而远离气泡处的水体则向下运动。广义地说,这部分动力学特性发生改变的水体即可称之为气泡上升扰动水体,但其具体范围难以精确描述。

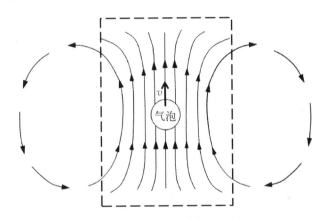

图 6.17　上升气泡对周围水体的扰动示意图

　　然而,实际工程应用中更为关注的往往是气泡上升运动对气液两相流的质量输运、动量及热量传递效率的影响,特别是在舰船气泡尾流抑制、气浮分离等技术应用过程中,更为关注气泡上浮运动对其附近水体的上升携带作用。鉴于此,将研究对象限定为图 6.17 中的虚线所示部分,即气泡上升运动过程中,因受压力梯度和黏性等作用而获得向上运动速度的那部分水体,并专门称之为气泡上升扰动水体。

6.2.2　气泡上升扰动水体的构型

　　气泡上升过程中,其形状、上升速度等均随高度而变化,除了垂向上升运动以外,往往还附加有横向振荡,甚至有翻滚等复杂运动,其上升轨线可由近似直线上升转变为"Z"字形或螺旋形上升,因而气泡上升扰动水体的构型也相应比较复杂,如图 6.18(a)所示。实际扰动水体的具体范围难以确定。

为研究方便,假设气泡上升过程中作近似直线上升运动,则气泡附近被携带上升的扰动水体是规则的圆柱体型,被称之为理想扰动水体,如图 6.18(b)所示。按照体积等效的原则,可将不规则的实际扰动水体近似简化为规则构型,进而得到图 6.18(c)所示的等效扰动水体。

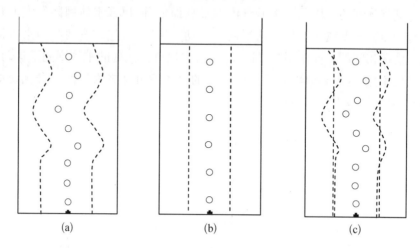

图 6.18 气泡上升扰动水体构型示意图

(a) 实际扰动水体;(b) 理想扰动水体;(c) 等效扰动水体

6.2.3 气泡上升扰动水体携带能力的表征

气泡上升扰动水体的范围越大,表明其对周围水体的上升携带作用越强。由前述分析可知,气泡上升扰动水体的具体边界难以确定,给其精确测量和表征等研究带来了一定的困难。然而,在实际工程应用中往往无须确定气泡上升扰动水体的具体范围,更具指导意义的是这一作用对气液两相流的质量输运、动量及热量传递效率的影响,也就是说,上升气泡对周围水体的携带能力要比气泡上升扰动水体本身更具实际意义。上升气泡对周围水体的携带能力越强,单位时间内气泡携带的上升水体也就越多,进而表明气泡对周围水体的扰动作用也越强。鉴于此,下面我们将聚焦气泡上升扰动水体的携带能力研究。

为定量表征气泡上升扰动水体的携带能力,特对气泡上升运动携带上升至某一特定高度的水体体积进行测量,并称之为气泡上升携带水量。这一参量是经过了气泡间复杂的碰撞、聚并等作用后所能携带的上升水体的体积,显然更具可检测性,也更便于用来定量表征气泡上升扰动水体的携带能力。气泡上升携带水量的值越大,表明气泡上升扰动水体的携带能力越强。

6.3　气泡上升扰动水体测量理论的构建

6.3.1　气泡上升扰动水体的测量要求

气泡上升扰动水体中不同位置处的上升速度大小不等。气泡脱离喷嘴后会加速上升,其周围液相的速度也随之增加;当气泡达到稳定上升速度后,其周围液相的速度也不再随高度增加而显著变化。同时,由于气泡的剪切作用具有距离衰减的特性,紧邻气泡的液体受到的影响作用较强,其获得的诱导速度也相对较大,随着与气泡距离的增加,这一速度逐渐减小直至为零。换言之,在同一高度上,气泡附近液体的上升速度由最大值逐渐减小到零,是一个渐变的过程,因而很难将气泡携带的上升水体与其周围的静止水体区分开来,更难以对其实施有效分离。对于单个上升气泡而言,其携带的水量非常有限,即便能够有效地分离出来,也会因其体积较小而难以准确测量。因而,气泡上升携带水体的测量及表征研究始终是两相流研究的热点和难点,至今尚未找到真正可行的测量方法。

单个气泡扰动水体的范围非常有限,而上升气泡群对周围水体的扰动作用更为复杂,相邻气泡携带的上升水体之间可能相互重叠,且远离气泡处水体的向下流动也将在一定程度上削减其周围气泡扰动水体的向上运动,使之呈现复杂的湍流结构,范围更加难以确定。尽管诸多学者已对气泡周围的流场结构进行了较为系统的测量实验和数值模拟研究,但至今未见真正可行的方法对气泡上升扰动水体的携带能力进行测量,这使得气泡的实际工程应用缺乏科学指导,往往仅凭经验控制。

鉴于实际工程应用中更为关注的是气泡上升扰动水体的携带能力,特对更具检测性的气泡上升携带水体的体积进行测量,并称之为气泡上升携带水量。对气泡上升携带水量进行测量的具体要求:一是解决气泡上升携带水体与周围水体混在一起难以测量的问题,即实现气泡上升携带水体的有效分离;二是解决气泡上升携带水量较小,难以准确检测的问题。只有满足了这两大具体要求,才有可能实现对气泡上升携带水体的准确测量和表征研究。

6.3.2　双液分离转相精测技术

针对气泡上升携带水体的测量要求,提出了"双液分离转相精测"技术,其核心思想包括双液分离和转相精测两大方面,具体细述如下。

6.3.2.1 双液分离

双液分离是针对气泡上升携带水体的边界难以确定,且往往与周围水体混在一起的特点提出的,其根本目的在于实现气泡上升携带水体与周围静止或向下流动水体的有效分离,是进行转相精测的前提条件。

(1) 双液的含义。在常温常压的条件下,当两种可以互溶的液体被混合时,它们会迅速溶解形成某种溶液;而当两种不互溶的液体被混合时,无论如何摇晃和搅拌,它们最终都会实现自行分离,这种特性为液体的有效分离提供了可能。

双液是指两种密度不同且互不相溶的液体。当它们被混合时,密度相对较小的液体位于上层,称之为上液;密度较大的液体位于下层,相应地可称之为下液;上、下液之间的接触面则称为分界液面。当来自下液的上升气泡越过分界液面后,其周围被携带上升的下液也会随之进入到上液中,从而实现气泡上升携带液体与下液的初步分离。研究气泡上升携带水体时,选取水为下液,上液可选用密度略小于水且与水互不相溶的轻质液体(如柴油等),以实现气泡上升携带水体与周围静止或向下流动水体的初步分离。

(2) 双液分离的思想。所谓双液分离,就是利用两种液体的密度差以及上液的水平旋流运动,实现气泡上升携带水体的有效分离。

选取某种密度相对较小且不溶于水的轻质液与水构成"双液",当来自水中的气泡上升并越过分界液面时,其携带的水体将随之进入到轻质液中,从而将气泡上升携带水体从其周围的静止水体中初步分离出来,借由两种液体的密度差异即可实现气泡上升携带水体与轻质液的最终分离。

为防止上述进入到上液中的气泡上升携带水体回落至水池中,特地设法使上液以适当的速度作水平方向平稳旋转运动,以将气泡上升携带的水体迅速带离下液池正上方区域,从而实现气泡上升携带水体的完全有效分离。

上述目标的实现,对盛装上液的容器(上液池)需有特殊的要求,其半径要大于下液池的直径,且上液池底面应低于上下液分界面并有一定坡度,以确保密度较大的气泡上升携带水体逐渐沉降至上液池的底部并汇集至最低处,从而为对其转相精测作好准备。

6.3.2.2　转相精测

由于气泡上升携带水体的体积通常较小,如果对其进行直接测量,将会引起较大的测量误差。而在测量条件相同的情况下,待测样本的体积越大,误差的影响相对越小,测量的精度也就越高,换言之,放大检测可有效提高测量的精度。为此,提出了转相精测的技术思想,也就是要通过“转相”来实现待测液体的放大检测,从而提高其测量精度。

简单地说,转相就是指物质相态的转变,比如同一物质的固、液、气三相之间的转换,或者某种气相物质转变为其他的液相物质,或者某种液相物质转变为其他的气相物质等。这里研究的转相,特指将气泡上升携带的水体由液相转变成其他相应的气相物质。这一转相过程的实现需要借助于某种特定的转相物质,使之与上述分离出来的气泡上升携带水体发生完全的化学反应并生成某种气体,从而实现气泡上升携带水体由液相到气相的转变。

所谓转相精测,就是使气泡上升携带的水体由液相转变为气相,以实现放大检测,进而由精确测定的气体体积反算出更为精确的气泡上升携带水量。其具体过程是:选取足量的特定固态材料作为转相物质,使之与上述分离得到的气泡上升携带的水体(液相)发生完全的化学反应,以生成体积相对较大的气体(气相),实现待测样本由液相到气相的两相转变。由于转相反应生成的气体的体积通常可达气泡上升携带水体体积的成百上千倍,显然更易于准确测量其体积。在此基础上,依据转相反应方程式中的气液两相体积之比,即可由上述测得的气体体积反算出气泡上升携带水量,从而提高气泡上升携带水量的测量精度。

6.3.3　双液分离转相精测的关键环节研究

由上述分析可知,分离和转相的实现,是双液分离转相精测技术的两大关键环节,在此特对其进行专门分析。

6.3.3.1　分离的实现

双液系统的构成直接决定着气泡上升携带水体的分离效率。选取水为下液时,分离效率的高低主要取决于上液的选取。

(1)上液的选取原则。根据双液分离转相精测的要求,选取的上液需要满足两个条件:一是密度小于水;二是与水互不相溶。可供选择的低密度液体主要有:航空煤油、汽油、柴油、机油、植物油、色拉油、大豆油、花生油等,其密度如表6.2所示。

表 6.2　可选液体密度表

可选液体	密度/(kg/L)	可选液体	密度/(kg/L)
机油	0.88~0.89	+20#柴油	0.86
煤油	0.8	-35#柴油	0.82
90#汽油	0.622	植物油	0.9
93#汽油	0.625	色拉油	0.93
96#汽油	0.635	大豆油	0.915 0~0.936 5
0#柴油	0.84~0.86	花生油	0.9

（2）上液密度对分离效率的影响。选取不同上液时,其与下液(水)之间的密度差、黏性系数差不同,上升气泡越过分界液面时所受阻滞作用的大小也不相同,进而直接影响气泡上升携带水体的分离效率,测量得到的气泡上升携带水量也将存在一定误差。

在诸多可选液体中,优先选择密度与水接近的液体可获得较高的测量精度。当液体流动时,在液体层间产生的内摩擦力具有阻碍流体运动的性质,故将这一特性称为液体的黏性,将内摩擦力称为黏性力。液体黏性由其自身性质决定,与液体的种类、温度等因素有关,其大小可用黏性系数表示。黏性系数有动力黏度与运动黏度两种。动力黏度是指流体单位面积上的黏性力与垂直于运动方向上的速度变化率的比值。运动黏性系数等于动力黏性系数除以流体密度,即 $v = \mu/\rho$。在气泡运动状态相同的情况下,液体的运动黏性系数与其密度成反比。当水中上升气泡进入密度略小的上液时,受到的阻滞作用将有所增大,使得部分气泡携带的上升水体无法进入上液,从而给测量带来一定的误差。也就是说,上液与水的密度越接近,因阻滞作用而被阻挡进入上液的气泡携带水体就越少,经油水双液分离后测得的水体体积就越接近实际的气泡上升携带的水量,测量精度也将相应提高。

（3）上液厚度对分离效率的影响。上液厚度是指上液液面至下液池顶端面的垂直距离,其对气泡上升携带水体分离效率的影响体现在两大方面:一是上液厚度的大小直接影响气泡及其携带水体在上液中运动的时间;二是上液厚度的大小对人工形成的上液流场的稳定程度有一定的影响。

气泡上升携带的水体越过分界液面后将继续在上液中上升,到达液面时气泡破裂,其所携带的水体将在重力作用下迅速回落。上液的厚度越大,气泡及其携带上升的水体在上液中运动的时间就越长,其被平稳旋转的上液流场完全带离水池上方区域的可能性就越大,气泡上升携带水体分离的效率也相应越高。而当上液厚度较小时,气泡在上液中运动的时间相对较短,其携带至上液中的部分水体还来不及被平稳旋转的上液带离水池上方区域时,就迅速回落至水池中,使得分离得到的气泡上升携带水体略小于实际携带的水体,就会引起一定的测量误差。

上液厚度还与人工形成的上液流场的稳定程度有关。为有效分离被气泡携带进入上液的水体,需设法使上液以适当的速度作水平方向的平稳旋转运动,使之在回落之前全部被带离水池上方区域。上液流场应具有足够快的速度,以确保气泡上升携带的水体在回落之前就被带离水池上方,更为重要的是,流场对下液池水面的扰动应尽可能地小,以免将水池中的水带出,造成新的测量误差。

综上所述,上液的密度和厚度等都将在不同程度上影响"双液分离"的效率,使得分离出来的气泡上升时携带的水体与其实际值之间存在一定的误差,影响后续测量实验的精度,因而实验前必须确定上液的密度和厚度。

6.3.3.2　转相的实现

转相的实现是借助某种特定固态物质(转相物质)与分离水体的化学反应,将待测样本由体积较小的液相转换为体积较大、更易被准确测量的气相,进而由测量得到的气体体积来解算气泡上升携带水量,其目的在于通过放大检测来提高测量精度。

(1) 转相物质的选取原则。根据实验要求,选取的转相物质应满足以下条件:

① 转相物质能在上液中稳定存在。实验时,足量的转相物质将预先被置于上液中,以使得气泡携带的上升水体能够快速与之发生较为完全的反应,因而转相物质必须能在上液中稳定存在。

② 转相物质能迅速与水发生反应。对于转相物质来说,最根本的要求就是能与水快速反应并生成某种气体,以实现待测液体的转相,从而进行放大检测,这一反应的速度越快,实现转相的效率就相应越高。

③ 转相反应生成的气体不溶于双液。为确保分离得到的气泡上升携带的水体全部转换为气体,需要放置足量的转相物质与之发生完全反应,转相反应生成的气体与上、下液均有可能接触,无论溶解于哪一种液体,都不能保证反应生成的气体全部被测量,从而造成测量误差。因此,转相反应生成的气体既不能溶于水,也不能溶于上液。

④ 转相反应生成的化合物应不具腐蚀性或腐蚀性较低。实验时,转相反应必须在一定的实验装置内进行,因而应不具腐蚀性或腐蚀性较低。选取不同的转相物质时,气液两相的体积比也不尽相同,当待测液体量相同时,该体积比越大,则反应生成的气体体积越大,测量时估读误差的影响就越小,相应地,双液分离转相精测方法的测量精度也就越高。

(2) 转相物质的具体配方。水作为化学反应的普遍载体,一般都不参加反应,而当其遇到活泼性较强的碱(土)金属及其氢化物、过氧化物、超氧化物等时,由于这类物质的自身势能极高,水会与之发生反应并生成相应的气体,其反应速度主要由金属的活动性来决定。鉴于此,可供选择的转相物质配方通常有以下 4 类:

① 活泼的碱金属或碱土金属配方,如锂(Li)、钠(Na)、钾(K)、铷(Rb)、铯(Cs)、钡(Ba)等。活泼的碱金属或碱土金属能够稳定存在于柴油等上液中,而当遇水时即可迅速发生反应,释放出不溶于双液的氢气,并生成相应的金属氢氧化物。活泼的碱(土)金属与水反应,实质是与水电离出的氢离子反应,金属活动性越强,其与水的反应越剧烈。

② 碱(土)金属氢化物配方,如氢化钠(NaH)、氢化钙(CaH_2)、氰化钾(KH)等。氢化物是氢与其他元素合成的二元化合物,碱(土)金属氢化物属于离子型氢化物,氢的氧化数为-1,具有强烈的失电子趋势,是很强的还原剂,在水溶液中与水强烈反应放出氢气,使溶液呈强碱性。在高温下,碱(土)金属氢化物的还原性更强。

③ 碱(土)金属过氧化物、超氧化物、臭氧化物的配方有过氧化钠(Na_2O_2)、超氧化钠(Na_2O_4)、臭氧化钾(KO_3)等。它们是金属离子与氧离子组成的化合物,能与水快速反应,释放出大量不溶于双液的氧气,并生成相应的金属氢氧化物。

④ 活泼金属碳化物配方有碳化钙(CaC_2)、碳化铬(Cr_4C_3)、碳化钨(WC)、碳化硅(SiC)、碳化铝(Al_4C_3)等。金属碳化物通常是指金属与碳组成的二元化合物,其与水能快速反应,并生成水溶性相对较差的甲烷等轻烃类气体,以及相应的金属氢氧化物。

(3) 转相的具体实现方法。采用不同种类的转相物质时,转相反应生成的气体也有所不同。根据生成气体的不同,可将转相方法分为氧气法、氢气法和轻烃法三大类。

① 氧气法。金属过氧化物、超氧化物等都是金属离子与氧离子组成的化合物,与水反应将释放出大量氧气,并生成相应的金属氢氧化物,具体反

应如下：

$$2CaO_2 + 2H_2O(液相) \Longrightarrow 2Ca(OH)_2 + O_2 \uparrow (气相)$$
$$2Na_2O_2 + 2H_2O(液相) \Longrightarrow 4NaOH + O_2 \uparrow (气相)$$
$$2CaO_4 + 2H_2O(液相) \Longrightarrow 2Ca(OH)_2 + 3O_2 \uparrow (气相)$$
$$2K_2O_4 + 2H_2O(液相) \Longrightarrow 4KOH + 3O_2 \uparrow (气相)$$
$$2Na_2O_4 + 2H_2O(液相) \Longrightarrow 4NaOH + 3O_2 \uparrow (气相)$$
$$4KO_3 + 2H_2O(液相) \Longrightarrow 4KOH + 5O_2 \uparrow (气相)$$

通常,过氧化物具有强氧化性,与水会发生剧烈反应。超氧化物性质不稳定,置于空气中即可与水和二氧化碳发生反应生成氧气,与水反应时可生成相对较多的氧气,某些超氧化物可被用作空间飞船和潜艇中的供氧剂。有的超氧化物虽然与水反应时能放出大量的氧气,但反应生成物会阻碍转相反应,使之速度减慢,耗费大量的时间,增加了实验的工作量。理论上讲,臭氧化物的放氧量最高,但其性质也最不稳定,通常可以在液氨中稳定保存,而置于空气中时,缓慢放出氧气,并转化为相应的过氧化物,因而在实验中选用臭氧化物并不一定能显著提高气液两相体积比。采用氧气法时,要综合考虑气液两相体积比、转相物质的稳定性、转相反应速度、转相反应安全性等的影响。

② 氢气法。活泼的碱金属或碱土金属及其氢化物都极易与水发生反应,生成氢气和相应的氢氧化物,具体反应如下：

$$2Li + 2H_2O(液相) \Longrightarrow 2LiOH + H_2 \uparrow (气相)$$
$$2Na + 2H_2O(液相) \Longrightarrow 2NaOH + H_2 \uparrow (气相)$$
$$2K + 2H_2O(液相) \Longrightarrow 2KOH + H_2 \uparrow (气相)$$
$$2Rb + 2H_2O(液相) \Longrightarrow 2RbOH + H_2 \uparrow (气相)$$
$$2Cs + 2H_2O(液相) \Longrightarrow 2CsOH + H_2 \uparrow (气相)$$
$$NaH + H_2O(液相) \Longrightarrow NaOH + H_2 \uparrow (气相)$$
$$LiH + H_2O(液相) \Longrightarrow LiOH + H_2 \uparrow (气相)$$

活泼的碱(土)金属及其氢化物与水反应时,是与水电离出的氢离子反应,其反应剧烈程度取决于金属的活动性。当金属 Li 到 Cs 的活动性越来越强时,相应的碱(土)金属及其氢化物与水的反应也越来越剧烈,在生成大量氢气的同时还将释放出一定的热量,容易引起燃烧,当使用金属 K 与水反应时,就有爆炸的可能性。当上液选用煤油、汽油、柴油等可燃性有机溶剂时,采用氢气法实现转相具有一定的危险性。实验时应考虑转相物质与上液的组合情况，谨慎选择。

③ 轻烃法。活泼金属或碱土金属的碳化物与水反应时，金属离子与氢氧根离子相结合，生成氢氧化物；碳离子与水中的氢离子相结合，生成乙炔（C_2H_2）、甲烷（CH_4）、丙二烯（C_3H_4）等轻烃类气体，具体反应如下：

$$CaC_2 + 2H_2O(液相) \Longrightarrow Ca(OH)_2 + C_2H_2 \uparrow (气相)$$
$$Mg_2C_3 + 4H_2O(液相) \Longrightarrow 2Mg(OH)_2 + C_3H_4 \uparrow (气相)$$
$$Cr_4C_3 + 12H_2O(液相) \Longrightarrow 4Cr(OH)_3 + 3CH_4 \uparrow (气相)$$
$$Al_4C_3 + 12H_2O(液相) \Longrightarrow 4Al(OH)_3 + 3CH_4 \uparrow (气相)$$

采用该方法实现转相时要注意碳化物的选择。某些碳化物（如碳化钙、碳化铝等）的粉末对眼睛、黏膜和上呼吸道有刺激性。碳化钙（CaC_2）等与水反应激烈，并放出热量，且生成的纯乙炔气体（C_2H_2）极易燃烧，可能引起爆炸，同时，乙炔气体还微溶于水，易溶于乙醇等有机溶剂。碳化铝（Al_4C_3）为危险品，与水接触会很快释放出易燃气体甲烷，遇热源或火种能引起燃烧和爆炸。三碳化二镁（Mg_2C_3）与水反应时，生成的丙二烯气体（C_3H_4）与空气混合能形成爆炸性混合物，遇热源和明火有燃烧爆炸的危险，对人体有单纯窒息、麻醉和刺激作用，且对环境有危害，实验时应谨慎使用，并采取相应的安全防护措施。

（4）转相效率的比较分析。

① 氧气法的转相效率。采用氧气法实现转相时，可供选择的配方主要有：碱（土）金属过氧化物配方和碱（土）金属超氧化物配方。采用碱（土）金属过氧化物配方时，可快速释放出氧气，并生成相应的金属氢氧化物。以过氧化钠（Na_2O_2）为例，其与水发生转相反应的化学方程式为

$$2Na_2O_2 + 2H_2O(液相) \Longrightarrow 4NaOH + O_2 \uparrow (气相) \qquad (6.17)$$

由以上反应式（6.17）可知：1 摩尔水与过氧化钠反应时，将生成 0.5 摩尔氢气，气液两相体积比为 622.2∶1，待测液体的体积将被放大约 600 倍。

采用碱（土）金属超氧化物配方时，可快速释放出氧气，并生成相应的金属氢氧化物。以超氧化钠（Na_2O_4）为例，其与水发生转相反应的化学方程式为

$$2Na_2O_4 + 2H_2O(液相) \Longrightarrow 4NaOH + 3O_2 \uparrow (气相) \qquad (6.18)$$

由反应式（6.18）可知：1 摩尔水与超氧化钠反应时，将生成 1.5 摩尔的

氧气,气液两相体积比为 1 866.6∶1,待测液体的体积将被放大 1 800 多倍。

② 氢气法的转相效率。采用氢气法实现转相时,可供选择的配方主要有两种:活泼碱(土)金属配方和活泼碱(土)金属氢化物配方。

采用活泼碱(土)金属配方时,可快速释放出氢气,并生成相应的金属氢氧化物。以钠(Na)为例,其与水发生转相反应的化学方程式为

$$2Na + 2H_2O(液相) == 2NaOH + H_2 \uparrow (气相) \qquad (6.19)$$

由反应式(6.19)可知:1 摩尔水与活泼的碱金属钠反应时,将生成 0.5 摩尔氢气,气液两相体积比为 622.2∶1,待测液体的体积将被放大约 600 倍。

采用活泼碱(土)金属氢化物配方时,可快速释放出氢气,并生成相应的金属氢氧化物。以氢化钠(NaH)为例,其与水发生转相反应的化学方程式为

$$NaH + H_2O(液相) == NaOH + H_2 \uparrow (气相) \qquad (6.20)$$

由反应式(6.20)可知:1 摩尔水与碱土金属氢化钠反应时,将生成 1 摩尔氢气,气液两相体积比为 1 244.4∶1,待测液体的体积将被放大 1 200 多倍。

③ 轻烃法的转相效率。采用轻烃法实现转相时,可供选择的配方主要有两种:二价金属碳化物配方和三价金属碳化物配方。

采用二价金属碳化物配方时,可快速释放出乙炔气体(C_2H_2),并生成相应的金属氢氧化物。以碳化钙(CaC_2)为例,其与水发生转相反应的化学方程式为

$$CaC_2 + 2H_2O(液相) == Ca(OH)_2 + C_2H_2 \uparrow (气相) \qquad (6.21)$$

由反应式(6.21)可知:1 摩尔水与碳化铝反应时,将生成 0.5 摩尔的甲烷,气液两相体积比为 622.2∶1,待测液体的体积将被放大 600 多倍。

采用三价金属碳化物配方时,可快速释放出甲烷气体(CH_4),并生成相应的金属氢氧化物。以碳化铝(Al_4C_3)为例,其与水发生转相反应的化学方程式为

$$Al_4C_3 + 12H_2O(液相) == 4Al(OH)_3 + 3CH_4 \uparrow (气相) \qquad (6.22)$$

由反应式(6.22)可知:1 摩尔水与碳化铝反应时,将生成 0.25 摩尔的甲烷,气液两相体积比为 311.1∶1,待测液体的体积将被放大 300 多倍。

④ 不同转相方法的转相效率比较分析。由上述分析可知,采用不同的

转相配方和转相方法时,待测液体的体积将被放大 300～2 000 倍不等(见表 6.3),气液体积比越大,则转相的效率就越高,相应地实验测量误差的影响随之大大减小。

表 6.3　不同转相方法的转相效率比较一览表

实现方法	转相配方	转相反应方程式	气液物质的量比	气液体积比
氧气法	过氧化物	$2Na_2O_2 + 2H_2O == 4NaOH + O_2\uparrow$	1:2	622.2:1
	超氧化物	$2Na_2O_4 + 2H_2O == 4NaOH + 3O_2\uparrow$	3:2	1 866.6:1
氢气法	碱金属	$2Li + 2H_2O == 2LiOH + H_2\uparrow$	1:2	622.2:1
	金属氢化物	$NaH + H_2O == NaOH + H_2\uparrow$	1:1	1 244.4:1
轻烃法	二价金属碳化物	$CaC_2 + 2H_2O == Ca(OH)_2 + C_2H_2\uparrow$	1:2	622.2:1
	三价金属碳化物	$Al_4C_3 + 12H_2O == 4Al(OH)_3 + 3CH_4\uparrow$	1:4	311.1:1

在此基础上由气液两相体积比反算出气泡上升携带水量,其检测精度也可提高成百上千倍。需要说明的是,实验时需要综合考虑成本、安全性等因素,气液两相体积比最大的,并不一定是最优的转相方法。例如,采用超氧化物配方时,气液体积比最大,但是它与水反应的程度较为剧烈,易引起爆炸,且超氧化钠的成本也相对较高;过氧化物配方的气液两相体积比略小,但相对安全且成本较低,是更适合实验的一种配方。因而,在实际使用各种转相方法及相应配方时,应结合工程具体需求,综合考虑成本、安全性等因素的影响,尽量选择气液两相体积比较高的转相方法,以获得较高的转相效率和检测精度。

6.3.4　双液分离转相精测的影响因素分析

双液分离转相精测的过程,将受到以下诸因素的影响:水体提取方法、上液水溶解性、注入气体性质、测试环境因素等。

6.3.4.1　水体提取方法的影响

双液分离转相精测技术由多个环节连续构成,首先通过"双液分离"实现气泡上升携带水体的分离,然后才能进行"转相精测",因而在转相之前需要将上述分离得到的气泡携带水体提取出来,选择不同的水体提取方法时,水体的损失量将有所不同,进而在一定程度上影响转相的效率。

如果采用某种容器(移液管等)将水从上液池移出,转移过程中必然会有少量水体吸附在转移容器上而造成损失,虽然这部分水量很小,但对于本身体积也并不是很大的气泡上升携带的水体来说,引起的测量误差是不能忽视的。

为避免气泡上升携带水体移出时引起的误差,设法简化这一环节,直接在水体分离出来的区域进行转相反应,即在上液池的最低区域放置足量的转相物质,让其与气泡上升携带的水体发生快速完全反应,以便将所有待测液体都转变为体积较大、易于准确测量的气体,进而通过放大检测来提高气泡上升携带水量的测量精度。

6.3.4.2　上液水溶解性的影响

溶解性是一种物质在另一种物质中的溶解能力,其大小主要决定于溶剂和溶质的性质。水是最普遍最常用的溶剂,通常用溶解度的大小来描述其溶解性,具体有易溶(溶解度大于 10 g/100 g 的水)、可溶(溶解度在 1~10 g/100 g 的水)、微溶(溶解度在 0.01~1 g/100 g 的水)、难溶(溶解度小于 0.01 g/100 g 的水)和不溶,由此可见,溶解是绝对的,不溶解是相对的。尽管我们选择上液时要求其与水不相溶,但难免会有少量的油-水溶解,特别是在温度、压力等改变的情况下,油-水溶解性也会随之相应变化。当上液与水微溶时,气泡上升携带的水体进入上液后,溶解在上液中的少量水分有可能因亲水性而被析出,从而使测量得到的气泡上升携带的水量大于实际值;而当气泡上升携带的水体进入上液后溶于其中时,测得的气泡上升携带的水量将略小于实际值。

6.3.4.3　注入气体性质的影响

采用不同性质气体生成的气泡,其在水中的溶解度不同,上升运动过程中的形状变化、上升速度等动力学特性也不同,因而气泡水体携带能力将呈现出一定的差异。

实验中要研究的气泡是在水中上升的,因而必须考虑其溶解度的大小。气体溶解度的大小首先决定于气体的性质。由于水是极性的,根据相似相溶的原理,极性大的气体(如 HCl、H_2S、NH_3、CO_2 等)易于溶解,而极性小或者没有极性的气体(如 O_2、N_2、H_2、Cl_2 等)则溶解性较差。同时,气体的溶解度也随压强和温度的不同而变化:压强一定时,气体的溶解度将随溶剂温度的升高而减小;温度一定时,气体的溶解度将随气体压强的增大而增大。在

20 ℃时,气体压强为 101 kPa,1 L 水可以溶解气体的体积是氨气(NH_3)602 L,氢气(H_2)0.018 19 L,氧气(O_2)0.031 02 L,空气约为 0.018 68 L。氨气极易溶于水,是因为氨气是极性分子,水也是极性分子,而且氨分子跟水分子还能形成氢键,发生显著的水合作用。

如果实验中采用生成 NH_3 等极性气体生成气泡,其在水中上升的过程中将逐渐溶解于周围的水体,具有"体积减小"的自消隐特性,相应地其水体携带能力也将随之减弱;如果采用 N_2 等非极性气体生成气泡,气体的溶解度很小,体积减小得非常缓慢,甚至可以忽略不计,由于表面张力、黏性力等的改变,气泡体积增大的趋势更为明显,因而气泡的水体携带能力会相应增强。在实际工程应用中,往往追求较高的水体携带能力,因而通常要选择难溶或不溶于水的气体来生成气泡,考虑到成本因素,在进行气泡水体携带能力实验时,选取溶解度相对较小的空气来生成气泡。

6.3.4.4　测试环境因素的影响

测试环境因素主要是指气压、温度、湿度、振动等,它们与规定的标准不一致将直接影响测量的精度。采用双液分离转相精测技术进行实验时,首先对转相反应生成气体的体积进行测量,然后再依据转相反应中的气液两相体积比反算得到气泡上升携带的水量,因而气体体积或气液两相体积比的准确度,直接决定了气泡上升携带的水量的测量精度。由气体状态方程可知,温度一定时,气体体积将随气压的增大而减小;气压一定时,气体体积将随温度的升高而增大,也就是说气体体积和气液两相体积比均与气压和温度密切相关。此外,气压和温度等还会在一定程度上影响上液的水溶解性、生成气体的溶解性等,实验时必须考虑测试环境因素的影响,尽量保证实验在相同温度和压力条件下进行,进而使测试环境因素引起的误差大致相当而不致影响比对结果。

6.3.4.5　生成气体性质的影响

生成气体性质的影响主要包括两大方面:一是气体与上、下液的溶解性及其对测量精度的影响;二是生成气体的助燃特性对实验安全性的影响。实验生成的气体与上、下液中的任何一种液体相溶,都会使测得的气体体积略小于实际值,进而由此反算得到的气泡上升携带的水量也将存在一定误差。此外,转相物质与水的反应生成的气体多为氧气、氢气等,反应的同时往往会释放一定的热量,在氧气和氢气等的助燃作用下,有可能发生燃烧甚至爆炸,因而生成气体的性质对整个实验的安全性有一定影响,实验时应慎重选择转相物质配方和上液,在保证测量精度的同时,确保实验的安全性。

第7章
上升气泡水体携带能力的测量

根据双液分离转相精测的技术思想,针对性地进行了气泡上升携带水量的测量实验设计,进而开展了单气泡和气泡群的水体携带能力测量实验,并对测量实验误差进行了修正研究。

7.1 测量实验设计

7.1.1 关键测量装置的设计

气泡上升携带水量的测量关键装置用于实现双液分离和转相精测,由分离装置、转相装置、分界液面稳控装置、气泡生成装置四大部分组成(参见图7.1)。

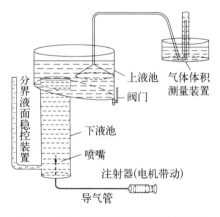

7.1.1.1 分离装置

分离装置用于实现气泡上升携带的水体的有效分离,其主体部分由两个半径不同的圆柱形容器(上大下小)连接而成,依其相对位置分别称之为上液池和下液池,二者之间通过分界液面相

图7.1 双液分离转相精测装置示意图

连通。上液池用于存放低密度轻质液体(柴油等),下液池用于存放高密度液体,为研究上升气泡的水体携带能力,下液池盛装的液体是水。

上液池嵌套于下液池之上,呈圆柱体型,直径为50 cm,高为34 cm;其底面向右下方倾斜约5°,且略低于下液池顶端面,以便收集被有效分离的气泡上升携带的水体。下液池置于上液池底面偏高一侧,为圆柱体型,直径约

21 cm,略小于上液池的半径,高约 55 cm,其顶端面水平且稍高于上液池底部。底部与分界液面稳控装置相连通。产生于下液池底部的上升气泡越过分界液面时,其携带的水体将随之进入到上液池中,从而实现气泡上升携带的水体与其周围未被扰动的水体初步分离。

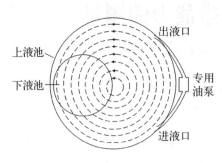

图 7.2　上液池流场形成装置示意图

为防止上述携带的水体回落至下液池,还需特定的上液流场形成装置,如图 7.2 所示:其专用油泵置于上液池外,进液口和出液口分别开设于上液池内壁的相应位置,高于下液池顶端面 6～10 mm,使得上液能以适当速度作水平方向的平稳旋转运动,且对分界液面几乎不构成扰动,以便将上升气泡携带至柴油中的水迅速带离下液池上方区域,从而实现携带水体的有效分离。

7.1.1.2　分界液面稳控装置

分界液面稳控装置是一个直径约 5 cm 的透明圆管,直接与下液池底部连接构成连通器,通过调整其高度,即可控制分离装置中分界液面的高度,使之始终位于下液池的顶端面。实验时,下液池注满水,使得水面刚好位于下液池的顶端面,然后在上液池中注入一定厚度的上液,并调整分界液面稳控装置的高度,使得两种液体之间的分界液面始终位于下液池的顶端面。

分界液面稳控装置的液面高度与上液厚度(上液面与下液池顶端面间的距离)有关。由连通器原理可知,两侧液面上的压力相等,当两侧有互不相混的不同液体时,自分界液面起到两液面的高度与液体密度成反比。分离装置中盛装了水和上液两种液体,根据上、下液的密度,即可计算出与上液厚度相对应的分界液面稳控装置中的液面高度。调整分界液面稳控装置的顶端与上液面的距离,并以一定速度向分界液面稳控装置内注水,当分界液面低于下液池顶端面时,水会自动补充进入下液池,直至分界液面重新位于下液池的顶端面;而当分界液面恰好位于下液池顶端面时,水则会自动从分界液面稳控装置溢出,从而保证分离装置中两种液体的分界液面始终位于下液池的顶端面。

7.1.1.3　转相装置

转相装置用于产生特定的转相化学反应,以实现待测液体由液相到气相的两相转变,并对反应生成的气体进行收集和测量。该装置包括转相物质反应区、反应气体采集装置和气体体积测量装置三部分。

转相物质反应区位于上液池右侧的较低部分,用于放置特定的转相物质,以与来自分离装置的气泡上升携带的水体发生转相反应,从而实现待测液体由液相到气相的转变。

反应气体采集装置呈倒置的漏斗形,实验时固定于转相物质反应区的正上方,确保转相生成的气体能够全部由此进入到气体体积测量装置中。反应气体采集装置与气体体积测量装置之间由导气管相连。

气体体积测量装置由贮水池、导气管和气体贮存容器组成,采用排液集气法即可收集转相反应生成的气体,为方便测量其体积,可直接采用量筒作为气体贮存容器。考虑到反应生成的气体体积多达几千毫升,而采用较大容积的量筒对其进行测量时,误差也相对较大,为保证测量精度,实验时采用两个量筒交替收集气体,并根据具体情况选择体积较大的贮水池。

7.1.1.4　气泡生成装置

气泡生成装置的设计借鉴了微量注射泵的工作原理,由自动气体推进器、医用注射器、输气管路等组成。

自动气体推进器的主体是一个步进电动机,其在一定规律的脉冲频率下作转动,通过螺帽结构形成的外循环滚动螺旋杆输出速度,并将其传递给前端与之相连的挡板,进而提供稳定而精确的直线运动。挡板向前运动时,将推动固定于支架上的注射器(可更换不同规格),使气体经由导气管进入喷嘴以生成气泡。挡板向后运动并复位后,可在注射器内重新补充一定体积的气体。当需要较大的注气速度时,可采用右侧的气体推进器,它是由直流电机带动,通过电位器来调整电阻值,进而改变注射器的推进速度。

不同规格的注射器(1 mL、2.5 mL、5 mL、10 mL 等)用于提供产生气泡所需的气体。实验过程中,可根据具体需要选用某一规格注射器。由于自动气体推进器的速度恒定,因此注射器规格不同,意味着气体流量不同,直接控制着生成气泡的特征。通常情况下,刻度容量较小的注射器,在其推进过程中的流量较小,易于控制生成单个气泡;而刻度容量较大的注射器,其气体流量也较大,很难生成单个气泡,往往生成气泡群,甚至是喷射气流。此外,也可同时使用多个不同规格的注射器联合供气,以提供实验所需的较大范围内变化的流量。

输气管路由导气管、转接头和喷嘴三部分组成。导气管由内径 3 mm 的输液管改制而成,一端直接与注射器相连,另一端则通过转接头与喷嘴相连。喷嘴主要选用口径为 0.45~1.6 mm 的注射器针头和 2.3~4.3 mm 的圆管。转接头的作用是将导气管与各种不同口径的喷嘴相连接,以研究喷嘴口径对气泡水体携带能力的影响。

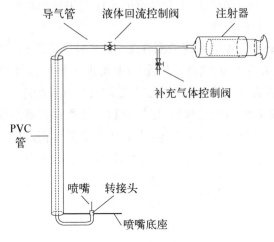

图 7.3 气泡生成装置示意图

7.1.2 测量辅助系统的设计

为使得实验更加完善,除了采用上述的关键装置以外,还设计了进行测量实验时所需要的一些辅助装置和测量设备,并将其统称为测量辅助系统,主要包括喷嘴定深装置、气体补充控制装置、图像采集装置等。

7.1.2.1 喷嘴定深装置

喷嘴定深装置由内径约 20 mm 的白色 PVC 管和固定于其底端的喷嘴底座组成,具有两大作用:一是调整喷嘴的垂向深度,二是固定喷嘴的水平位置,以研究不同深度生成气泡的水体携带能力。白色 PVC 管的主要作用是标示喷嘴的垂向深度,以喷嘴对应的高度为零点,向上标注出相应的距离,实验时即可从 PVC 管上直接读出喷嘴的垂向深度。此外,将导气管置入 PVC 管中,可避免其在下液池中随意漂浮,对生成气泡的上升运动产生诱导作用。PVC 管的底端固定于与之垂直的喷嘴底座上,这样可根据需要方便地调整喷嘴的水平位置、数量和间距等。

7.1.2.2 气体补充控制装置

考虑到喷嘴始终浸没于液体中,补充气体时可能会有部分液体被回抽至导气管中,为了防止这种情况的发生,特地在注射器与导气管之间增设了"T"型管路,并设有补充气体控制阀和液体回流控制阀两个阀门。在补充气体控制阀关闭,且液体回流控制阀打开的状态下,推进注射器注入气体即可生成气泡;反之,则可有效阻止液体进入导气管,适于补充气体时使用。实验时,当气体全部注入后,应立刻关闭液体回流控制阀,以防止因输气管路中的压力减小而将液体回抽至导气管中。此后,可打开补充气体控制阀向注射器内补充一定体积的气体,并迅速将其关闭,使两阀门同时处于关闭状态。下一组实验开始时,打开液体回流控制阀,自动气体推进器即可注入气体生成气泡。

7.1.2.3　图像采集系统

为了解不同工况下的气泡运动特征,特设置了图像采集系统,由圆柱形有机玻璃水池、数码摄像机、计算机等组成。

实验时,根据具体需要将数码摄像机固定在合适的高度,对气泡生成过程进行拍摄。测试区域采用黑色背景,以减小图片的背景噪声,使拍摄得到的气泡边缘清晰,从而提高图像分析的准确度。实验结束后,将拍摄的影像资料传输到计算机中,使用“会声会影”图像软件直接观察和分析气泡上升运动的过程,或者将影像按帧分割成气泡上升运动序列图片,并以 BMP 格式保存下来,再用 MATLAB 编制相应的程序对其进行图像增强、二值化等处理,为对实验现象进行深入分析提供依据。

除此之外,测量辅助系统还包括量筒、量杯、移液管、密度计、秒表等辅助测量工具。1 000 mL 的量杯(最小刻度 10 mL)用于测量气体体积,100 mL 的量筒(最小刻度 1 mL)和 20 mL 移液管(最小刻度 0.1 mL)用于测量液体的体积,MC 密度计用于测量柴油、煤油、色拉油等上液的密度,秒表用于记录时间。

7.1.3　实验及数据的预处理方法

7.1.3.1　气泡脱离体积与升速的测量

气泡脱离体积与上升速度是实验的两个重要条件参数。选用高分辨率摄像机对不同条件下的气泡上升过程进行拍摄,结合具体的分析需求使用相应软件进行截图,再用 MATLAB 软件编程,对图像进行去除背景及二值化处理,进而得到需要的气泡上升运动图像,以此获取这两个重要参数。

(1) 气泡脱离体积的测量。采用“会声会影”软件逐帧播放拍摄的气泡上升运动视频,选取气泡刚刚脱离喷嘴的瞬间截图,并以 BMP 格式保存,将其导入到 MATLAB 程序中,即可运用图像处理的方法对气泡的脱离体积进行测量。

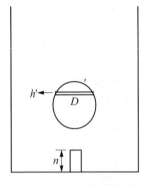

图 7.4 气泡脱离体积求解示意图

实验时喷嘴竖直向上,气泡对称生长,其形状近似为轴对称旋转体,鉴于此,可假设气泡的体积等于垂直于中轴进行分割的所有微小圆柱的体积之和。上述处理得到的气泡图像可以看作是灰度从 0 到 255 的像素点的集合,按照气泡区域纵轴方向的最大像素点数可将气泡分成 N 个微小圆柱,如图 7.4 所示,每个微小圆柱的高度(h')为一个行像素点,底面直径(D)是气泡在该行所占的列像素点的个数,因而每个微小圆柱体的体积(V_n)可由下式求得:

$$V_n = \frac{1}{4}\pi D^2 h'\qquad(7.1)$$

于是,气泡脱离的总体积等于 N 个微小圆柱的体积之和,其单位是像素的平方。为将上述体积单位换算为 mm^3,还需要知道单个像素点所对应的实际长度。利用图像处理程序可求出图像中喷嘴高度对应的像素点个数,再以喷嘴高度为特征长度,即可获得单个像素点对应的实际长度,进而求得气泡的实际脱离体积(V_1)。

(2)气泡平均上升速度的测量。气泡上升运动的过程中,其受到的浮力、黏性阻力、压差阻力、附加质量力、表面张力等将随其所处深度而改变,使得气泡上升速度发生变化,相应地被气泡所携带的水体上升速度也处于动态变化之中,进而对上升气泡的水体携带能力产生影响。鉴于此,掌握气泡上升速度的变化有利于分析气泡水体携带能力的变化规律。采用会声会影软件逐帧播放实验时拍摄的气泡上升运动视频,根据气泡上升高度及所用时间即可方便地求出气泡平均上升速度。

7.1.3.2　实验数据的预处理方法

由于随机误差等的影响,每次实验测得的气体体积或气泡上升携带的水量均不可避免地存在一定差异,特别是在气泡群水体携带能力测量实验中,气泡生成的初始状态及其上升运动过程中的空间分布特征等也会对测量结果产生影响。为减小实验误差的影响,每组实验均重复测量约 20 次,如果原始数据中存在奇异点,需要进行剔除。通常,首先采用观察及计算相邻数据变化率的方法来剔除误差较大的奇异点,即将每组实验数据 A 按降序排列,然后计算相邻数据的变化率 M:

$$M = (A_i - A_{i+1})/A_{i+1} \qquad (7.2)$$

将 $M > 0.04$ 的 A_i 点视为奇异点舍弃,即可得到有效数据。如果处理后的有效实验数据太少,则需进行补充测量实验,最后取有效数据的平均值作为实验数据,并计算相应的标准差和离散系数。

7.1.4 转相物质及上液的具体选取

上液的选取直接影响分离效率,而转相物质的选取则直接影响转相效率,由此可见,转相物质和上液的选取均对测量实验的精度有重要影响。除了考虑它们各自的选取原则外,双液分离转相精测实验中还要考虑转相物质与上液的不同组合对分离效率和转相效率的影响,同时对其安全性、与环境的关系、成本等因素进行综合分析。

7.1.4.1 安全性问题考虑

上述可供选择的转相物质,几乎都能稳定存在于煤油、柴油等上液中,但大部分转相物质遇水时发生的反应都较为剧烈。采用氢气法实现转相时,可采用碱(土)金属配方或碱(土)金属的氢化物配方,锂、钠、钾、铷、铯等碱金属与水的反应均较为剧烈,且生成的氢气有易燃易爆性,不纯时极易引起爆炸。采用氧气法实现转相时,可采用过氧化物或超氧化物配方,多数过氧化物与水的反应也较为剧烈,易引起燃烧甚至爆炸,应尽量避免其与有机物和可燃物持续接触,这在某种程度上限制了上液的选取。采用轻烃法实现转相时,采用的是金属碳化物配方,而某些金属碳化物粉末对皮肤和呼吸道有强烈的刺激性,且与水的反应也较为剧烈,甚至能引起爆炸,同时生成的甲烷等气体也具有可燃性,这也对上液的选取构成一定的限制。由上述分析可知,在三种实现转相的方法中,氧气法的安全性相对较高。

在可供选择的上液中,汽油的燃点虽然低,但具有很强的挥发性,容易与空气混合均匀,且混合后不易分离,极易燃烧,危险性较高。煤油燃点较高,且不易挥发,与汽油相比危险性较低。柴油的黏度和密度相对较大,与汽油和煤油相比都很难挥发,与空气的混合也不均匀,常常存在局部缺氧或富氧的情况,燃点较高,不易因偶然情况被点燃或发生爆炸。因而,进行双液分离转相精测实验时,最好选用挥发性较小的有机溶剂作为上液,以减小安全隐患,本书后续实验中选取柴油作为上液。

7.1.4.2 环境问题考虑

除了安全性问题以外,实验时还要考虑转相物质及上液与环境的关系。

选取汽油作为上液时,由于其具有较强的挥发性,且容易与空气混合均匀,使得实验设备周围的环境具有一定的危险性,必须禁烟禁火,以确保安全。同时,还要在确保反应速度的前提下,尽量选择相对不太活泼的金属的超氧化物、过氧化物或碳化物作为转相物质。

由前述分析可知,转相物质与水反应时,除了生成氧气、氢气等气体以外,还会生成氢氧化物,其中的某些氢氧化物具有强碱性和腐蚀性,甚至有剧毒,对环境污染严重,实验时应避免选择这类转相物质。例如,氢化钠(NaH)化学反应活性很高,受热或与潮气、酸类接触时即放出热量和氢气,甚至引发燃烧和爆炸,与水反应生成的氢氧化物腐蚀性很强。锂具有强还原性,在空气中极易氮化,遇水剧烈燃烧或爆炸。钾、钠等化学性质也非常活泼,遇水能引起剧烈反应,使水分解而放出氢气和热量,同时引起燃烧。金属过氧化物则具有强氧化性,和还原性物质混合时有爆炸、燃烧的可能。多数过氧化物和水的反应都很剧烈,如过氧化钠、过氧化钾等,而过氧化钙例外,具有稳定性好、无毒、长期放氧的特点,与水反应时不太剧烈,但不适合本例实验中快速完全反应的基本要求。综上所述,过氧化钠和超氧化钠比较适合作为转相物质。

7.1.4.3 成本问题考虑

(1)上液的成本。进行双液分离转相精测实验时,为防止气泡上升携带的水体回落至水池中,要设法在上液中形成以适当速度运动的水平旋流,以便迅速将其带离水池上方区域。要在上液中形成理想流场有两大要求:一是上液要有一定的厚度,以使形成的流场较为稳定,且几乎不对油水分界液面构成扰动;二是上液池的半径要略大于下液池的直径,以使下液池全部位于上液池的某一侧,便于将气泡携带的上升水体迅速带离下液池上方。由于实验时要尽量避免壁面对气泡上升运动的影响,下液池设计的尺度较大,其直径约为 21 cm,这就使得上液池直径相应更大,约为 50 cm,假设上液厚度为 10 cm,则实验时需要大约 20 L 上液,其成本的影响显然是必须要考虑的因素。经市场调查后可得备选上液价格的具体情况,如表 7.1 所示。

表 7.1 备选上液的价格比较表

备选上液	价格	备选上液	价格
0# 柴油(20 ℃)	6.35 元/L	二级菜籽油	4 200 元/t
航空煤油	3 100~6 500 元/t	二级调和油	5 200 元/t

备选上液	价格	备选上液	价格
90#汽油	6.98 元/L	二级大豆油	4 600 元/t
93#汽油	6.43 元/L	二级花生油	6 200 元/t
96#汽油	6.95 元/L	二级玉米油	4 400 元/t

（2）转相物质的成本。可供选择的转相物质主要有：活泼的碱金属或碱土金属，如 Li、Na、K、Ca 等；碱金属与碱土金属的氢化物，如 NaH、CaH_2、KH 等；过氧化物、超氧化物、臭氧化物，如 CaO_2、CaO_4、Na_2O_2 等；金属碳化物，如 Al_4C_3 等。通过在大连信江化学试剂玻璃仪器经营中心、大连盛坤化工商行、大连钰鑫化学试剂有限公司的调研，整理得到了主要转相物质的市场价格，具体如表 7.2 所示。

表 7.2　转相物质的价格比较表

转相物质	分子量	价　格	品　牌
Na	22.99	185～205 元/kg	Aladdin
K	39.1	288～305 元/kg	Aladdin
Ca	40.06	380～400 元/kg	Aladdin
NaH	24	860～890 元/kg	Aladdin
CaH_2	42.1	310～328 元/kg	Aladdin
KH	40.11	26 500～28 500 元/kg	Aladdin
CaO_2	62.08	90～105 元/kg	Aladdin
Na_2O_2	66.98	190～210 元/kg	Aladdin
K_2O_4	61.1	3 500～3 650 元/kg	Alfa
Al_4C_3	143.96	31 000～33 000 元/kg	Alfa
CaC_2	64.1	350～360 元/kg	Alfa

7.1.4.4　上液厚度确定

上液厚度足够大，一方面延长了气泡在上液中运动的时间，另一方面便于形成对分界液面几乎不构成扰动的水平旋流，以便将气泡携带的上升水体快速带离下液池上方区域。为寻找合适的上液厚度,分别选取 4.5 cm、6.0 cm、9.5 cm、12.0 cm 和 14.5 cm 5 种情况进行了气泡上升携带水量测量实验。

实验时一次性注入 20 mL 气体,以利生成气泡群获得较大的气泡上升携带水量,进而可不经转相反应直接测量其体积。分别选用舰用 30# 柴油和普通 0# 柴油两种密度不同的上液进行实验,以增强实验效果,更全面地研究上液厚度对水体携带能力的影响。为减小测量误差,每组实验均测量 20 次,实验结果如表 7.3 所示。

表 7.3　不同上液厚度条件下的气泡上升携带水量汇总表

上液厚度/cm	舰用 30# 柴油			普通 0# 柴油		
	携带水量/mL	标准差	离散系数	携带水量/mL	标准差	离散系数
4.5	152.93	±11.612 6	0.065 9	190.69	±16.311 9	0.090 8
6.0	180.64	±16.546 1	0.096 1	200.66	±9.939 41	0.049 5
9.5	161.24	±18.640 2	0.115 6	186.44	±18.538 0	0.098 9
12.0	164.94	±16.813 3	0.101 9	189.32	±18.623 0	0.098 9
14.5	160.06	±10.605 5	0.066 3	189.65	±16.456 6	0.086 8

为直观起见,可根据表 7.3 数据绘制不同上液厚度条件下的气泡上升携水量曲线,如图 7.5 所示,其横坐标表示上液厚度,纵坐标为气泡上升携带水量。由图显见,气泡上升携带水量随上液厚度的增加而增加,呈现先增加后减小并逐步稳定的变化规律。在两种不同密度的上液中,气泡上升携带的水量的最大值均出现在上液厚度为 6.0 cm 时,分别为 180.64 mL 和 200.66 mL。此后,气泡上升携带的水量随上液厚度的增加而略有减小,且当上液厚度大于 9.5 cm 时,气泡上升携带水量的变化不大,并逐步趋于稳定。

由上述实验结果可知,上液厚度对气泡的水体携带能力有一定影响,它随上液厚度的增加呈现出先增加后稍有减小并逐步趋于稳定的趋势,其主要原因在于:

当上升气泡及其携带的水体越过油水分界液面后,会继续在柴油中上升,到达油面之后,气泡将逸出油层破裂,而随之上升的水体将因重力作用回落。当上液厚度较小时,上升气泡及其携带的水体在柴油中向上运动的

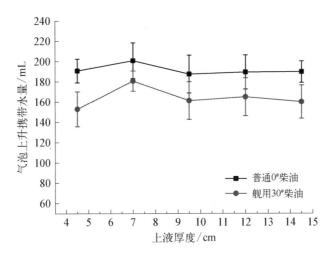

图 7.5　不同上液厚度条件下的气泡上升携带水量曲线

时间较短,以特定速度稳定旋转的上液来不及将携带的水体全部带离下液池上方区域,因而不可避免地会有部分水体回落至下液池中,使得气泡上升携带的水体分离不充分,测量得到的携带水量也就相对较少。

随着上液厚度的增加,气泡及其携带的水体在柴油中上升乃至回落这一过程持续的时间也相应增加,在上液旋流的带动下能够完全脱离上液池区域,换言之,气泡携带的水体将完全被分离出来,因而测得的气泡上升携带的水量相应增加至极大值。此后,尽管上液厚度逐渐增加,携带水体在上液中运动的时间逐渐增加,但上液旋流将其带离下液池上方区域的时间基本一致,因而分离得到的气泡上升携带的水量变化不大,而是逐步趋于稳定。但此时,随着上液厚度的增加,由于上液池的半径较大,上液体积增加较多,而在相同功率油泵的带动下,上液旋流的速度将稍有减小,使得测得的气泡上升携带的水量略小于其最高值。

鉴于以上分析,后续实验中的上液厚度确定为 9.5 cm,以确保上液形成的稳定水平旋流能够将气泡上升携带的水体完全分离出来,得到较为可靠的实验结果。

7.2　单气泡水体携带能力测量实验

单气泡特指较低气体流量下生成的小尺度气泡。为避免先后生成的气泡之间相互影响,实验中将设法生成单个气泡,重点开展喷嘴口径、注气量、

气体施放深度等参数对单气泡水体携带能力的影响研究。考虑到两平行气泡上升时,其扰动水体之间可能会发生相互作用,进而引起气泡水体携带能力的改变,还将专门开展喷嘴距离对气泡水体携带能力影响的实验研究。

7.2.1　喷嘴口径对单气泡水体携带能力的影响实验

喷嘴是气泡生成装置的重要组成部分,注入气体必须要突破喷嘴的表面张力才能膨胀变大,并最终脱离生成气泡,因而喷嘴特征的改变将对气泡的生长时间、脱离体积等产生不同程度的影响。前期实验研究表明,喷嘴形状对气泡脱离体积的影响并不显著,在注气量一定的条件下,气泡脱离体积的大小主要取决于喷嘴横截面的直径,即喷嘴口径的大小。同时,喷嘴的倾斜角度(喷嘴与铅垂线的夹角)也会对气泡脱离体积产生一定的影响,随着倾斜角度的增加,气泡将由对称生长转为非对称生长,脱离体积也会有所减小。实验中始终保持喷嘴竖直向上放置,着重研究喷嘴口径对气泡水体携带能力的影响规律。

7.2.1.1　实验参数的确定

分别选取 0.45 mm、0.6 mm、0.8 mm、1.2 mm、1.6 mm、2.3 mm 等不同口径的喷嘴,通过输气管路与 2 mL 的 MC 玻璃注射器相连接,轻轻拍打注射器以生成单个气泡。综合考虑实验的安全性、成本、检测效率等问题,选用挥发性较小的柴油作为上液,转相方法选用氧气法,转相配方采用两种:过氧化物配方(过氧化钠)和超氧化物配方(超氧化钠)。喷嘴口径对单气泡水体携带能力影响的实验参数如表 7.4 所示。

表 7.4　喷嘴口径对单气泡水体携带能力影响的实验参数

上液种类	上液厚度	气体施放深度	转相方法	转相物质	实验温度
舰用 30$^{\#}$ 柴油	9.5 cm	35 cm	氧气法	Na_2O_2/Na_2O_4	19 ℃

7.2.1.2　实验结果

实验时,单个气泡经由不同口径的喷嘴生成,其携带的上升水体分别与足量的过氧化钠(Na_2O_2)和超氧化钠(Na_2O_4)反应生成氧气(O_2),采用排水集气法收集氧气并测量其体积,进而可由各自转相反应的气液两相体积比反算出气泡上升携带的水量。

(1) 过氧化物配方的实验结果。采用过氧化物配方时,单气泡携带的上升水体被分离后与足量的过氧化钠(Na_2O_2)反应生成氧气(O_2),其化学反

应方程式为

$$2Na_2O_2 + 2H_2O \Longrightarrow 4NaOH + O_2 \uparrow \qquad (7.3)$$

由式(7.3)可求得该转相反应的气液两相体积比为 622.2∶1。即使单气泡上升携带水量为 1 mL,转相反应生成气体的体积也可达 622.2 mL,我们选用 1 000 mL 的量筒(最小刻度 10 mL)收集气体,并直接测量其体积。每组实验重复进行 20 次,剔除奇异点后取平均值作为实验数据,依据气液两相体积比即可反算出气泡上升携带的水量,实验测得的转相气体体积测量均值、气泡上升携带水量的反算均值、相应的标准差和离散系数如表 7.5 所示。

表 7.5 不同喷嘴口径条件下的转相气体体积和
气泡上升携带水量(过氧化钠配方)表

喷嘴口径 /mm	转相气体体积/mL			携带水量/mL	
	测量均值	标准差	离散系数	反算均值	标准差
0.45	298	±23.541	0.069 0	0.468 9	±0.036 8
0.6	416	±31.265	0.065 1	0.668 6	±0.050 2
0.8	469	±19.168	0.040 0	0.669 8	±0.030 8
1.2	614	±22.924	0.032 1	1.146 5	±0.036 8
1.6	658	±15.093	0.019 9	1.218 3	±0.024 3
2.3	850	±18.669	0.022 0	1.366 1	±0.030 2

(2) 超氧化物配方的实验结果。采用超氧化物配方时,单气泡携带的上升水体被分离后与足量的超氧化钠(Na_2O_4)反应生成氧气(O_2),其化学反应方程式为

$$2Na_2O_4 + 2H_2O \Longrightarrow 4NaOH + 3O_2 \uparrow \qquad (7.4)$$

由式(7.4)可求得该转相反应的气液两相体积比为 1 866.6∶1。即使单气泡上升携带的水量为 1 mL,转相反应生成气体的体积也可达 1 866.6 mL,选用 2 个 1 000 mL 的量筒(最小刻度为 10 mL)交替收集气体,并测量其体积。每组实验同样重复进行 20 次,剔除奇异点后取平均值作为实验数据,再依据气液两相体积比反算出气泡上升携带水量。超氧化物配方实验测得的转相气体体积测量均值、气泡上升携带水量的反算均值、相应的标准差和离

散系数如表 7.6 所示。

表 7.6　不同喷嘴口径条件下的转相气体体积和
气泡上升携带水量(超氧化钠配方)表

喷嘴口径 /mm	转相气体体积/mL			气泡上升携带水量/mL	
	测量均值	标准差	离散系数	反算均值	标准差
0.45	969	±23.380	0.024 1	0.519 1	±0.012 5
0.60	1 134	±18.632	0.016 5	0.606 5	±0.010 0
0.80	1 496	±19.624	0.031 2	0.801 5	±0.010 5
1.20	2 026	±14.266	0.006 6	1.085 4	±0.006 6
1.60	2 399	±15.310	0.005 9	1.235 9	±0.008 2
2.30	2 616	±9.628	0.003 6	1.401 5	±0.005 2

7.2.1.3　分析与讨论

（1）测量精度分析。由表 7.5 和表 7.6 可知：采用过氧化钠配方和超氧化钠配方测得的转相气体体积相差悬殊，但气泡上升携带水量大致相当，且使用超氧化钠配方时的气泡上升携带水量标准差要显著小于过氧化钠配方，其主要原因在于超氧化钠配方的转相精测效率远高于过氧化钠配方的转相精测效率，具体分析如下：

采用过氧化钠配方进行实验时，不同喷嘴口径条件下测得的转相气体体积为 298～850 mL，其标准差介于 −31.265～31.265 之间，离散系数介于0.019 9～0.069 0 之间。测量气体体积所用量筒的最小刻度为 10 mL，其估读误差虽然是 1 mL，但相对于转相气体体积而言还是比较微小的，仅占0.1%～0.3%，显然其对气体体积测量精度的影响十分微小。而且，气泡上升携带水量的反算值是依据气液两相体积比（622.2∶1）求得的，上述估读误差将被进一步大大减小，因而其对气泡上升携带水量反算值的影响可以忽略不计，也就是说，通过转相反应实现的放大检测可以非常有效地提高气泡上升携带水量的测量精度。

采用超氧化钠配方进行实验时，不同喷嘴口径条件下测得的转相气体体积为 969～2 616 mL，远大于过氧化钠配方，而采用的气体体积测量装置与过氧化物配方时的相同，因而其测量精度要高于过氧化物配方，转相气体体积的标准差和离散系数也相对较小，标准差介于 −23.380～23.380 之间,离散系数介于 0.003 6～0.031 2 之间。此时的气泡上升携带水量是在精确测定转相气体体积的基础上,依据超氧化钠配方的气液两相体积比(1 866.6∶1)反算求得的,显然具有更高的测量精度。

(2) 喷嘴口径影响规律的分析与讨论。为直观起见,可根据表 7.5 和表 7.6 绘制出图 7.6。

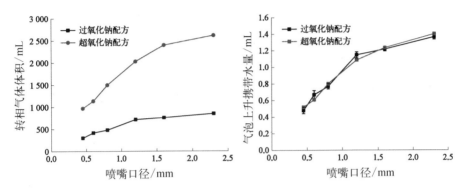

图 7.6　不同喷嘴口径条件下的转相气体体积及对应的气泡上升携带水量曲线

由图 7.6 显见,喷嘴口径对单个气泡的水体携带能力有显著影响,转相反应生成气体的体积和气泡上升携带水量均随喷嘴口径的增大而逐渐增加。具体分析如下:

气泡膨胀的初始阶段,所受的黏性阻力、表面张力、附加质量力等限制了气泡的脱离。由式(7.5)、式(7.6)、式(7.8)可知,黏性阻力和附加质量力的大小与液体的密度、动力黏性系数、气体流量有关,表面张力的大小则取决于喷嘴口径和液体的表面张力系数。在本例实验中,气体和液体的密度、动力黏性系数、表面张力系数等一定,表面张力的大小对气泡生长时间和脱离体积的大小起决定性作用。而在液体表面张力系数一定的情况下,表面张力仅与喷嘴口径有关:当喷嘴口径增加时,气泡所受的表面张力随之增大,阻碍了气泡的脱离,使得气泡生成时间相应变长,因而会有更多的气体进入气泡,其脱离体积也将不断增大。相对于小气泡而言,大气泡受到的浮力相对较大,其上升速度也相应较快,从而使得气泡周围被携带水体的上升速度也随之增大,克服油水分界液面的阻滞作用进入上液并被有效分离出来的携带水体就越多。因而,其与转相物质反应生成气体的体积会显著增大,由此反算得到的气泡上升携带的水量也就呈现出随喷嘴口径增大而增加的趋势。

7.2.2 注气量对单气泡水体携带能力的影响实验

7.2.2.1 实验参数的确定

本节实验中,上液种类、转相方法、转相配方、气体施放深度、实验温度等参数均与上节相同。选取 1.2 mm 口径的喷嘴,将其通过输气管路与1 mL 的玻璃注射器(最小刻度为 0.02 mL)相连,分别以不同的速度推进注射器生成单个气泡,则对应着不同的注气量,进而研究注气量对单气泡水体携带能力的影响,具体参数如表 7.7 所示。

表 7.7 注气量对单气泡水体携带能力影响的实验参数表

上液种类	上液厚度	喷嘴口径	气体施放深度	转相方法	转相物质	实验温度
舰用 30# 柴油	9.5 cm	1.2 mm	35 cm	氧气法	Na_2O_2/Na_2O_4	19 ℃

7.2.2.2 实验结果

注气量(V)的大小虽然可直接从注射器上读出,但由于生成单个气泡时需要的气量通常很小,往往很难获得较为准确的注气量。考虑到注入的气体将全部用于生成单个气泡,因而单气泡的脱离体积(V_1)与注气量(V)相等。鉴于此,特在透明实验装置中采用同样的方法生成单个气泡,用摄像机对气泡生成的过程进行拍摄,并将所得视频导入计算机,选择气泡刚刚脱离喷嘴的时刻截取图片,并进行边缘增强、去除噪声等图像处理,在此基础上即可求解气泡的脱离体积,进而获得较为精确的注气量。实验测得的不同注气量条件下的转相气体体积、气泡上升携带的水量及其相应的标准差、离散系数等如表 7.8、表 7.9 所示。

表 7.8 不同注气量下转相气体体积和气泡上升携带水量(过氧化钠配方)汇总表

气泡脱离体积/mm³	注气量/mL	转相气体体积/mL			携带水量/mL	
		测量均值	标准差	离散系数	反算均值	标准差
12.1	0.012 1	266	±19.566	0.060 6	0.445 2	±0.031 5
15.6	0.015 6	406	±15.413	0.038 0	0.652 5	±0.024 8
20.2	0.020 2	550	±22.954	0.041 6	0.884	±0.036 9

（续表）

气泡脱离体积/mm³	注气量/mL	转相气体体积/mL			携带水量/mL	
		测量均值	标准差	离散系数	反算均值	标准差
28.1	0.028 1	699	±18.642	0.026 6	1.123 4	±0.029 9
34.3	0.034 3	865	±13.304	0.015 2	1.406 3	±0.021 4
36.9	0.036 9	961	±14.666	0.015 262	1.544 5	±0.023 6

表 7.9　不同注气量下转相气体体积和气泡上升
携带水量(超氧化钠配方)汇总表

气泡脱离体积 V_1/mm³	注气量 V/mL	转相气体体积/mL			携带水量/mL	
		测量均值	标准差	离散系数	反算均值	标准差
12.1	0.012 1	944	±16.480	0.018 5	0.505 6	±0.009 4
15.6	0.015 6	1 261	±16.622	0.013 1	0.680 9	±0.008 9
20.2	0.020 2	1 516	±23.685	0.015 6	0.812 2	±0.012 6
28.1	0.028 1	2 022	±16.013	0.008 4	1.083 3	±0.009 1
34.3	0.034 3	2 666	±11.504	0.004 3	1.433 6	±0.006 2
36.9	0.036 9	2 956	±8.926 0	0.003 0	1.584 2	±0.004 8

7.2.2.3　分析与讨论

为直观起见,可由表 7.8、表 7.9 绘制图 7.7。

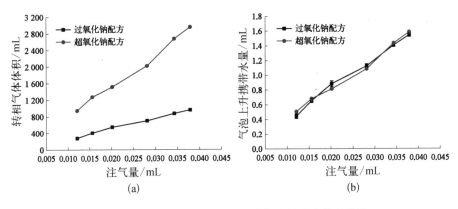

图 7.7　不同喷嘴口径条件下生成气泡的脱离体积曲线

由图 7.7 可见，采用两种不同转相配方时，测得的转相气体体积相差悬殊，而气泡上升携带水量却大致相当。采用超氧化钠配方时，其转相反应的气液两相体积比约为 1 866.6：1，即液体体积将被放大近 1 900 倍；而采用过氧化钠配方时，气液两相体积比仅为 622.2：1，液体体积被放大的倍数相对较小，因而测得的转相气体体积也就远小于超氧化钠配方时，其测量精度虽然相对较低，但仍远远高于对气泡上升携带水量进行直接测量的精度。根据气液两相体积比分别求得的气泡上升携带水量反算值，在两种转相配方情况下大致相等，但过氧化钠配方的标准差显然相对较大。

由图 7.6 还可看出，采用两种不同的转相配方时，转相气体体积和气泡上升携带的水量均随注气量的增大而呈近似线性增加。形成这一规律的主要原因在于注气量增加时，气泡脱离体积相应增加，则生成气泡的等效半径随之增大。假设气泡为球形，则可根据气泡脱离体积（V_1）方便计算出其等效半径（R_b），其表达式为

$$R_b = \frac{1}{2} \sqrt[3]{6V_1/\pi} \tag{7.5}$$

将上述测得的不同口径喷嘴条件下的气泡脱离体积分别代入式（7.5）可知：本节实验中生成气泡的等效半径介于 2.3～3.4 mm 之间。这一尺度范围内的气泡，其稳定上升速度将随半径的增加而逐渐增大，其周围被携带水体的上升速度也相应增大，因而气泡的水体携带能力随着注气量的增加逐渐增强。

采用最小二乘法拟合，可得两种配方情况下注气量（V）与气泡上升携带水量反算均值（$\overline{Q}$）的函数关系：

$$过氧化钠配方：\overline{Q} = 40.9V \tag{7.6}$$

$$超氧化钠配方：\overline{Q} = 41.1V \tag{7.7}$$

根据式（7.6）、式（7.7）可近似推算出某注气量条件下的单气泡上升携带的水量。

7.2.3　气体施放深度对单气泡水体携带能力的影响实验

7.2.3.1　实验参数的确定

气体施放深度是指喷嘴至下液面的高度。本节实验通过调整喷嘴至下

液面的距离来实现气体施放深度的改变。选用 1.2 mm 口径的喷嘴注入气体生成单个气泡,分别选取 5 cm、15 cm、25 cm、30 cm、35 cm、40 cm、45 cm、50 cm 等 8 个不同深度施放气泡,进行单气泡上升携带水量的测量实验,具体参数如表 7.10 所示。

表 7.10　气体施放深度对单气泡水体携带能力影响的实验参数表

上液种类	上液厚度	喷嘴口径	转相物质	实验温度
舰用 30$^{\#}$ 柴油	9.5 cm	1.2 mm	Na_2O_2 / Na_2O_4	19 ℃

7.2.3.2　实验结果

将分离得到的气泡上升携带水体分别与足量的过氧化钠(Na_2O_2)和超氧化钠(Na_2O_4)反应,采用排水集气法收集生成的氧气,并对其体积进行测量。为减小测量误差的影响,每组实验进行 20 次,剔除奇异点后取有效数据的平均值作为转相气体体积测量均值。在此基础上,依据相应的气液两相体积比可求解出气泡上升携带水量的反算均值。上述数据及其相应的标准差和离散系数如表 7.11、表 7.12 所示。

表 7.11　不同气体施放深度下转相气体体积和气泡上升携带水量(过氧化钠配方)表

气体施放深度/cm	转相气体体积/mL			气泡上升携带水量/mL	
	测量均值	标准差	离散系数	反算均值	标准差
5	500	±19.241	0.038 5	0.803 6	±0.030 9
15	556	±16.225	0.029 2	0.893 6	±0.026 1
25	614	±16.682	0.029 0	0.986 8	±0.028 6
30	652	±20.134	0.030 9	1.038 3	±0.032 4
35	669	±18.429	0.026 1	1.062 0	±0.029 6
40	699	±13.686	0.019 6	1.113 8	±0.022 2
45	694	±15.612	0.022 5	1.115 4	±0.025 1
50	692	±14.163	0.020 5	1.112 2	±0.022 8

表 7.12　不同气体施放深度下转相气体体积和气泡
上升携带水量(超氧化钠配方)表

气体施放深度/cm	转相气体体积/mL			气泡上升携带水量/mL	
	测量均值	标准差	离散系数	反算均值	标准差
5	1 528	±15.328	0.010 0	0.818 6	±0.008 2
15	1 689	±18.013	0.010 6	0.904 9	±0.009 6
25	1 815	±16.622	0.009 2	0.962 4	±0.008 9
30	1 913	±19.561	0.010 2	1.024 9	±0.010 5
35	2 022	±16.685	0.008 6	1.083 3	±0.009 5
40	2 081	±12.543	0.006 0	1.114 9	±0.006 6
45	2 060	±15.896	0.006 6	1.103 6	±0.008 5
50	2 062	±13.349	0.006 4	1.110 1	±0.006 2

7.2.3.3　分析与讨论

为直观起见,可由表 7.11、表 7.12 绘制出图 7.8,其横坐标为气体施放深度,纵坐标分别为转相气体体积和气泡上升携带的水量。

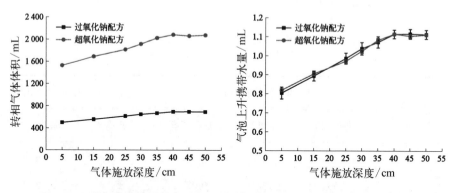

图 7.8　不同气体施放深度条件下的转相气体体积和气泡上升携带的水量图

由图 7.8 可见,无论是过氧化钠配方,还是超氧化钠配方,转相气体体积和气泡上升携带的水量均随气体施放深度的增大而缓慢增加,且当气体施放深度大于 40 cm 之后,转相气体体积和气泡上升携带水量均逐渐趋于平缓。其主要原因在于:

口径相同的喷嘴以相同流量施放气体时,在气体施放深度相同的条件下,气泡生长时要突破的表面张力、压差力、黏滞阻力等一定,气泡的脱离体积没有明显变化;而当气体施放深度不同时,表面张力等仍然保持不变,但气泡外的液体压力会随着施放深度的增加而增大,气泡生长需要克服的阻力略有增加,从而使得气泡生长时间变长,气泡脱离体积随之相应增大。由上一节的研究可知,气泡上升携带的水量将随气泡脱离体积的增大而呈近似线性增加。因而,气泡的水体携带能力随着气体施放深度的增加而逐渐增强。此外,当气体施放深度变大时,气泡的上升高度也随之变大,其与周围水体相互作用的时间相应变长,这也会在一定程度上引起气泡上升携带水量的增加。气泡上升到一定高度后,其上升速度达到稳定的终速,不再随上升高度的增加而显著增大,因而当气体施放深度超过 40 cm 之后,其所携带的水体体积的变化逐渐趋于平缓。

需要说明的是,由于装置尺度的限制,仅对 50 cm 以内的气体施放深度进行了实验,而在舰船尾流抑制技术应用过程中,气体施放深度通常大于舰船的吃水,为 6~15 m。由上述结论可以推知,由于单个气泡的上升速度很快达到稳定状态,在气体施放深度较大的条件下,其对气泡水体携带能力的影响趋于一致,因而在装置参数设计时气体施放深度并不是决定性影响因素。此外,实际工程应用中气泡很少以单个形式出现,往往是以同时施放多个形成一定规模的气泡群,气体施放深度是否会对气泡群的水体携带能力产生影响,具体的影响规律如何,这些,将在下一章中进行深入研究。

7.2.4 喷嘴距离对单气泡水体携带能力的影响实验

根据前述理论分析可知,在距气泡表面10 倍半径处,气泡诱导产生的流体上升速度仍为气泡上升速度的0.1 倍,也就是说气泡扰动水体的横向范围可达其十倍半径处,如果在该距离上有气泡上升,其动力学特性将受到一定程度的影响。因而,两平行上升气泡之间的距离可能会对其水体携带能力产生影响,而两气泡之间的距离又与喷嘴距离密切相关。为此,特选择几组距离不同的喷嘴同时生成两个平行上升气泡进行实验,进而研究喷嘴距离对气泡水体携带能力的影响。

7.2.4.1 实验参数的确定

实验时使用两套输气管路同时注入气体,分别经由水平高度相同的两个喷嘴(口径为 1.2 mm)生成气泡。根据前述实验可设法生成脱离体积约为 28.1 mm³ 的气泡,由式(7.5)可求得气泡的等效半径为 3.0 mm。将喷嘴距离分别调整至气泡半径的 5~21 倍进行实验,初步研究其对气泡水体携带能力的影响,具体实验参数如表 7.13 所示。

表 7.13　喷嘴距离对气泡水体携带能力影响的实验参数表

上液种类	上液厚度	气体施放深度	喷嘴口径	转相物质	实验温度
舰用 30# 柴油	9.5 cm	35 cm	1.2 mm	Na_2O_2/Na_2O_4	19 ℃

7.2.4.2　实验结果

将喷嘴距离分别调整至 15～69 mm,同时生成两个平行上升气泡,其携带的水体分别与足量的过氧化钠(Na_2O_2)和超氧化钠(Na_2O_4)反应,转相气体体积测量均值、气泡上升携带水量反算值、相应的标准差和离散系数如表 7.14、表 7.15 所示。

表 7.14　不同喷嘴距离下转相反应气体体积和气泡上升携带水量(过氧化钠配方)表

喷嘴距离 /mm	转相反应气体体积/mL			气泡上升携带水量/mL	
	测量均值	标准差	离散系数	反算均值	标准差
15	2 626	±19.463	0.006 1	4.381 2	±0.031 3
21	1 949	±14.386	0.006 4	3.132 4	±0.023 1
26	1 432	±20.259	0.014 1	2.301 5	±0.032 6
33	1 266	±15.432	0.012 1	2.052 4	±0.024 8
39	1 233	±21.516	0.016 5	1.981 6	±0.034 6
45	1 296	±18.684	0.014 5	2.082 9	±0.030 2
51	1 403	±16.361	0.011 6	2.254 9	±0.026 3
56	1 399	±22.245	0.015 9	2.248 5	±0.035 8
63	1 358	±19.929	0.014 6	2.182 6	±0.032 0
69	1 386	±16.520	0.012 6	2.229 2	±0.028 2

表 7.15　不同喷嘴距离下转相反应气体体积和气泡上升携带水量(超氧化钠配方)表

喷嘴距离 /mm	转相反应气体体积/mL			气泡上升携带水量/mL	
	测量均值	标准差	离散系数	反算均值	标准差
15	8 481	±14.366	0.001 6	4.543 6	±0.006 6
21	5 562	±15.301	0.002 6	2.969 6	±0.008 2

(续表)

喷嘴距离/mm	转相反应气体体积/mL			气泡上升携带水量/mL	
	测量均值	标准差	离散系数	反算均值	标准差
26	4 483	±14.462	0.003 2	2.401 6	±0.006 8
33	3 668	±18.651	0.004 9	2.024 0	±0.010 0
39	3 894	±16.135	0.004 4	2.086 2	±0.009 2
45	4 046	±16.584	0.004 1	2.166 6	±0.008 9
51	4 012	±14.623	0.003 6	2.149 4	±0.006 8
56	4 101	±15.681	0.003 8	2.196 0	±0.008 4
63	4 188	±13.969	0.003 3	2.243 6	±0.006 5
69	4 109	±14.526	0.003 5	2.201 3	±0.006 8

7.2.4.3 分析与讨论

为直观起见,根据表 7.14、表 7.15,绘制出图 7.9,其横坐标为喷嘴距离,纵坐标为转相气体体积和气泡上升携带的水量。

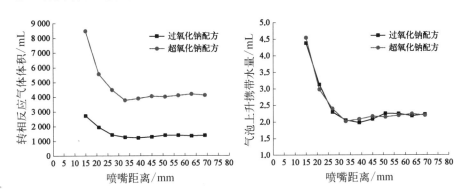

图 7.9 不同喷嘴距离条件下两平行气泡的转相气体体积和气泡上升携带的水量曲线

（1）总体趋势的一般讨论。由图 7.9 可知,两种配方情况下,转相气体体积和气泡上升携带水量均随喷嘴距离的增加而急剧减小,且当喷嘴距离增大到一定程度时,两者的变化曲线均逐步趋于稳定。其主要原因在于：两平行上升的气泡会各自诱导其附近一定范围的水体产生向上运动的速度,当喷嘴距离较小时,它们诱导的上升水体将在两喷嘴连线中点附近相互接触并相互叠加,使得气泡水体携带能力得到增强；随着喷嘴距离的增加,两平行上升气泡及其诱导的水体之间的相互作用将逐渐减弱,且两平行上升气泡扰动的水体相互重叠,将在一定程度上削弱两气泡的水体携带能力;当喷嘴距离增加到一定程度时,两平行上升气泡及其携带的上升水体间不再发生相互作用,两气泡上升携带水量逐步趋于稳定,大致相当于单个气泡水体携带能力的 2 倍。

上述现象出现的具体原因分析如下:当喷嘴距离为 15 mm 时,同时生成的两个气泡的质心距离是其半径的 5 倍,则喷嘴连线中点至气泡表面的距离约为气泡半径的 1.5 倍。由表 6.1 可知,在距气泡表面约 1.5 倍半径处,诱导水体的上升速度可达气泡上升速度的 0.6 倍,它们相互叠加后,上升速度将明显大于单个气泡的上升速度,气泡附近的压力梯度相应增大,使得气泡上升轨迹发生改变,它们在上升过程中快速靠近,结伴上升,并最终聚并为一个尺度更大的气泡加速上升,因其上升速度显著增大,周围被诱导水体的上升速度也随之增大,测量得到的气泡上升携带水量相对较大。

随着喷嘴距离的增加,两喷嘴连线的中点与气泡表面的距离越来越远,气泡诱导水体接触部分的上升速度也越来越小。当喷嘴距离为 21 mm 时,两喷嘴连线中点与气泡表面的距离约为气泡半径的 2.5 倍,相互接触的诱导水体上升速度已迅速减小至气泡上升速度的 $\frac{3}{10}$,它们相互叠加后形成的压力梯度已显著减小,其对气泡上升轨迹的影响也大大减小,虽然两气泡的间距仍将有所减小,但已不致发生聚并作用,二者大致平行上升。此时,尽管气泡诱导水体的范围有所增大,但由于上升速度的增幅明显减小,气泡上升携带水量呈现快速减少的趋势。

当喷嘴距离进一步增加至 26 mm、33 mm、39 mm 时,两喷嘴连线中点与气泡表面的距离分别为 3.5 倍、4.5 倍、5.5 倍气泡半径,由表 6.1 可知,此时两气泡诱导水体相互接触位置的上升速度仅为气泡上升速度的 0.1~0.2,速度叠加引起的压力梯度已经很小,两气泡间的相互作用非常微弱,基本保持生成时的距离平行上升。与此同时,两气泡诱导水体区域的相互重叠也将在一定程度上削弱气泡的水体携带能力,但随着喷嘴距离的增加,这种削弱作用带来的影响将逐渐越小,因而该阶段气泡上升携带水量减小的幅度呈现逐渐放缓,并略有回升的趋势。

此后,随着喷嘴距离进一步增加,两喷嘴连线中心与气泡表面的距离将继续增大,生成的两平行气泡间不再有相互作用,而是接近于两气泡在无限流场中各自上升的状态。因而,无论喷嘴距离如何增大,气泡上升携带的总水量都基本保持不变,大致稳定在单气泡携带水量的 2 倍。

(2) 总体趋势的深入分析。由上述分析可知,喷嘴距离对气泡水体携带能力有显著影响,其主要原因在于:喷嘴距离决定了两个单气泡之间距离的大小,而气泡间距离的大小又决定了两气泡相互作用的大小以及聚并现象能否发生,进而影响气泡上升运动的速度、轨线等动力学特性,并最终影响气泡的水体携带能力,其原理如图 7.10 所示。

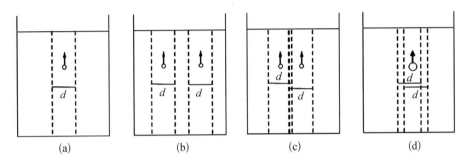

图 7.10　气泡间距对其水体携带能力影响示意图

假定单个气泡上升携带水体的等效直径为 d[如图 7.10(a)所示],则当两气泡间距大于该等效直径时[如图 7.10(b)所示],其携带的上升水体之间互不影响,相邻两气泡上升携带水量是单个气泡的 2 倍。当两气泡间距小于等效直径时,如图 7.10(c)所示,其携带的上升水体间将存在重叠部分,相邻两气泡的上升携带水体总量将被削减,不及单个气泡携带水量的 2 倍。但是,当两气泡距离小到一定程度时,它们很容易聚并为一个大气泡而向上运动,如图 7.10(d)所示。此时,气泡的水体携带能力得到大大增强,甚至会远大于单气泡水体携带能力的 2 倍。

这里,需要说明的是,喷嘴距离对气泡水体携带能力的影响还与气泡的大小有关,也就是说,两气泡间距对其水体携带能力影响程度取决于喷嘴距离(D_n)与生成气泡的半径(R_b)之间的关系。为衡量不同气泡半径情况下喷嘴距离对气泡水体携带能力的影响,我们特将两喷嘴连线中点到气泡表面的距离与气泡半径之比定义为喷嘴距离系数(R_n^*),表达式为

$$R_n^* = D_n/2R_b - 1 \tag{7.8}$$

由上式可知:当喷嘴距离(D_n)不变时,喷嘴距离系数(R_n^*)将随气泡半径(R_b)的增大而减小;而气泡半径不变时,喷嘴距离系数则随喷嘴距离的增大而增大。利用这一无量纲数,即可描述不同气泡尺度情况下喷嘴距离对

其水体携带能力的影响。

实际工程应用中,气泡的大小与喷嘴口径、气体流量、气体施放深度等多个因素有关。在本例实验中,喷嘴口径、气体流量、气体施放深度等参数相同,生成气泡的半径大致相等,约为 3.0 mm。将其代入式(7.7),可计算得到喷嘴距离系数(R_n^*),将与之对应的两喷嘴连线中点处的气泡扰动水体的最小上升速度(v_z)、两种配方情况下的气泡上升携带水量反算均值($\overline{Q}$)等均一并列在表 7.16 中。

表 7.16 喷嘴距离参数与气泡上升携带水量关系表

喷嘴距离 (D_n)/mm	喷嘴距离参数 (R_n^*)	气泡扰动水体的最 小上升速度(v_z)	气泡上升携带水量($\overline{Q}$)/mL	
			过氧化钠配方	超氧化钠配方
15	1.5	$0.6v_b$	4.381 2	4.543 6
21	2.5	$0.4v_b$	3.132 4	2.969 6
26	3.5	$0.3v_b$	2.301 5	2.401 6
33	4.5		2.052 4	2.024
39	5.5	$0.2v_b$	1.981 6	2.086 2
45	6.5		2.082 9	2.166 6
51	6.5		2.254 9	2.149 4
56	8.5		2.248 5	2.196
63	9.5		2.182 6	2.243 6
69	10.5	$0.1v_b$	2.229 2	2.201 3

由表 7.16 显见,喷嘴距离参数(R_n^*)随喷嘴距离(d_n)的增加而逐渐增大,为直观体现喷嘴距离参数与气泡上升携带水量反算均值($\overline{Q}$)的关系,可由上表绘制出图 7.11,其横坐标为喷嘴口径参数(R_n^*),纵坐标为气泡上升携带水量的反算均值($\overline{Q}$)。

由表 7.16 和图 7.11 容易发现:随着喷嘴距离参数的增加,气泡上升携带水量先急剧减小后缓慢下降,并逐步趋于稳定。

当喷嘴距离参数较小($R_n^* < 2.5$)时,气泡上升携带水量随喷嘴距离参数的增加而急剧减小。这一阶段,两气泡间的距离较近,相互作用也很明显,其诱导水体上升速度的变化梯度也较大。$R_n^* = 1$ 时,两喷嘴连线中点与气泡表面的距离为气泡半径的 1 倍,据前述的表 6.1 可查知,此处诱导水体的上升速度为 $0.9v_b$;同理,$R_n^* = 1.5$ 时,两气泡间诱导水体的最小上升速度

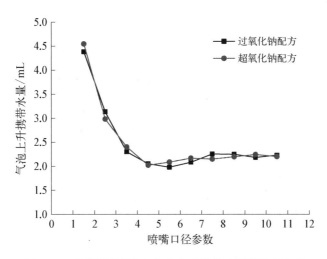

图 7.11　喷嘴距离参数与气泡上升携带水量的关系曲线

为 $0.6v_b$；$R_n^* = 2.5$ 时，最小上升速度将减小至 $0.4v_b$。也就是说，当喷嘴距离参数稍有增大时，两气泡间诱导水体的最小上升速度将急剧减小，它们叠加后的水体上升速度也将大幅度减小，气泡水体携带能力随之下降，表现为气泡上升携带水量的急剧减少。

当喷嘴距离参数较大（$2.5 < R_n^* < 5.5$）时，两喷嘴间气泡诱导水体的最小速度将由 $0.4v_b$ 缓慢减小至 $0.2v_b$，因而气泡上升携带水量减小的幅度也变得较为缓慢。当喷嘴距离参数进一步增大（$R_n^* > 5.5$）时，两喷嘴间气泡诱导水体最小上升速度的变化幅度更小，叠加后引起的压差梯度很小，因而两气泡间的相互作用也逐渐减小，并行距离略小于生成时的喷嘴距离，两气泡扰动水体区域会有部分重叠，使得携带水体的总量略小于单个气泡携带水量的 2 倍。当喷嘴距离参数增加至一定程度后，两气泡将各自上升，扰动水体区域将不再重叠，携带的总水量稳定在单个气泡上升时携带水量的 2 倍，气泡水体携带能力不再随喷嘴距离参数的增大而增强。

7.3　气泡群水体携带能力测量实验

在实际工程应用中，往往以某一固定的流量注入气体，即使生成气泡的尺度相同，它们在上升过程中也会相互影响，产生吸引、聚并、破裂等现象，最终以间距不等、大小不一的气泡群形式上升，因而研究气泡群对周围水体的上升携带能力更具现实意义。本章结合工程应用实际，分别改变注气量、注气速度、气体施放深度、喷嘴特征等参数进行实验,初步研究了这些重要因素对气泡群水体携带能力的影响。

7.3.1 注气量对气泡群水体携带能力的影响实验

7.3.1.1 实验参数的确定

注气量不同时,实验生成的气泡的数量、空间分布特征将有所不同,其上升过程中气泡间的聚并等相互作用也会呈现差异,进而对气泡群的水体携带能力产生影响。鉴于此,特选取 5 mL、10 mL、15 mL、20 mL、25 mL、30 mL、40 mL 等 7 种注气量进行实验,以研究注气量大小对气泡水体携带能力的影响。

注气量的调整通过改变注射器(刻度容量 50 mL)的初始气量来实现。为保证各组实验的注气速度一致,注射器由直流电机带动,其他实验相关参数如表 7.17 所示。

表 7.17 注气量对气泡水体携带能力影响的实验参数表

上液种类	上液厚度 /cm	喷嘴口径 /mm	喷嘴 形状	产泡深度 /cm	注气速度 /(mL/s)	实验温度 /℃
舰用 30# 柴油	9.5	2.5	圆形	52	16	20

7.3.1.2 实验结果

不同注气量条件下的气泡上升携带水量、标准差和离散系数如表 7.18 所示。

表 7.18 不同注气量条件下的气泡上升携带水量

注气量(V)	携带水量(Q)	标准差	离散系数
5 mL	16.2	±8.466 3	0.492 8
10 mL	36.9	±8.189 3	0.221 9
15 mL	68.4	±11.665 4	0.150 1
20 mL	118.6	±18.653 8	0.156 2
25 mL	136.2	±22.966 0	0.166 5
30 mL	159.5	±22.116 2	0.138 6
40 mL	206.3	±28.264 8	0.088 1

　　由上表可见,注气量较小时(5 mL),其上升携带的水量也相对较少,仅为 16.6 mL;而注气量增加至 40 mL 时,携带水量高达 154.6 mL。注气量越大,气泡上升携带水量的标准差也越大,而离散系数则呈现相反的趋势,且注气量最小时,离散系数达到最大。

7.3.1.3　分析与讨论

　　(1) 总体趋势的一般讨论。为直观起见,根据表 7.18 中的数据绘制出图 7.12,其横坐标表示注气量(V),纵坐标表示气泡上升携带水量(Q)。由图可见,随着注气量的增加,气泡上升携带水量呈现逐渐增加的总体趋势,这表明气泡的水体携带能力也将随注气量的增加而不断增强。

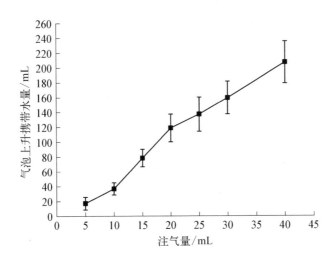

图 7.12　不同注气量条件下的气泡上升携带水量示意图

　　这一总体趋势的形成与不同注气量条件下生成气泡的尺度及其空间分布特征密切相关。为研究方便,对不同注气量下的气泡生成及其上升过程进行拍摄,选择气泡生成后的适当时机(约 1.92 s)截图,并使用 MATLAB 对其进行去背景化及二值化图像增强处理,得到不同注气量情况下生成气泡的上升运动图像,如图 7.13 所示。

　　由图 7.13 可见,在注气速度和喷嘴口径等一定的情况下,随着注气量的增加,生成气泡的数量显著增多,其上升过程中发生聚并、破裂等现象增多,使得气泡在垂直方向上呈现出多群的状态,而水平方向的空间分布范围变大。由于每个上升气泡都会携带其附近一定范围的水体向上运动,气泡在水平方向分布范围的扩大使其扰动的水域范围增加,且气泡与周围水

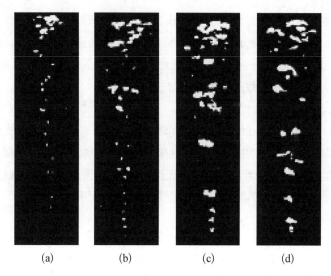

图 7.13　不同注气量条件下生成气泡的上升运动

(a) 5 mL；(b) 15 mL；(c) 25 mL；(d) 40 mL

体相互作用的表面积也相对增大，从而使得气泡的水体携带能力得到增强。

　　与此同时，随着注气量的增大，气体注入持续的时间相应变长，气泡与周围水体相互作用的时间也有所增加。如图 7.13 所示，在注气量较小的情况下，截图时喷嘴附近已经几乎没有气泡生成[见图 7.13(a)]，或呈单个脱离状态[见图 7.13(b)]，且气泡尺度较小；而注气量较大的情况下，喷嘴附近生成气泡的尺度明显较大[见图 7.13(c)、图 7.13(d)]，其主要原因在于截图时刻气体仍然在持续注入，喷嘴处的气体量较为充足，前一气泡未及脱离时，下一气泡已经开始生成，往往是两个或多个气泡合并为一个大气泡后才脱离喷嘴，使得生成气泡的尺度相对较大。而大气泡相对于小气泡而言，受到的浮力较大，上升运动的速度稍快，引起的压力梯度也相对较大，进而使得其周围被携带水体的上升速度也有所提高。综上所述，随着注气量的不断增加，气泡群的总体携带水量会随之增加，这意味着气泡的水体携带能力也将随之增强。

　　此外，由图 7.12 可知，气泡上升携带水量的标准差随注气量的增大而增大，而离散系数则呈现相反的趋势，且注气量最小时，离散系数达到最大。其主要原因在于注气量较大时，生成气泡的数量较多，其上升过程中发生的聚并、破裂等现象较为复杂，气泡的空间分布特征将有所不同，其携带水量的变化具有一定的随机性,虽然标准差相对较大,但由于气泡上升携带水量的平均值也较大,因而离散系数反而较小。而注气量较小时,尽管标准差较小,但由于携带水量的测量均值本身就不太大,因而其引起的测量误差却相对较大,表现为离散系数较大。因而,当注气量较小时(小于 20 mL),最好采用双液分离转相精测的方法对气泡上升携带水量进行测量,以获得较高的精度。

(2) 总体趋势的深入分析。进一步观察图 7.12 还可以发现,随着注气量的增加,气泡上升携带水量大致呈线性增加。鉴于此,采用最小二乘法对表 7.18 中的数据进行线性拟合,可得到气泡上升携带水量($\overline{Q}$)与注气量(V)的函数关系表达式:

$$\overline{Q} = 5.293V \tag{7.9}$$

依据上式即可近似求得给定注气量条件下的气泡上升携带水量,从而为军事、化工、海洋等诸领域工程应用设计时确定注气量等参数提供参考依据。

将不同注气量下的各携带水量数据点依次相连(见图 7.14 中的虚线),并与拟合得到的 $\overline{Q}$-V 函数关系曲线(见图 7.14 中的实线)相对比,容易看出,气泡上升携带水量随注气量增加的速率(见各点连线的斜率)不尽相同:A-B 段的增加速率较小,B-C-D 段显著增加并达到最大;而 D-E-F-G 段的增加速率又略有减小。

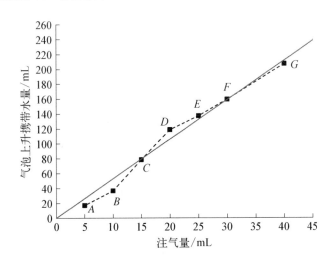

图 7.14　气泡上升携带水量与注气量的关系曲线

初步分析认为,这一现象的形成虽然与实验误差有一定的关系,但是更主要的原因在于生成的气泡尺度大小及其上升过程中空间分布特征发生了变化。当注气量较小(<25 mL)时,生成气泡的尺度较小,且数量随着注气量的增大而显著增加,使得相邻气泡间的距离逐渐减小,先后生成的气泡之间易于聚并为大气泡成群上升。如图7.13所示,注气量为5 mL时,气泡上升至水面附近时才发生明显的聚并;而注气量为15 mL时,气泡间的聚并现象发生得明显偏早,其水平方向分布范围增大的趋势也较为显著,因而气泡上升携带水量随着注气量的增大而增加的速率也相应加快。而注气量较大(>25 mL)时,先行气泡未及脱离喷嘴,后一气泡已经生成,通常是3个气泡聚并为一个大气泡后才脱离喷嘴,使得生成气泡的尺度明显增大,且数量不再显著增加,其水平方向的空间分布范围也趋于稳定。但与此同时,气泡脱离周期也相应变长,前后两气泡之间的距离在气泡尺度较小时明显增加,相互之间的作用稍有减弱,而且相邻气泡聚并形成的大气泡往往因尺度较大而易于破裂成小气泡,这些都在一定程度上削弱了气泡尺度变大引起的携带水量增加的幅度,因而,当注气量较大时,气泡水体携带能力的增幅反而稍有减小。

7.3.1.4 实验结论

通过对5~40 mL范围内的6种注气量条件下生成气泡的携带的水量的测量实验研究,初步得出了注气量对气泡水体携带能力的影响规律,主要结论如下:

(1) 在注气速度、喷嘴口径等条件一定的情况下,注气量对气泡水体携带能力有显著影响,随着注气量(V)的增加,气泡上升携带水量测量均值($\overline{Q}$)基本呈线性增加,且二者之间近似有$\overline{Q}=5.293V$的函数关系。这一结论可为气泡在化工、环境、水利及军事等诸多领域的相关工程应用设计提供理论基础和参考依据。

(2) 当注气量较小时(10~25 mL),气泡水体携带能力随注气量的增大而显著增加;而注气量增大到一定程度时(大于25 mL),携带水量测量均值的增速将略有减缓。

7.3.2 注气速度对气泡群水体携带能力的影响实验

当注气量一定的情况下,气体施放深度、喷嘴口径、注气速度等因素将直接影响生成气泡的尺度、频率、上升运动特征等,进而对气泡水体携带能力产生影响。为此,特选取多个不同的注气速度进行气泡上升携带水量测量实验,以研究其对气泡水体携带能力的影响规律。

7.3.2.1　实验参数的确定

不同注气速度的控制是通过调整自动气体推进器的输出速度来实现的。实验时,在打开自动气体推进器开关的同时启动秒表,记录气体注入持续的时间(T),并结合注入气体的体积(V),即可求得注气速度(v_g):

$$v_g = V/T \tag{7.10}$$

可选取 1 mL/s、2 mL/s、3 mL/s、5 mL/s、10 mL/s、15 mL/s、20 mL/s、25 mL/s 等 8 档注气速度进行实验,相关实验参数如表 7.19 所示。为减小测量误差,每组实验重复进行约 20 次。

表 7.19　注气速度对气泡水体携带能力影响的实验参数

上液种类	上液厚度/cm	喷嘴口径/mm	喷嘴形状	产泡深度/cm	注气量/mL	实验温度/℃
舰用 30# 柴油	9.5	1.2	圆形	32.5	20	20

7.3.2.2　实验结果

将上述 8 种注气速度条件下测量得到的原始数据剔除奇异点,并取其平均值作为气泡的上升携带水量的实验数据,计算每组实验数据的标准差及离散系数,得到的具体数据如表 7.20 所示。

表 7.20　不同注气速度条件下的气泡上升携带水量

注气速度/(mL/s)	携带水量/mL	标准差(±)	离散系数
1	96.6	10.318 3	0.106 8
2	139.2	14.659 5	0.106 0
3	152.6	12.504 6	0.081 9
5	162.2	9.816 9	0.060 5
10	136.6	14.801 8	0.106 6
15	124.2	13.451 3	0.108 3
20	121.3	6.182 3	0.051 0
25	124.1	15.410 5	0.124 0

7.3.2.3 分析与讨论

为直观起见,特根据表 7.20 所列数据绘制出图 7.15,其横坐标为注气速度,纵坐标为气泡上升携带水量。

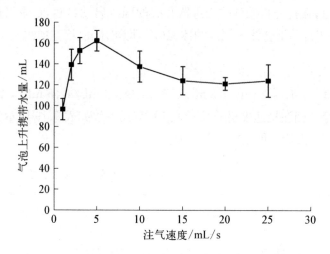

图 7.15 不同注气速度条件下的气泡上升携带水量曲线

由表 7.20 及图 7.15 可知,在注气量一定(20 mL)的情况下,注气速度对气泡水体携带能力有显著影响,随着注气速度由 1 mL/s 逐渐增加至 25 mL/s,气泡上升携带水量呈现出先增加后减小并逐步接近平稳的总体趋势。当注气速度较小时,气泡上升携带水量随注气速度的稍有增加而显著增大,并在注气速度为 5 mL/s 时出现最大值,达 162.2 mL。此后,携带水量随注气速度的增加而逐渐减小,当注气速度超过 15 mL/s 时,携带水量不再随注气速度的增加而减小,而是逐步趋于稳定,其值约为 122 mL。

形成这一规律的主要原因在于,注气速度的改变将直接引起气体流量的增减,而气体流量的变化将对气泡生长时间(即气泡从开始生成到脱离喷嘴所需的时间)、气泡脱离体积、气泡脱离周期(先后生成的两个气泡脱离喷嘴时刻之差)等产生影响,使得不同注气量条件下生成的气泡的尺度、频率、空间分布特征等有所不同。同时,气泡脱离喷嘴时的初始速度大小也将随注气速度的增大而加快,进而对气泡的上升运动及其水体携带能力构成直接影响。具体分析如下:

当注气速度较小时(小于 5 mL/s),气体流量也相应变小,气体注入时产生的压力也较小,气泡生长缓慢,脱离周期较长,且脱离体积也相对较小。随着注气速度的增加,气体流量变大,气泡生长动力增大,其生长时间和脱离周期都将显著减小,且气泡脱离体积明显增大。相对于小气泡而言,大气泡所受到的浮力相对较大,其周围被携带水体的上升速度也相应较大。同时,随着气泡脱离体积的增大和脱离周期的减小,先后生成的两气泡间的距离将明显减小,极易发生聚并等现象,使得气泡尺度更大,其周围被携带的水体的上升速度更快,气泡与周围水体接触的表面积也有所加大,从而使得气泡上升携带的水量显著增加,这意味着气泡的水体携带能力得到快速增强,并在注气速度为 5 mL/s 时达到最大。

此后,注气速度继续增大,气体流量进一步变大,气泡生长时间与脱离周期继续减小,但由于单位时间内进入的气体体积增大,气泡的脱离体积略有增加,单位体积内气泡的数量增多,且相邻气泡的间距逐渐变小,其携带水体的范围逐渐靠近,发生重叠的可能性越来越大,气泡的水体携带能力将在一定程度上被削弱。此外,当相邻气泡间距小到一定程度时,会发生聚并现象,两个或多个气泡合并为一个较大的气泡,导致单位体积气体拥有的气液接触面积变小,这也将在一定程度上削弱气泡的水体携带能力,并直接表现为气泡上升携带水量随注气速度的增加而逐渐减小。

当注气速度增加至一定程度时(大于 15 mL/s),由于气泡生长时间与脱离周期的进一步缩小,先后生成的气泡连为一体,即在喷口附近以射流形式出现,其与周围水体接触的表面积变化不大,且上升速度很快,与周围水体接触时间也大致相当,因而携带水量不再随注气速度的增加而有明显的增减,而是逐步趋于稳定。

7.3.2.4　实验结论

通过对 1~25 mL/s 等注气速度条件下生成的气泡的携带的水量进行测量,初步研究了注气速度对气泡水体携带能力的影响,结果表明,在注气量、气体施放深度等一定的条件下,注气速度对气泡群水体携带能力有显著影响。

注气量相等的情况下,注气速度的改变意味着气体流量的变化,生成的气泡尺度将随气体流量的增大而近似呈线性增加。注气速度较小时,气泡水体携带能力随注气速度的增加而增强,至注气速度为 5 mL/s 时达到极大值。此后,注气速度继续增大时,气泡水体携带能力略有减小,并逐步接近于平稳。

7.3.3　气体施放深度对气泡群水体携带能力的影响实验

在注气速度、注气量等相同的情况下,气体施放深度的改变将直接影响气泡群的水体携带能力。

7.3.3.1 实验参数的确定

气体施放深度的改变通过调整喷嘴至油水界面的垂向距离来实现。为增强实验效果,特采用大、小两种口径(d_n)的喷嘴,以 3 mL/s 的速度一次性注入 20 mL 气体,分别在 26.5 cm、32.5 cm、35 cm、36.5 cm、40 cm、42.5 cm、45 cm、46.5 cm、50.0 cm、52.5 cm 等不同施放深度生成气泡,并对气泡上升携带水量进行测量,具体参数如表 7.21 所示。

表 7.21　气体施放深度对气泡水体携带能力影响的实验参数

上液种类	上液厚度 /cm	喷嘴口径 /mm	喷嘴形状	注气量 /mL	注气速度 /mL/s	实验温度 /℃
舰用 30# 柴油	9.5	0.6/2.5	圆形	20	3	20

7.3.3.2 实验结果

为减小测量误差,每组实验重复进行 20 次,数据处理后得到的气泡上升携带水量、标准差及其离散系数等数据如表 7.22 所示。

表 7.22　不同气体施放深度条件下的气泡上升携带水量

施放深度/cm	大口径喷嘴($d=2.5$ mm)			小口径喷嘴($d=0.6$ mm)		
	携带水量 /mL	标准差 (±)	离散系数	携带水量 /mL	标准差 (±)	离散系数
26.5	161.0	8.358 0	0.048 9	168.8	6.016 4	0.039 2
32.5	193.0	9.631 2	0.049 9	202.2	9.446 9	0.046 6
35	201.0	15.103 6	0.065 1	210.4	11.041 6	0.052 5
36.5	206.9	12.831 6	0.062	206.1	10.690 8	0.052 1
40	206.6	9.362 2	0.045 1	185.1	11.694 4	0.063 6
42.5	168.9	8.269 3	0.046 2	140.2	22.939 6	0.163 6
45	161.8	9.608 6	0.055 9	196.5	9.663 0	0.049 2
46.5	186.2	13.622 3	0.063 1	202.6	14.682 1	0.063 2
50.0	191.6	10.542 1	0.055 0	206.3	16.863 6	0.081 4
52.5	191.0	16.396 0	0.085 9	206.1	21.420 0	0.103 4

7.3.3.3　分析与讨论

（1）总体趋势的一般讨论。为直观起见,可根据表 7.22 绘制成图 7.16,其横坐标表示气体施放深度,纵坐标表示气泡上升携带水量。

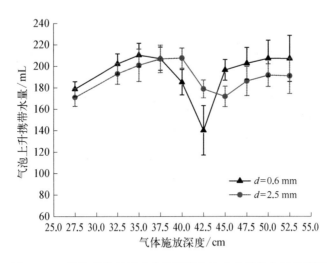

图 7.16　不同气体施放深度条件下的气泡上升携带水量曲线图

由图 7.16 可知,随着气体施放深度的增加,气泡上升携带水量逐渐增加并趋于稳定,其主要原因在于气体施放深度对气泡上升速度的变化有显著影响,具体分析如下:

随着气体施放深度的增加,气泡在水中上升的高度也不断增加,其运动至油水界面附近的瞬时上升速度逐渐增大,使得其周围水体获得的随之向上运动的速度也相应增大,越过油水界面的能力有所增强,因而分离得到的气泡上升携带水量也逐渐增加。当气体施放深度较大时(大于 45.0 cm),气泡运动至油水界面附近的瞬时上升速度已达到相对稳定的极限速度,其与周围水体的相互作用也基本达到动态平衡,使得气泡上升携带水量受施放深度的影响不再显著,而是逐步趋于平稳。上述现象表明,随着气体施放深度的增加,气泡水体携带能力具有缓慢增强并逐渐稳定的总体趋势。

由图 7.16 还可看出,当气体施放深度在某一区间内时(35.0~45.0 cm),气泡上升携带水量会稍有减小,并有极小值出现,这与气泡间的聚并作用等密切相关。

注气速度一定时,喷嘴附近气泡的生成具有一定的周期性,表现为相邻气泡的垂向间距大致相等;随着气泡上升高度的不断增加,气泡的垂向间距会随之增大或减小;继续上升至某一高度,间距较小的相邻气泡就会出现聚并现象。本实验中,注气速度一定(3 mL/s),且注气量相等(20 mL)时,采用摄像法对不同施放深度条件下大、小口径喷嘴生成的气泡的上升过程进行直接拍摄,选择适当时机截图并经图像处理后可得图 7.17 和图 7.18。

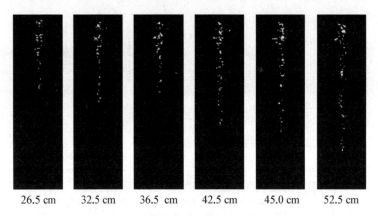

| 26.5 cm | 32.5 cm | 36.5 cm | 42.5 cm | 45.0 cm | 52.5 cm |

图 7.17　不同施放深度生成的气泡的上升情况(小口径喷嘴)

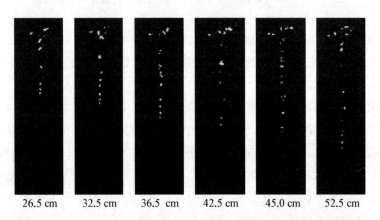

| 26.5 cm | 32.5 cm | 36.5 cm | 42.5 cm | 45.0 cm | 52.5 cm |

图 7.18　不同施放深度生成的气泡的上升情况(大口径喷嘴)

由图可见,气体施放深度增大时,气泡上升高度也随之相应增加,其垂向间距也会发生变化;当施放深度增大至一定程度时,相邻气泡开始出现聚并现象(大、小口径喷嘴分别对应 40.0 cm 和 35.0 cm),其携带的有效水体发生部分重叠,使得单位体积气体拥有的气液接触面积有所减小,因而气泡上升携带的总水量会随之减少,且在聚并作用较为显著的相应深度(大、小口径喷嘴分别对应 45.0 cm 和 42.5 cm),往往有携带水量极小值的出现,相应地,此时气泡的水体携带能力也降至最低。

(2)影响规律的深入分析。由上述分析可知,采用不同口径喷嘴生成气泡,其水体携带能力的总体变化趋势基本一致,即随着气体施放深度的增大,气泡的水体携带能力逐渐增强,其间略有降低,且施放深度增大至一定程度后(大于45.0 cm)逐步趋于稳定,但进一步观察图7.16可知,不同口径喷嘴生成气泡的水体携带能力仍略有差异:在绝大多数情况下,小口径喷嘴生成气泡的水体携带能力稍强,这主要与不同口径喷嘴生成气泡的尺度及其分布特征有关。

比对图7.17和图7.18容易看出,在注气速度和注气量相同的情况下,小口径喷嘴生成的气泡的尺度较小,且数量相对较多,其与周围水体发生作用的气液接触面积也相应较大,因而在绝大多数情况下,小口径喷嘴生成气泡的水体携带能力相对稍强。

在特定施放深度内(36.5~45.0 cm),反而是大口径喷嘴生成气泡的水体携带能力较强,其主要原因在于相邻气泡间聚并作用的程度不同,具体分析如下:

由于小口径喷嘴生成的气泡数量较多(参见图7.17),单位体积内的气泡间距相对较小,发生聚并作用的概率较大,而施放深度较小时(35.0 cm),相邻气泡间就开始出现聚并现象,气泡的水体携带能力被削弱;随着施放深度的增加,相邻气泡间的聚并作用进一步加剧,气泡的水体携带能力逐渐降低;当施放深度达到一定程度时(42.5 cm),降至最低,相应地测得的携带水量也最小(140.2 mL),至于曲线为什么会在这一区域附近存在一个明显的"谷点",这也是值得后续深入研究的。而大口径喷嘴生成的气泡尺度相对较大,但相同注气量条件下生成气泡的数量却较少(参见图7.18),使得相邻气泡间的距离较大,施放深度较大时(40.0 cm)才发生聚并作用,且持续时间较短,气泡的水体携带能力只是稍有降低,当施放深度为45.0 cm时,携带水量即达到极小值(161.8 mL),稍高于小口径喷嘴生成气泡的最小携带水量。因此,在相邻气泡间聚并作用较为显著的特定施放深度内(36.5~45.0 cm),大口径喷嘴生成的气泡的水体携带能力相对较强。

7.3.3.4　实验结论

通过对26.5~52.5 cm之间10个不同施放深度生成的气泡的携带水量进行测量,初步研究了气体施放深度对气泡水体携带能力的影响规律,结论如下:

(1)在注气量和注气速度等一定的情况下,气体施放深度对气泡水体携带能力有显著影响,其总体趋势是:气泡水体携带能力随气体施放深度的增加而缓慢增强并逐渐趋于稳定,但其间(35.0~45.0 cm)该能力会稍有下降,并有极小值出现。

(2) 喷嘴口径对气泡水体携带能力有一定的影响。在绝大多数情况下,小口径喷嘴生成的气泡的水体携带能力稍高,但在特定施放深度范围内(36.5~45.0 cm),大口径喷嘴生成气泡的水体携带能力反而相对较强。

7.3.4 喷嘴口径参数对气泡群水体携带能力的影响实验

7.3.4.1 实验参数的确定

实验时,分别选取 0.45 mm、0.6 mm、0.8 mm、1.2 mm、1.6 mm、2.3 mm、3.0 mm、3.5 mm、4.3 mm 等不同口径的喷嘴进行实验,为方便更换不同口径的喷嘴,特在喷嘴与导气管之间加装了内径为 2.3 mm、1.6 mm 和 1.2 mm 的转接头,以构成喷嘴口径参数不同的输气管路,在恒定压力下持续注入 20 mL 空气形成上升气泡群,并对气泡上升携带水量进行测量,进而研究喷嘴口径参数对气泡水体携带能力的影响。其他参数如表 7.23 所示。

表 7.23 喷嘴口径参数对气泡水体携带能力影响的实验参数

上液种类	上液厚度/cm	气体施放深度/cm	注气压力	注气量/mL	实验温度/℃
舰用 30# 柴油	9.5	32.5	恒定	20	19

7.3.4.2 实验结果

为减小测量误差,每组实验重复进行 20 次,数据处理后得到的气泡上升携带的水量、标准差及其离散系数等数据如表 7.24 所示。

表 7.24 不同口径喷嘴生成的气泡上升携带水量

喷嘴口径 d_n/mm	转接头口径 2.3 mm		转接头口径 1.6 mm		转接头口径 1.2 mm	
	携带水量/mL	标准差	携带水量/mL	标准差	携带水量/mL	标准差
0.45	146.1	8.860 6	155.4	9.465 4	152.0	8.652 3
0.6	156.8	9.589 1	161.8	11.156 3	161.0	10.634 1
0.8	166.6	10.319 6	165.5	14.860 6	158.6	13.121 9

喷嘴口径 d_n/mm	转接头口径 2.3 mm		转接头口径 1.6 mm		转接头口径 1.2 mm	
	携带水量/mL	标准差	携带水量/mL	标准差	携带水量/mL	标准差
1.2	161.6	20.830 3	161.2	13.936 4	151.1	18.653 2
1.6	161.6	16.086 6	146.4	18.609 5	146.3	15.246 3
2.3	144.6	16.868 6	143.2	15.432 6	145.4	19.336 4
3.0	140.9	11.569 6	141.1	20.965 6	143.5	16.526 6
3.5	140.6	15.091 6	142.5	21.505 6	142.2	18.063 4
4.3	141.9	19.566 6	141.0	16.141 6	142.8	15.481 5

7.3.4.3　分析与讨论

（1）我们先进行总体趋势的一般讨论。为直观起见，可根据表 7.24 绘制出图 7.19，其横坐标为喷嘴口径，纵坐标为气泡上升携带水量。由图可见：在 3 种喷嘴口径参数不同的输气管路中，喷嘴口径的大小对气泡水体携带能力均有直接影响，随着喷嘴口径的增加，气泡上升携带水量逐渐增加至最大值后出现回落，且当喷嘴口径大于转接头口径时，携带水量基本趋于稳定。

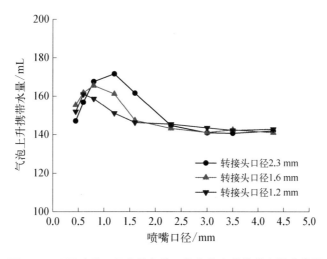

图 7.19　不同喷嘴口径参数条件下的气泡上升携带水量曲线图

初步分析认为，在注气压力和注气量等一定的条件下，喷嘴口径的变化将引起气体流量大小的改变,使得生成的气泡的尺度及其空间分布特征不同,从而影响气泡群的水体携带能力。为深入分析这一原因,特以2.3 mm转接头与不同口径喷嘴组合的实验视频为基础,选取适当的时机截图并进行去除背景及二值化处理,即可得到图7.20所示的截图。

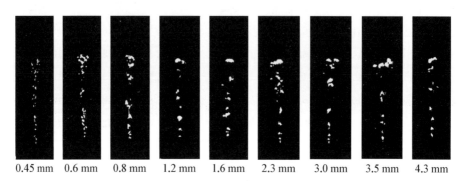

| 0.45 mm | 0.6 mm | 0.8 mm | 1.2 mm | 1.6 mm | 2.3 mm | 3.0 mm | 3.5 mm | 4.3 mm |

图 7.20 不同口径喷嘴生成的气泡的上升截图(截图时机相同,转接头口径2.3 mm)

由图7.20可见,当喷嘴口径小于1.2 mm时,生成的气泡的平均尺度随喷嘴口径的增加而明显增大。在注气压力和注气量一定的条件下,喷嘴口径增大时,气泡生成所要突破的表面张力增大,使得气泡脱离时间变长,进入气泡的气体增加,因而气泡的脱离体积相应增大。对比图7.20中喷嘴口径为0.45 mm、0.6 mm时的两幅图片会发现,随着喷嘴口径的增加,气泡脱离体积增大,且数量也有所增加,相邻气泡的间距不断减小。当喷嘴口径增加至0.8 mm时,相邻气泡间的聚并现象已经开始出现;增至1.2 mm时,由于相邻气泡已经聚并为尺度更大的气泡向上运动,气泡数量相对减少,但由于大气泡受到的浮力相比小气泡要更大,且上升速度也更快,因而气泡对其周围水体的上升携带作用仍然继续增强,测量得到的气泡上升携带水量也随之不断增加。

此后,当喷嘴口径进一步增加(大于1.2 mm)时,气泡的尺度不再有显著变化,而生成频率明显增大,相邻气泡间距减小,聚并现象更易发生,使得气泡携带的水体区域相互重叠,这在一定程度上削弱了气泡的水体携带能力;与此同时,随着喷嘴口径的增加,给定体积气体注入的时间明显缩短,相应地上升气泡与周围水体相互作用的时间也明显减少。在上述两种因素的综合作用下,气泡的水体携带能力被削弱,并直接表现为气泡上升携带水量的回落。

当喷嘴口径大于2.3 mm时,气泡上升携带水量不再随喷嘴口径的增大继续回落，而是基本趋于稳定。其主要原因在于：当喷嘴口径大于 2.3 mm 时，与喷嘴相连的转接头口径(d_t)成为整个输气管路中内径最小的部分，直接制约着生成气泡的脱离体积、生成频率等，即使喷嘴口径继续增大，生成气泡的尺度及其空间分布特征等都不会再有明显改变。因而，当喷嘴口径继续增大时，气泡上升携带水量都稳定在 140 mL 左右。

（2）总体趋势的深入分析。进一步观察图 7.20 发现，在 3 种不同特征的输气管路中，都存在一个共同的规律，即当喷嘴口径小于转接头口径时，气泡上升携带水量存在一个最大值；而喷嘴口径大于转接头口径时，携带水量基本趋于稳定。由此可见，上升气泡的水体携带能力还和喷嘴与转接头的组合情况密切相关。

为衡量喷嘴与转接头的组合情况对气泡水体携带能力的影响，特将喷嘴口径(d_n)与转接头口径(d_t)的比值定义为口径比，并用 n 表示，即有：

$$n = \frac{d_n}{d_t} \tag{7.11}$$

由上式可知，当 $n < 1$ 时，喷嘴口径小于转接头口径，即喷嘴口径是整个输气管路中内径最小的部分；当 $n > 1$ 时，喷嘴口径大于转接头口径，整个输气管路的最小内径则是转接头口径。由口径比的概念及表 7.24 所列的实验数据，可处理得到喷嘴口径参数不同的 3 种输气管路，各组实验的口径比及其与气泡上升携带水量的对应关系，如表 7.25 所示。为直观起见，可根据表 7.25 的数据绘制出图 7.21，其横坐标为口径比，纵坐标为气泡上升携带水量。

表 7.25 气泡上升携带水量与口径比的对应关系表

喷嘴口径 d_n/mm	转接头口径 d_t=2.3 mm		转接头口径 d_t=1.6 mm		转接头口径 d_t=1.2 mm	
	口径比 n	携带水量 $\overline{Q}$/mL	口径比 n	携带水量 $\overline{Q}$/mL	口径比 n	携带水量 $\overline{Q}$/mL
0.45	0.20	146.1	0.28	155.4	0.38	152.0
0.6	0.26	156.8	0.38	161.8	0.50	161.0
0.8	0.35	166.6	0.50	165.5	0.66	158.6
1.2	0.52	161.6	0.65	161.2	1.00	151.1
1.6	0.69	161.6	1.00	146.4	1.33	146.3

（续表）

喷嘴口径 d_n/mm	转接头口径 $d_t = 2.3$ mm		转接头口径 $d_t = 1.6$ mm		转接头口径 $d_t = 1.2$ mm	
	口径比 n	携带水量 $\overline{Q}$/mL	口径比 n	携带水量 $\overline{Q}$/mL	口径比 n	携带水量 $\overline{Q}$/mL
2.3	1.00	144.6	1.44	143.2	1.92	145.4
3.0	1.30	140.9	1.88	141.1	2.50	143.5
3.5	1.52	140.6	2.19	142.5	2.92	142.2
4.3	1.86	141.9	2.69	141.0	3.58	142.8

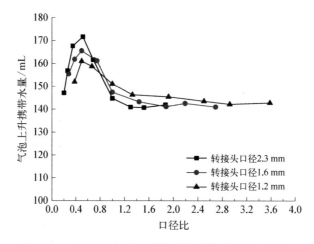

图 7.21　口径比与气泡上升携带水量的对应关系曲线图

由图 7.21 可见,在 3 种喷嘴口径参数不同的输气管路中,气泡上升携带的水量与口径比的关系基本一致。当 $n < 0.5$ 时,气泡上升携带水量随口径比的增加而增加;当口径比接近 0.5 时,气泡上升携带水量达到最大,可称为最大值点;此后,携带水量随口径比的增大逐渐减小;当 $n > 1$ 时,气泡上升携带水量不再随口径比的增大发生显著变化,而是基本趋于稳定,我们特将口径比为 1 点称为平稳点。平稳点之所以出现,其原因主要在于:当 $n > 1$ 时,喷嘴口径大于转接头口径,整个输气管路中内径最小的部分是转接头口径,即使继续增大喷嘴口径,生成气泡的尺度、脱离周期及其上升运动特征等也不再随口径比的增大发生显著改变,气泡的水体携带能力基本趋于稳定。

7.3.4.4　实验结论

在注气量和注气压力等一定的情况下,喷嘴口径参数对气泡水体携带

能力有直接影响,主要结论如下:

(1) 随着喷嘴口径的增加,气泡上升携带的水量先逐渐增加至最大值,之后出现回落,并逐步趋于稳定。

(2) 喷嘴与转接头的组合情况(文中用口径比表征)对气泡的水体携带能力有直接影响。当口径比约为 0.5 时,生成气泡的水体携带能力较强;当口径比大于 1 时,气泡的水体携带能力基本趋于稳定。

综上所述,在相关工程应用中,单纯增大喷嘴的口径并不一定能获得更强的水体携带能力,还要考虑整个输气管路的喷嘴口径参数,当喷嘴口径大小接近于转接头口径的 0.5 倍时,可以获得较高的水体携带能力,因而也就可以保证较高的生产效率。

7.4　测量实验误差的修正研究

误差存在的必然性和普遍性已为大量实践所证明。为充分认识并进而减小或消除误差,必须对测量过程中存在着的误差进行研究。上升气泡对周围水体的扰动作用本身就是一个复杂的过程,且气泡携带的上升水体往往与其周围的静止水体混在一起,难以实施有效分离,因而气泡上升携带水体的测量始终是两相流领域研究的难点。本书提出双液分离转相精测的方法,并利用专门设计的实验装置对气泡(群)的水体携带能力进行测量,由于实验方法和实验设备的不完善,以及周围环境的影响等,测量实验所得的数据不可避免地存在误差,鉴于此,本节将对误差源进行全面分析,并寻求合适的方法对其进行修正,以提高实验结论的精确度和可靠性。

7.4.1　测量实验的误差源分析

气泡(群)水体携带能力测量实验的主要误差源包括:上下液池的尺度、水体的提取方法、上液的水溶解性、上下液的密度黏性差、上液流场的扰动、注入气体的性质、气泡的大小和数量分布、转相反应的完全程度、转相气体在上下液中的溶解性、环境的温度压力、气泡间的聚并作用等。上述因素都可能给测量带来一定的误差,它们有的是可以设法减小甚至消除的,有的是可以进行修正的,当然也有一些是难以修正的。

7.4.1.1　可避免误差

可避免误差是指通过实验工艺的改进或正确处理测量和实验数据而使之减小至最低,甚至可以减少到可以忽略不计。比如,使转相反应直接在上液池中进行,即可避免水体提取方法带来的误差;通过前期试验确定形成流场的相关装置及参数,即可确保上液流场对分界液面几乎不构成扰动;适当增大转相物质的量并辅以搅拌,即可使转相反应趋于完全;保证比对实验都在相同温度压力下进行,即可使其引起的误差大致相当而不影响比对结果;试验前进行特定的溶解饱和预处理,即可有效减小上液的水溶解性和转相气体在上下液中的溶解性带来的误差;对每组试验重复取均值,即可有效减小气泡间聚并作用引起的误差等等。因而,上述误差因素在气泡水体携带能力测量技术中的影响是非决定性的,我们不再对其进行深入研究。

7.4.1.2 可修正误差

可修正误差通常是指对测量和实验结果有决定性影响的系统误差,通过分析其产生原因后掌握其规律,进而可以测定其大小的误差。本书实验中的可修正误差主要包括两种:一是下液池驻留气泡的影响,二是双液密度黏性差的影响。下面分别进行介绍。

(1) 下液池驻留气泡的影响。当一定体积的气泡(群)进入下液池时,必将排挤(溢)出与之体积相当的一部分水体进入到上液池中,使测得的气泡上升携带水量略大于气泡携带的上升水量。当注气量、喷嘴口径、注气速度等不同时,生成的气泡的大小和数量不同,因而由于气泡存在而排挤溢出的水量也不相同。即使保持上述条件相同,气体施放深度越大,下液池中驻留气泡的数目也会越多,相应地,气泡排挤溢出的水量也就越大。综上所述,要结合实验的具体情况来修正下液池驻留气泡排挤溢出水量的影响。

(2) 双液密度黏性差的影响。实验时,为了将气泡上升携带水体有效地分离出来,特采用两种密度不同的液体构成双液,两种液体的黏性系数必然也不相同。本例中采用柴油和水构成双液,柴油的黏性系数大大高于水的黏性系数,当气泡由水中进入柴油后,受到的阻滞作用将大大增加,使得部分气泡携带的上升水体被阻挡在分界液面之下,因而上述测得的分离水体体积略小于气泡实际携带的上升水体的体积,必需要加以修正。

7.4.1.3 难修正误差

任何测量结果都包含有一定的测量误差,有的误差可以通过特定方法进行修正从而消除其影响;有的误差虽可通过提高实验工艺等使其影响减小至不予考虑的程度,但其影响并没有被完全消除,这样一系列误差的累积就形成了测量实验中难以修正的误差。在气泡群水体携带能力测量实验中,每次试验注入气体的体积相等,但生成气泡的大小、数量和空间分布等可能并不相同,其上升速度、上升轨线及周围水体获得的诱导速度等不尽一致,相邻气泡间的聚并作用、穿越油水分界液面的能力等也有所不同,使得每次试验测得的气泡上升携带的水量也出现一定差异。虽然通过多次重复实验并取均值可以有效减小这些误差的影响,使之能够直接用于表征气泡的水体携带能力,但难以修正的误差仍不可避免地存在,需要后续进一步深入研究。

由上述分析可知,气泡水体携带能力测量实验的误差源很多,考虑到可避免误差和难以修正的误差对实验结果的非决定性影响,本节将重点开展可修正误差的修正研究。

7.4.2　下液池驻留气泡影响的修正

为进一步完善实验结论,专门修正因下液池驻留气泡而排挤溢出水量的影响。假设气体不可压缩,则气泡排挤溢出的水量(Q_g)与下液池内驻留气泡的体积(V_g)近似相等。根据实验参数和拍摄的气泡上升运动视频,结合图像处理方法可计算出不同实验条件下液池驻留气泡的体积(V_g),进而推知气泡排挤溢出水量(Q_g),据此对气泡上升携带水量的测量均值($\overline{Q}$)进行修正,即可得到气泡上升携带水量的修正值(Q'),其表达式为

$$Q' = \overline{Q} - Q_g \tag{7.12}$$

在单个气泡水体携带能力测量实验中,下液池中仅有一个气泡存在,且体积往往较小,通常介于 $10 \sim 40$ mm^3 之间,约占其相应工况下气泡上升携带水量测量均值的 $1.8\% \sim 2.9\%$,其对测量实验结果的影响可忽略不计,即

$$Q'_{\text{单}} = \overline{Q_{\text{单}}} \tag{7.13}$$

鉴于此,在重点针对气泡群水体携带能力测量实验中,对下液池驻留气泡的影响开展了修正研究,其具体思路是:分别研究注气量、注气速度、气体施放深度、喷嘴口径等对实验中下液池驻留气泡体积大小(V_g)的影响,进而推知气泡群排挤溢出的水量(Q_g),并修正其对气泡群上升携带水量测量均值造成的误差。

7.4.2.1　注气量影响实验数据的修正

由注气量对气泡群水体携带能力影响实验参数可知,实验时的气体施放深度为 52 cm,注气速度为 16 mL/s,注气量分别为 $5 \sim 40$ mL,气体注入时间不等,为 $0.3 \sim 2.8$ s。即使生成气泡的上升速度按最小值(22 cm/s)计算,注气结束时,生成的所有气泡几乎全部位于下液池中,根据本例的实际情况可忽略气体压缩因素,可认为下液池中驻有气泡而排挤溢出的水量(Q_g)近似等于注气

量(V)。因而,气泡群上升携带水量的修正值($Q'_{群}$)可由下式求得:

$$Q'_{群}=\overline{Q_{群}}-Q_g=\overline{Q_{群}}-V \tag{7.14}$$

根据式(7.13)可对气泡上升携带水量测量均值($\overline{Q_{群}}$)进行修正,如表7.26所示。

表 7.26　不同注气量条件下气泡上升携带水量测量均值修正表

注气量 V/mL	携带水量测量均值 $\overline{Q_{群}}$	气泡群排挤溢出水量 Q_g	携带水量修正值 $Q'_{群}$
5	16.2	5	12.2
10	36.9	10	26.9
15	68.4	15	63.4
20	118.6	20	98.6
25	136.2	25	112.2
30	159.5	30	129.5
40	206.3	40	166.3

为直观起见,可由表 7.26 绘制出图 7.22,其横坐标为注气量,纵坐标分别为气泡上升携带水量的测量均值($\overline{Q_{群}}$)和修正值($Q'_{群}$)。

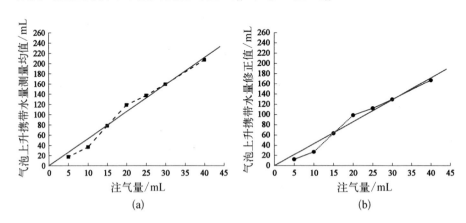

(a)　　　　　　　　　　(b)

图 7.22　不同注气量下的气泡上升携带水量的测量均值与修正值曲线

由图 7.22 可见,气泡上升携带水量的修正值和测量均值均随注气量(V)的增大呈近似线性增加,修正了下液池驻留气泡的影响后,气泡上升携带水

量修正值的增加趋势稍有减缓,采用最小二乘法拟合可得到 $Q'_{群}$-V 的函数关系:

$$Q'_{群} = 4.293V \tag{7.15}$$

7.4.2.2　注气速度影响实验数据的修正

在注气速度对气泡群水体携带能力的影响实验中,采用喷嘴口径为 1.2 mm、注气量为 20 mL、气体施放深度为 32.5 cm,注气速度分别为 1 mL/s、2 mL/s、3 mL/s、5 mL/s、10 mL/s、15 mL/s、20 mL/s 和 25 mL/s。

虽然各组实验的注气量同为 20 mL,但由于注气速度不同,气体注入所需的时间也不相同。当注气速度较大时,注入 20 mL 气体所需时间不足 1 s,最先生成的气泡未及上升至分界液面时,注气过程就已结束了,显然生成的全部气泡都将同时驻留在下液池中,因而需要修正的气泡排挤溢出的水量 (Q_g) 为 20 mL。而当注气速度较小时,注入 20 mL 气体所需的时间相对较长,最先生成的气泡上升至分界液面之后,仍有气泡继续进入下液池,但此时下液池中驻留气泡的体积 (V_g) 已不再随之改变,因而需要修正的气泡排挤溢出水量与注气速度 (v_g) 的大小密切相关。根据实验时拍摄的气泡上升运动视频,可以较为准确地得到不同注气速度条件下的气泡平均上升速度 (v_b),结合气体施放深度 (h) 即可近似求得下液池内驻留气泡的体积 (V_g),进而推知气泡群排挤溢出的水量 (Q_g),其表达式为

$$Q_g = V_g = \frac{h}{v_b} \cdot v_g \tag{7.16}$$

将注气速度 (v_g) 及相应条件下的气泡平均上升速度 (v_b)、气体施放深度 (32.5 cm) 等代入式 (7.15),即可得到的不同注气速度条件下的气泡群排挤溢出水量 (Q_g),据此对气泡上升携带水量的测量均值 ($\overline{Q_{群}}$) 进行修正,即可得到气泡上升携带水量修正值 ($Q'_{群}$),具体数据如表 7.27 所示。

表 7.27　不同注气速度条件下气泡上升携带水量的修正值统计表

注气速度 v_g/(mL/s)	气泡平均上升速度 v_b/(cm/s)	气泡群排挤溢出水量 Q_g/mL	携带水量测量均值 $\overline{Q_{群}}$/mL	携带水量修正值 $Q'_{群}$/mL
1	22.1	1.46	96.6	95.13
2	22.5	2.89	139.2	136.31
3	22.9	4.26	152.6	148.44

（续表）

注气速度 v_g/(mL/s)	气泡平均上升速度 v_b/(cm/s)	气泡群排挤溢出水量 Q_g/mL	携带水量测量均值 $\overline{Q}_{群}$/mL	携带水量修正值 $Q'_{群}$/mL
5	23.4	6.94	162.2	155.26
10	24.1	13.49	136.6	124.11
15	24.9	19.58	124.2	104.62
20	26.2	20	121.3	101.30
25	26.3	20	124.1	104.10

根据表 7.26 所列数据,绘制出图 7.23,其横坐标为注气速度,纵坐标分别为气泡上升携带水量的测量均值和修正值。

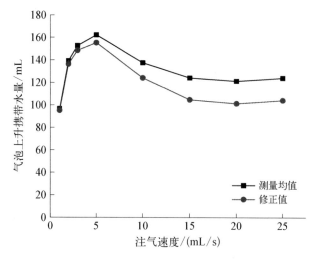

图 7.23　不同注气速度条件下气泡上升携带水量的测量均值与修正值曲线图

由图 7.23 可见,气泡上升携带水量的修正值略小于其测量均值,但其总体变化规律是一致的,即随着注气速度的增大,气泡上升携带水量修正值逐渐增加至极大值后回落并趋于稳定。而且,由于注气速度越大时,下液池内驻留的气泡就越多,因而测量均值与修正值之间的差距也就越大;当注气速度增大到一定程度时,下液池内驻留气泡所排挤溢出的水量与注气量近似相等,测量均值与修正值之间的差也相应趋于稳定。

7.4.2.3　气体施放深度影响实验数据的修正

在气体施放深度对气泡水体携带能力影响的实验中,选用了 0.6 mm 和 2.5 mm 两种口径的喷嘴,分别在 26.5 cm、32.5 cm、35 cm、36.5 cm、40 cm、42.5 cm、45 cm、46.5 cm、50.0 cm、52.5 cm 等不同的施放深度,以 3 mL/s 的速度一次性注入 20 mL 气体,形成上升气泡群进行实验。

实验时,注气速度(v_g)和喷嘴口径(d_n)等始终保持不变,则生成气泡的平均上升速度(v_b)也基本保持不变。根据实验时拍摄的气泡上升运动视频,可较为准确地得到大、小两种口径喷嘴条件下的气泡平均上升速度(v_b),分别为 25.2 cm/s 和 22.3 cm/s,再结合注气速度 3 mL/s,可将式(7.15)简化为

$$Q_g = V_g \approx \begin{cases} 0.13h, & d_n = 0.6 \text{ mm} \\ 0.12h, & d_n = 2.5 \text{ mm} \end{cases} \quad (7.17)$$

由式(7.15)可知,下液池内驻留气泡的体积(V_g)随气体施放深度的增大而增大。将不同的气体施放深度(h)分别代入上式,即可求得相应的下液池驻留气泡的体积(V_g),进而推知气泡群排挤溢出水量(Q_g),据此对气泡上升携带水量的测量均值进行修正,具体数据如表 7.28 所示。

表 7.28　不同气体施放深度下气泡上升携带水量修正值一览表

气体施放深度 h/cm	气泡群排挤溢出水量 Q_g/mL		携带水量测量均值 $\overline{Q}_{群}$/mL		携带水量修正值 $Q'_{群}$/mL	
	d_n=0.6 mm	d_n=2.5 mm	d_n=0.6 mm	d_n=2.5 mm	d_n=0.6 mm	d_n=2.5 mm
26.5	3.6	3.3	168.8	161.0	165.2	166.6
32.5	4.2	3.9	202.2	193.0	198.0	189.1
35.0	4.6	4.2	210.4	201.0	205.8	196.8
36.5	4.9	4.5	206.1	206.9	202.2	202.4
40.0	5.2	4.8	185.1	206.6	169.9	202.8
42.5	5.5	5.1	140.2	168.9	134.6	163.8
45.0	5.9	5.4	196.5	161.8	190.6	166.4
46.5	6.2	5.6	202.6	186.2	196.4	180.5
50.0	6.5	6.0	206.3	191.6	200.8	185.6
52.5	6.8	6.3	206.1	191.0	200.3	184.6

根据表 7.28 所列数据可绘制出图 7.24,其横坐标为气体施放深度,纵坐标为气泡上升携带水量的测量均值和修正值。由图可见,两种喷嘴口径条件下,气泡上升携带水量的修正值均略小于其测量均值,但总体变化规律基本一致。

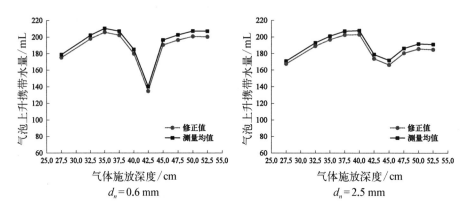

$d_n = 0.6$ mm $d_n = 2.5$ mm

图 7.24　不同气体施放深度条件下的气泡上升携带水量修正值曲线图

7.4.2.4　喷嘴口径参数影响实验数据的修正

在喷嘴口径参数对气泡水体携带能力影响的实验中,气体施放深度为 32.5 cm,喷嘴口径为 0.45~4.3 mm,分别与 2.3 mm、1.6 mm 和 1.2 mm 的转接头构成 3 种不同特征的输气管路,并以恒定压力持续注入 20 mL 空气形成上升气泡群。

以恒定压力注入空气时,在喷嘴口径不同的情况下,气体流量有所不同,使得下液池内驻留气泡的体积(V_g)随之发生变化,因而气泡群排挤溢出水量(Q_g)也将随之改变。通过对实验时拍摄的气泡上升运动视频进行图像处理和分析,可以较为准确地得到 3 种转接头(2.3 mm、1.6 mm、1.2 mm)与不同口径喷嘴组合时生成的气泡的平均上升速度(v_b),分别为 25.3 cm/s、23.3 cm/s 和 22.6 cm/s,结合气体施放深度(h),即可根据式(7.15)近似求得下液池内驻留气泡的体积(V_g),进而推知气泡群排挤溢出水量(Q_g),其表达式为

$$Q_g \approx \begin{cases} 1.28v_g, & d_t = 2.3 \text{ mm} \\ 1.39v_g, & d_t = 1.6 \text{ mm} \\ 1.43v_g, & d_t = 1.2 \text{ mm} \end{cases} \qquad (7.18)$$

由式(7.17)可得到 3 种转接头(d_t)分别与不同口径喷嘴组合情况下的气泡群排挤溢出水量(Q_g);再依据式(7.11),即可对气泡上升携带水量的测量均值($\overline{Q}_{群}$)进行修正,进而得到其修正值($Q'_{群}$),具体结果如表 7.29~表 7.31 所示。

表 7.29 不同喷嘴口径下的气泡上升携带水量修正(d_t=2.3 mm)值统计表

喷嘴口径 d_n/mm	气体流量 v_g/(mL/s)	携带水量测量均值 $\overline{Q}_{群}$/mL	气泡排挤溢出水量 Q_g/mL	携带水量修正值 $Q'_{群}$/mL
0.45	1.32	146.1	1.69	145.41
0.6	5.13	156.8	6.56	150.23
0.8	6.99	166.6	10.23	156.36
1.2	9.05	161.6	11.58	160.02
1.6	9.41	161.6	12.04	149.56
2.3	10.00	144.6	12.80	131.90
3.0	11.06	140.9	14.16	126.64
3.5	10.00	140.6	12.80	126.90
4.3	11.19	141.9	14.32	126.58

表 7.30 不同喷嘴口径下的气泡上升携带水量修正(d_t=1.6 mm)值统计表

喷嘴口径 d_n/mm	气体流量 v_g/(mL/s)	携带水量测量均值 $\overline{Q}_{群}$/mL	气泡排出水量 Q_g/mL	携带水量修正值 $Q'_{群}$/mL
0.45	1.49	155.4	2.06	153.33
0.6	4.99	161.8	6.94	154.86
0.8	6.40	165.5	8.90	156.60
1.2	9.05	161.2	12.58	148.62
1.6	9.69	146.4	13.61	133.69
2.3	10.00	143.2	13.90	129.30
3.0	10.38	141.1	14.43	126.66
3.5	10.86	142.5	15.11	126.39
4.3	10.41	141.0	14.46	126.53

表 7.31　不同喷嘴口径下的气泡上升携带水量修正($d_t = 1.2$ mm)值统计表

喷嘴口径 d_n/mm	气体流量 v_g/(mL/s)	携带水量测量均值 $\overline{Q}_{群}$/mL	气泡排出水量 Q_g/mL	携带水量修正值 $Q'_{群}$/mL
0.45	1.59	152.0	2.26	149.63
0.6	5.88	161.0	8.41	152.59
0.8	6.04	158.6	10.06	148.63
1.2	9.63	151.1	13.91	136.19
1.6	10.3	146.3	14.63	131.56
2.3	10.56	145.4	15.12	130.28
3.0	11.16	143.5	15.96	126.53
3.5	10.62	142.2	15.19	126.01
4.3	10.91	142.8	15.60	126.20

　　为直观起见,可由表 7.29~表 7.31 绘制出图 7.25,其横坐标为喷嘴口径,纵坐标分别为气泡上升携带水量的测量均值和修正值。由图可见,其测量均值和修正值呈现的变化趋势大致相同,均随喷嘴口径的增大逐渐增加,至极大值后稍有减小并趋于稳定。

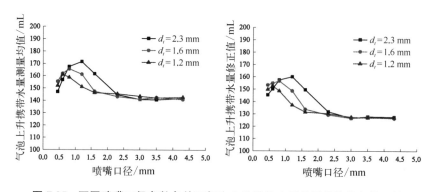

图 7.25　不同喷嘴口径参数条件下气泡上升携带水量的测量均值与修正值

7.4.3　双液密度黏性差影响的修正

　　本书实验中采用水和柴油两种不同密度的液体构成双液,柴油的黏性系数远大于水。当来自水中的上升气泡穿越分界液面时,由于双液黏性系数差的影响,受到的阻滞作用将大大增加,使得部分气泡携带的上升水体被阻挡在柴油之外,因而造成一定的水量损失,即前述实验中的气泡上升携带水量修正值(Q')仍然略小于气泡上升携带水量的实际值(Q_a)。为修正这一误差的影响,我们特选择多种不同密度和黏性的上液与水构成"双液"系统,进行气泡上升携带水量的测量实验,并寻求气泡上升携带水量与两种液体密度之间的相应数学关系,以推知上液为水时的实际携带水量。

7.4.3.1　单气泡实验中双液密度黏性差影响的修正

(1) 修正实验参数的确定。由流体的物理性质可知,流体密度越大,则黏性越小,因而采用不同密度的上液与水构成双液,即可得到黏性系数差不同的双液系统。鉴于此,我们以上述喷嘴口径影响实验中某一工况下(喷嘴口径为1.2 mm)的气泡水体携带能力实验为基础,选取航空煤油、普通 0# 柴油、色拉油等分别与水构成双液系统进行比对实验,具体参数如表 7.32 所示。

表 7.32　上液密度对气泡水体携带能力影响的实验参数表

上液厚度 /cm	气体施放深度 /cm	喷嘴口径 /mm	转相物质	实验温度 /℃
9.5	35	1.2	Na_2O_4	19

(2) 实验结果。使用 MC 液体密度计可方便测得舰用 30# 柴油、航空煤油、普通 0# 柴油的密度,分别为 0.815 kg/m³、0.686 kg/m³、0.838 kg/m³,将它们分别与水构成双液系统进行不同上液时的气泡水体携带能力测量实验。与前述相同,为减小测量误差的影响,每组实验重复进行 20 次,剔除奇异点后取有效数据的平均值,即可得到转相气体体积测量均值,进而根据气液两相体积比计算出气泡上升携带水量反算值。由前述分析可知,在单气泡水体携带能力测量实验中,下液池内驻留气泡所排挤 溢出水量的影响可忽略不计,因而气泡上升携带水量的修正值近似等于其反算值,具体数据如表 7.33 所示。

表 7.33　不同上液密度条件下气泡上升携带水量的测量均值及修正值一览表

上液种类	上液密度 $\rho/(kg/m^3)$	转相气体测量均值 Q_g/mL	携带水量反算均值 $\overline{Q_{单}}$/mL	携带水量修正值 $Q'_{单}$/mL
航空煤油	0.686	1 896	1.015 8	1.015 8
舰用 30# 柴油	0.815	2 022	1.083 3	1.083 3
普通 0# 柴油	0.838	2 165	1.165 2	1.165 2

(3) 分析与讨论。为直观起见,由表 7.33 绘制出图 7.26,可得不同上液密度条件下的转相气体体积测量均值和气泡上升携带水量修正值的关系图,其横坐标为上液密度,纵坐标分别为转相气体体积测量均值和气泡上升携带水量修正值。由图可知,上液密度和黏性系数对单气泡的水体携带能力有较大影响,上液密度较大时,转相气体体积的测量均值较大,相应地气泡上升携带水量的修正值也较大,其原因具体分析如下。

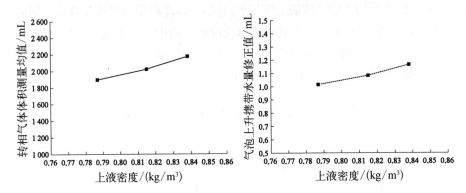

图 7.26　不同上液密度条件下的转相气体体积和气泡上升携带水量修正值曲线图

通常情况下,液体的密度较小时,其动力黏性系数反而较大。上、下液之间的密度之差决定了其黏性系数也存在一定的差异,因而使用不同上液时,油水分界液面对上升气泡及其携带水体阻滞作用的大小也有所不同。当上液密度较大时,其黏性系数相对较小,油水分界液面处的双液黏性系数差也将相应减小,因而上升气泡及其携带的上升水体穿越该界面时受到的阻滞作用将有所减小,可以相对容易地进入到上液中,即分离出来的气泡上升携带水体相对较为完全,其与转相物质反应时生成的气体的体积显著增大,因而由此反算得到的气泡上升携带水量也就相应增大。采用最小二乘法对图 7.26 中的数据进行拟合,可得气泡上升携带水量修正值($Q'_{单}$)与上液密度(ρ)之间的函数关系:

$$Q'_{单} = 1.890\rho - 0.453 \tag{7.19}$$

当上液为水时,其密度为 1,代入式(7.18)可得该实验条件下的实际气泡上升携带水量约为 1.436 mL,与上液为舰用 30# 柴油时的气泡上升携带水量修正值相差约 0.353 6 mL。

(4) 实验结论。由式(7.18)可得,使用不同上液时,得到的气泡上升携带水量的修正值与实际的气泡上升携带水量($Q_{a单}$)之间均存在一个差值

$\Delta Q_{单}$，其值可由下式求得

$$\Delta Q_{单} = 1.890(\rho_{水} - \rho_{上液}) \tag{7.20}$$

将水和舰用 $30^{\#}$ 柴油的密度分别代入式(7.31)可知，实际的单气泡上升携带水量($Q_{a单}$)与上述实验得到的气泡上升携带水量修正值($Q'_{单}$)相差约 0.349 6 mL。即有

$$Q_{a单} = Q'_{单} + 0.349\ 7 \tag{7.21}$$

依据式(7.20)，我们可进一步对上液为柴油时测得的单气泡上升携带水量修正值($Q'_{单}$)进行修正，进而得到不同喷嘴口径、注气量、气体施放深度、喷嘴距离条件下的气泡上升携带水量实际值($Q_{a单}$)，具体数据如表 7.34～表 7.36 所示。

表 7.34　不同喷嘴口径下的单气泡上升携带水量修正值和实际值一览表

喷嘴口径 d_n/mm	气泡上升携带水量修正值 $Q'_{单}$/mL		气泡上升携带水量实际值 $Q_{a单}$/mL	
	过氧化钠配方	超氧化钠配方	过氧化钠配方	超氧化钠配方
0.45	0.468 9	0.519 1	0.828 6	0.868 8
0.6	0.668 6	0.606 5	1.018 3	0.956 2
0.8	0.669 8	0.801 5	1.119 5	1.151 2
1.2	1.146 5	1.085 4	1.496 2	1.435 1
1.6	1.218 3	1.235 9	1.568	1.585 6
2.3	1.366 1	1.401 5	1.615 8	1.651 2

表 7.35　不同注气量下的单气泡上升携带水量修正值和实际值一览表

注气量 V/mL	气泡上升携带水量修正值 $Q'_{单}$/mL		气泡上升携带水量实际值 $Q_{a单}$/mL	
	过氧化钠配方	超氧化钠配方	过氧化钠配方	超氧化钠配方
0.012 1	0.445 2	0.505 6	0.694 9	0.855 4
0.015 6	0.652 5	0.680 9	1.002 2	1.030 6
0.020 2	0.884	0.812 2	1.233 6	1.161 9
0.028 1	1.123 4	1.083 3	1.463 1	1.433

（续表）

注气量 V/mL	气泡上升携带水量修正值 $Q'_{单}$/mL		气泡上升携带水量实际值 $Q_{a单}$/mL	
	过氧化钠配方	超氧化钠配方	过氧化钠配方	超氧化钠配方
0.034 3	1.406 3	1.433 6	1.656	1.683 3
0.036 9	1.544 5	1.584 2	1.894 2	1.933 9

表 7.36　不同气体施放深度下的单气泡上升携带水量修正值和实际值比较表

气体施放深度 h/cm	气泡上升携带水量修正值 $Q'_{单}$/mL		气泡上升携带水量实际值 $Q_{a单}$/mL	
	过氧化钠配方	超氧化钠配方	过氧化钠配方	超氧化钠配方
5	0.803 6	0.818 6	1.153 3	1.168 3
15	0.893 6	0.904 9	1.243 3	1.254 6
25	0.986 8	0.962 4	1.336 5	1.322 1
30	1.038 3	1.024 9	1.388	1.364 6
35	1.062 0	1.083 3	1.421 6	1.433 0
40	1.113 8	1.114 9	1.463 5	1.464 6
45	1.115 4	1.103 6	1.465 1	1.453 3
50	1.112 2	1.110 1	1.461 9	1.459 8

表 7.37　不同喷嘴距离下的单气泡上升携带水量修正值和实际值比较表

喷嘴距离 /mm	气泡上升携带水量修正值 $Q'_{单}$/mL		气泡上升携带水量实际值 $Q_{a单}$/mL	
	过氧化钠配方	超氧化钠配方	过氧化钠配方	超氧化钠配方
15	4.381 2	4.543 6	4.630 9	4.893 3
21	3.132 4	2.969 6	3.482 1	3.329 4
26	2.301 5	2.401 6	2.651 2	2.651 4
33	2.052 4	2.024 0	2.402 1	2.363 6
39	1.981 6	2.086 2	2.331 4	2.435 9
45	2.082 9	2.166 6	2.432 6	2.516 3
51	2.254 9	2.149 4	2.604 6	2.499 1
56	2.248 5	2.196 0	2.598 2	2.546 6

（续表）

喷嘴距离 /mm	气泡上升携带水量修正值 $Q'_单$/mL		气泡上升携带水量实际值 $Q_{a单}$/mL	
	过氧化钠配方	超氧化钠配方	过氧化钠配方	超氧化钠配方
63	2.182 6	2.243 6	2.532 3	2.593 4
69	2.229 2	2.201 3	2.568 9	2.551

7.4.3.2　气泡群实验中双液密度黏性差影响的修正

（1）修正实验参数的确定。我们以上述喷嘴口径参数影响实验中某一工况下（转接头口径为 2.3 mm，喷嘴口径为 1.2 mm）的气泡上升携带水量为基准，选取航空煤油、舰用 30# 柴油、普通 0# 柴油等分别与水构成双液系统进行比对实验，具体参数如表 7.38 所示。

表 7.38　上液密度对气泡群水体携带能力影响的实验参数简表

上液厚度 /cm	气体施放深度 /cm	注气压力	注气量 /mL	喷嘴口径 /mm	转接头口径 /mm	实验温度 /℃
9.5	32.5	恒定	20	1.2	2.3	19

（2）实验结果。使用 MC 液体密度计可方便测得上述 3 种上液的密度为 0.686 kg/m³、0.815 kg/m³、0.838 kg/m³，将它们分别与水构成双液系统进行不同上液时的气泡群水体携带能力测量实验。为减小测量误差的影响，每组实验重复进行 20 次，剔除奇异点后取有效数据的平均值即可得到气泡群上升携带水量的测量均值。鉴于气泡群排挤溢出水量（Q_g）与上液的类型无关，因而可根据上液为舰用 30# 柴油时求得的气泡群排挤溢出水量（Q_g），约为 11.58 mL，对不同双液系统中气泡上升携带水量的测量均值进行修正，从而得到气泡群上升携带水量的修正值，具体数据如表 7.39 所示。

表 7.39　不同上液密度下气泡上升携带水量的测量均值及修正值一览表

上液种类	上液密度 ρ/(kg/m³)	携带水量测量均值 $\overline{Q}_群$/mL	气泡排挤溢出水量 Q_g/mL	携带水量修正值 $Q'_群$/mL
航空煤油	0.686	159.2	11.58	146.62
舰用 30# 柴油	0.815	161.6	11.58	160.02
普通 0# 柴油	0.838	185.6	11.58	164.12

（3）分析与讨论。为直观起见，由表 7.39 绘制出图 7.27，得到上液密度与气泡上升携带水量修正值的关系图，其横坐标为上液密度，纵坐标为气泡上升携带水量修正值。由图可见，上液类型对气泡的水体携带能力有较大影响，上液密度较大时，气泡上升携带水量修正值也较大，上液密度气泡上升携带水量随上液密度的增大而增大，其原因具体分析如下。

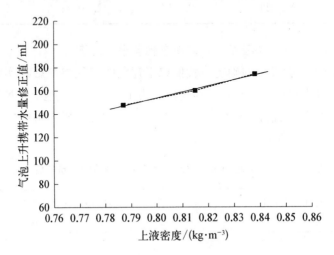

图 7.27　不同上液密度条件下的气泡上升携带水量修正值曲线

上、下液密度之差的大小决定了双液黏性差的大小，使得油水分界液面对上升气泡的束缚力也有所不同。上液密度增大时，其黏性将随之减小，油水分界液面处的双液黏性差也将相应减小，因而气泡及其携带的上升水体运动至该界面时受到的阻滞作用有所减小，可以相对容易地越过油水分界液面进入到上液中，气泡上升携带水体被有效分离出来的就越多，相应地测得的气泡上升携带水量也就越大。

采用最小二乘法对图 7.27 中的数据进行拟合，可得气泡上升携带水量修正值（$Q'_{群}$）与上液密度（ρ）之间的函数关系：

$$Q'_{群} = 337.9\rho - 102.8 \tag{7.22}$$

当上液为水时，其密度为 1，代入式（7.33）可得该实验条件下的实际气泡上升携带水量约为 235.1 mL，与上液为舰用 $30^{\#}$ 柴油时的气泡上升携带水量修正值相差约 65.08 mL。

（4）实验结论。由式（7.21）可知，使用不同上液时，测得的气泡群上升携带水量修正值与气泡上升携带水量实际值（$Q_{a群}$）之间均存在一个差值

$\Delta Q_{群}$，其值可由下式求得：

$$\Delta Q_{群} = 337.9(\rho_{水} - \rho_{上液}) \tag{7.23}$$

将水和舰用$30^{\#}$柴油的密度代入式(7.22)可知，气泡上升携带水量实际值($Q_{a群}$)与上述得到的气泡上升携带水量修正值($Q'_{群}$)之间相差约 62.5 mL，即有：

$$Q_{a群} = Q'_{群} + 62.5 \tag{7.24}$$

依据式(7.24)，对气泡上升携带水量修正值($Q'_{群}$)进行修正，可得上述不同影响因素条件下的气泡上升携带水量实际值($Q_{a群}$)，具体结果如表 7.40～表 7.42 所示。

表 7.40　不同注气量和注气速度下气泡群上升
携带水量的修正值与实际值一览表

注气量 V/mL	气泡上升携带水量/mL		注气速度 v_g/(mL/s)	气泡上升携带水量/mL	
	修正值/$Q'_{群}$	实际值/$Q_{a群}$		修正值/$Q'_{群}$	实际值/$Q_{a群}$
5	16.2	64.6	1	95.13	156.63
10	36.9	89.4	2	136.31	198.81
15	68.4	125.9	3	148.44	210.94
20	118.6	161.2	5	155.26	216.66
25	136.2	164.6	10	124.11	186.61
30	159.5	192.0	15	104.62	166.12
40	206.3	229.8	20	101.3	163.8
			25	104.1	166.6

表 7.41　不同施放深度下气泡群上升携带水量的修正值与实际值比较表

施放深度 h/cm	携带水量修正值 $Q'_{群}$/mL		携带水量实际值 $Q_{a群}$/mL	
	$d_n=0.6$ mm	$d_n=2.5$ mm	$d_n=0.6$ mm	$d_n=2.5$ mm
26.5	165.2	166.6	236.6	230.2
32.5	198	189.1	260.5	251.6
35	205.8	196.8	268.3	259.3

（续表）

施放深度	携带水量修正值 $Q'_{群}$/mL		携带水量实际值 $Q_{a群}$/mL	
h/cm	$d_n=0.6$ mm	$d_n=2.5$ mm	$d_n=0.6$ mm	$d_n=2.5$ mm
36.5	202.2	202.4	264.6	264.9
40	169.9	202.8	242.4	265.3
42.5	134.6	163.8	196.2	236.3
45	190.6	166.4	253.1	228.9
46.5	196.4	180.5	258.9	243
50.0	200.8	185.6	263.3	248.2
52.5	200.3	184.6	262.8	246.2

表 7.42　不同口径喷嘴下气泡群上升携带水量的修正值与实际值比较表

喷嘴口径	携带水量修正值 $Q'_{群}$/mL			携带水量实际值 $Q_{a群}$/mL		
d_n/mm	$d_t=2.3$ mm	$d_t=1.6$ mm	$d_t=1.2$ mm	$d_t=2.3$ mm	$d_t=1.6$ mm	$d_t=1.2$ mm
0.45	145.41	153.33	149.63	206.91	215.83	212.23
0.6	150.23	154.86	152.59	212.63	216.36	215.09
0.8	156.36	156.6	148.63	219.86	219.1	211.13
1.2	160.02	148.62	136.19	222.52	211.12	199.69
1.6	149.56	133.69	131.56	212.06	196.29	194.06
2.3	131.9	129.3	130.28	194.4	191.8	192.68
3.0	126.64	126.66	126.53	189.24	189.16	190.03
3.5	126.9	126.39	126.01	190.4	189.89	189.51
4.3	126.58	126.53	126.20	190.08	189.03	189.60

第8章
上升气泡水体携带能力的表征

通过前述关于单气泡和气泡群水体携带能力的测量实验及修正研究，得到了不同注气量、注气速度、喷嘴口径及深度等条件下的气泡上升携带水量实际值，实现了气泡上升携带水体的有效分离和精确测量。本章将以上述结论为基础，深入分析影响上升气泡水体携带能力的决定性因素，进而得到气泡上升携带水量的表征函数，以便更好地为军事与非军事领域的工程化应用服务。

8.1 上升气泡水体携带能力的决定性影响因素

8.1.1 单气泡实验的决定性影响因素

根据表 7.34～表 7.36 所列出的关于单气泡水体携带能力的测量实验结果，可绘制出不同参数条件下的单气泡上升携带水量的变化曲线，如图 8.1 所示。

综合图 8.1(a)～图 8.1(d)可知，喷嘴口径、注气量、气体施放深度、喷嘴距离等实验参数的改变，均会引起单气泡上升携带水量发生不同程度的变化，且采用过氧化钠和超氧化钠两种转相配方时的影响基本一致，具体规律如下：

(1) 随着喷嘴口径(d_n)的增大，单气泡上升携带水量随之逐渐增加；而当 $d_n > 1.2$ mm 时，其增幅稍有减缓，如图 8.1(a)所示。

(2) 随着注气量(V)的增加，单气泡上升携带水量的变化相对于其他因素而言最为明显，近似呈线性增大，如图 8.1(b)所示。

(3) 随着气体施放深度(h)的增大，单气泡上升携带水量也呈现逐渐增加的总体趋势，当 $h > 40$ cm 时趋于稳定，如图 8.1(c)所示。

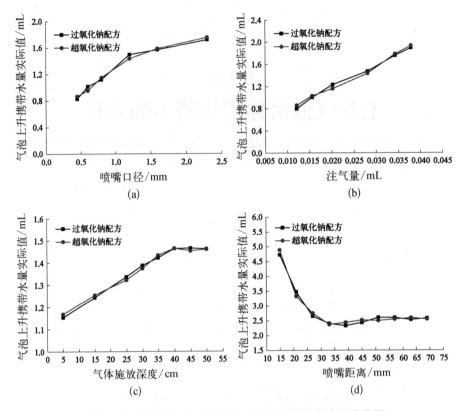

图 8.1　不同参数条件下的单气泡上升携带水量变化曲线图

（4）喷嘴间距离（D_n）较小时，两平行上升气泡的携带水量较大，但随 D_n 的增大携带水量急剧减小并趋于稳定，如图 8.1(d)所示。

综合上述规律可知，在注气量、喷嘴口径、气体施放深度、喷嘴间距等各个参数中，对单气泡的水体携带能力起着决定性影响的因素是注气量的大小。喷嘴口径、注气量、气体施放深度的增大，均会使单气泡的水体携带能力得到增强，然而当喷嘴口径和气体施放深度增大到一定程度后，单气泡的水体携带能力或增幅变缓或趋于稳定。对于两平行上升的单气泡而言，其总体水体携带能力并不一定总是两个单气泡水体携带能力的简单叠加，而往往与喷嘴之间的距离大小密切相关。只有注气量这一参数对单气泡水体携带能力影响的规律性较强，始终呈近似线性增加。

8.1.2　气泡群实验的决定性影响因素

根据表 7.40～表 7.42 所列出的关于气泡群水体携带能力的测量实验结

果,可绘制出不同参数条件下的气泡群上升携带水量的变化曲线,如图 8.2 所示。

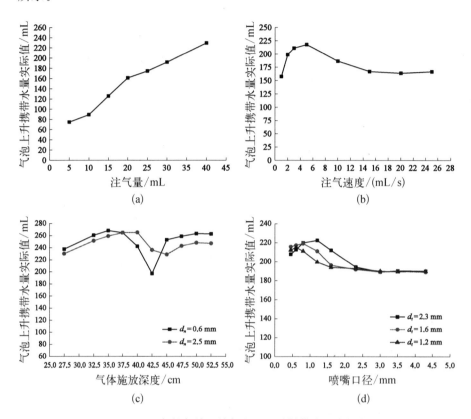

图 8.2　不同参数条件下的气泡群上升携带水量变化曲线

综合图 8.2(a)、(b)、(c)、(d)可知,注气量、注气速度、喷嘴口径、气体施放深度即喷嘴深度等实验参数发生改变时,均会引起气泡群上升携带水量发生不同程度的变化,具体影响规律如下:

(1) 随着注气量(V)的增加,气泡群上升携带水量的变化相对于其他因素而言最为明显,近似呈线性增大规律,如图 8.2(a)所示。

(2) 随着注气速度(v_g)的增大,气泡群上升携带水量逐渐增加,当 $v_g >$ 15 mL/s 时基本趋于稳定,如图 8.2(b)所示。

(3) 随着气体施放深度(h)的增大,气泡群上升携带水量逐渐增加,当 $h > 45$ cm 时趋于稳定,而当 35 cm $< h <$ 45 cm 时携带水量则有明显减小,如图 8.2(c)所示。

(4) 随着喷嘴口径(d_n)的增大,气泡群上升携带水量也呈现逐渐增加的总体趋势,$d_n > d_t$(输气管路之最小口径)时逐步趋于稳定,如图 8.2(d)所示。

综合上述规律可知,对气泡群水体携带能力起着决定性影响的因素,同样也是注气量的大小。随着注气速度(v_g)、气体施放深度(h)、喷嘴口径(d_n)等的增大,气泡群的水体携带能力均呈现增强的总体趋势,且当 $v_g >$ 15 mL/s、$h > 45$ cm、$d_n > d_t$ 或口径比 $n > 1$ 时,气泡群的水体携带能力趋于稳定;而注气量(V)影响的规律性较为明显,气泡群水体携带能力始终呈近似线性增强。

8.1.3 注气量因素的决定性影响

由前文关于注气量、喷嘴口径、气体施放深度、注气速度、喷嘴距离等参数的变化对气泡水体携带能力影响的机理分析可以发现,喷嘴口径等的变化主要是改变了气泡本身的运动特性,而注气量的变化则可能引起气泡大小和数量的直接改变。

当喷嘴口径、气体施放深度、注气速度、喷嘴距离等参数发生改变时,将引起气泡的脱离体积、上升速度、上升轨线、相邻气泡间的作用等的相应变化,其本质是气泡的动力学特性发生了改变,进而引起气泡水体携带能力的变化。然而,气泡上升运动最终总会趋于某种动态平衡,此时气泡水体携带能力将逐步趋于稳定。

注气量引起的变化则与前述参数引起的变化有着本质的区别,注气量的增加意味着气泡数量的增多或者气泡尺度的增大。随着气泡尺度的增大,其上升运动的速度也将有所增大,进而使得水体携带能力随之得到增强;随着气泡数量的增多,其与周围水体相互作用的比表面积逐渐增大,因而水体携带能力也会持续增强。

综上所述,在单气泡和气泡群水体携带能力测量实验中,改变注气量、喷嘴口径、施放深度、注气速度、喷嘴距离等参数,均会不同程度地引起气泡水体携带能力的变化,其中注气量大小是决定性影响因素,而其他参数的影响则相对是次要的。显然,这一结论与气泡是引起水体扰动的原动力这一物理本质,以及气泡越多引起的扰动也就会越强这一客观规律都是一致的。

8.2 基于实验的单气泡水体携带能力表征

8.2.1 表征函数的一般形式

由前述单气泡水体携带能力测量实验可知,喷嘴口径(d_n)、注气量(V)、气体施放深度(h)等参数的变化,均会引起单气泡上升携带水量实际值($Q_{a单}$)不同程度地发生改变。根据以具有良好检测性的气泡上升携带水量来表征上升气泡水体携带能力这一总体思想,可以得到单气泡上升携带水量表征函数的一般形式:

$$Q_{a单} = f(V, d_n, h) \tag{8.1}$$

式(8.1)给出的变量仅限于前述单气泡水体携带能力影响实验中已开展相关研究的主要参数,将其推广至实际工程应用中时,还应结合具体实际,增加温度、气压等影响较为显著的其他参数。

8.2.2　表征函数的注气量表征形式

结合前述分析可知,注气量(V)对气泡水体携带能力起着决定性的影响,而喷嘴口径(d_n)、气体施放深度(h)等参数的影响则相对较小,故可由式(8.1)得到以注气量(V)来表征单气泡上升携带水量实际值($Q_{a单}$)的函数形式:

$$Q_{a单} = f(V) + \Delta Q_单 \tag{8.2}$$

显然,这一形式是对上述表征函数一般形式的一种具体化,也就是将单气泡上升携带水量视为注气量的函数,而其中 $\Delta Q_单$ 的大小则为气体施放深度、喷嘴口径等其他参数对单气泡水体携带能力的综合影响。

鉴于采用超氧化钠配方进行转相精测的效率和精度较高,我们特对上述单气泡实验结果中的超氧化钠配方数据进行最小二乘法拟合,可得气泡上升携带水量实际值与注气量之间的函数关系曲线,如图 8.3 所示,其函数关系表达式为

$$Q_{a单} = 41.0V + 0.356 \tag{8.3}$$

利用上式即可估算出给定注气量条件下的单气泡上升携带水量,从而对单气泡的水体携带能力进行表征。在上式(8.3)中,单气泡上升携带水量表征函数的斜率为 41.0,而与式(8.2)中对应的 $\Delta Q_单$ 约为 0.356 mL。

需要说明的是,基于上述测量实验得出 $\Delta Q_单$ 值所对应的具体条件为:气体施放深度(h)约 35 cm,喷嘴口径(d_n)0.45～2.3 mm。显然,当气体施放深度、喷嘴口径等参数发生改变时,$\Delta Q_单$ 的大小可能随之发生一定的变化,具体规律还有待后续做进一步深入研究,但其值相对于该函数主项 $f(V)$ 的大小来说,$\Delta Q_单$ 的影响是可以忽略的。

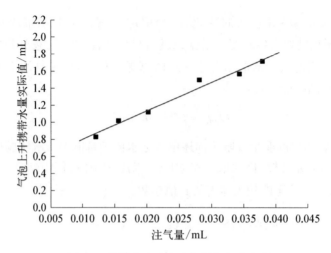

图 8.3 单气泡实验中注气量与气泡上升
携带水量实际值的关系曲线

8.2.3 表征函数的简化形式

由式(8.3)可知,$\Delta Q_单$的值较小,其对气泡水体携带能力的影响几乎可以忽略不计。即使当注气量(V)小至 1 mL 时,$\Delta Q_单$(0.356 mL)也仅占到单气泡上升携带水量 $Q_{a单}$(41.356 mL)的 0.9% 左右,其影响还是非常微小的。在实际工程应用中,注气量(V)通常较大,因而 $\Delta Q_单$ 的影响更是微乎其微,式(8.3)可简化为

$$Q_{a单} = 41.0V \tag{8.4}$$

式(8.4)是单气泡上升携带水量表征函数的简化形式。实际工程应用中,可直接采用这一简化形式对诸如单位体积气体的携带水量等问题进行估计。

8.3 基于实验的气泡群水体携带能力表征

8.3.1 表征函数的一般形式

由前述的气泡群水体携带能力测量实验可知,注气量(V)、注气速度(v_g)、气体施放深度(h)、喷嘴口径(d_n)、转接头口径(d_t)等参数的改变,均会引起气泡群上升携带水量实际值不同程度地改变,因而其表征函数的一般形式可写为

$$Q_{a群} = f(V, v_g, h, d_n, d_t) \tag{8.5}$$

式(8.5)中给出的变量仅限于本书气泡群水体携带能力影响实验中已开展相关研究的主要参数,也可将其中的喷嘴口径(d_n)和转接头口径(d_t)两大参数同时替换为口径比(n)。当其推广至其他工程应用中时,还应结合具体实际,增加温度、气压等影响较为显著的参数。

8.3.2　表征函数的注气量表征形式

结合前述分析可知,注气量是气泡群水体携带能力的决定性影响因素,而注气速度、气体施放深度、喷嘴口径、转接头口径、口径比等参数对气泡群水体携带能力的影响均相对较小。于是,可将气泡群上升扰动水体表征函数看作是注气量的函数,则式(8.5)可写为

$$Q_{a群} = f(V) + \Delta Q_{群} \tag{8.6}$$

式中,$\Delta Q_{群}$ 的大小主要反映了注气速度、气体施放深度、喷嘴口径等对气泡群水体携带能力的综合影响。

采用最小二乘法对不同注气量(V)情况下测得的气泡群上升携带水量实际值($Q_{a群}$)进行线性拟合,可得二者的函数关系曲线,如图 8.4 所示。

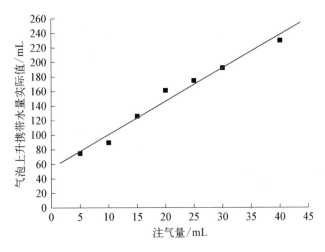

图 8.4　注气量与气泡上升携带水量实际值的关系曲线

且该曲线的函数关系表达式为

$$Q_{a群} = 4.586V + 54.65 \tag{8.7}$$

利用上式即可估算出给定注气量条件下的气泡群水体携带量,从而对气泡群的水体携带能力进行表征,它表明气泡群上升携带水量的实际值($Q_{a群}$)将随注气量(V)增加呈近似线性增强。在式(8.6)中,气泡群上升扰动水体表征函数的斜率为 4.586,而与式(8.6)中对应的 $\Delta Q_{群}$ 约为 54.65 mL。

需要说明的是,此处基于测量实验得出的 $\Delta Q_{群}$ 值,所对应的实验具体条件为水温 20 ℃、气体施放深度 52 cm、喷嘴口径 2.5 mm、注气速度 16 mL/s,而当这些条件发生改变时,$\Delta Q_{群}$ 值可能随之发生一定的变化,具体规律还有待后续进一步深入研究,但其值相对于该函数主项 $f(V)$ 的大小来说则不是主要的,尤其当注气量(V)增大至上百毫升时,$\Delta Q_{群}$ 的影响完全可以忽略,可得气泡群上升携带水量表征函数的简化形式:

$$Q_{a群} = 4.586V \tag{8.8}$$

实际工程应用中,可直接采用这一简化形式对单位体积气体生成的气泡群水体携带能力等问题进行估计。

8.4　单气泡与气泡群水体携带能力的比较分析

8.4.1　单气泡与气泡群上升携带水量的关系分析

8.4.1.1　对比实例分析

上述得到的气泡上升携带水体的表征函数中,注气量(V)是决定性影响因素,ΔQ 则是多种因素综合作用的结果。假定采用 1.2 mm 口径的喷嘴生成气泡,气体施放深度同为 35 cm,注气量同为 20 mL,可采用以下两种方式注入气体:

一是以单气泡注入方式,即每次生成一个气泡,直至 20 mL 气体全部注入,注气过程中严格控制气泡生成的时间间隔,以确保先后生成气泡的间距足够大,避免其相互影响及聚并现象的发生,以便进行单气泡上升携带水量的计算分析;

二是以气泡群注入方式,即以不同的特定注气速度,向水中一次性注入 20 mL 气体形成气泡群,以便进行气泡群上升携带水量的计算分析。

当采用单气泡注入方式时,可直接由式(8.4)求得相应的气泡上升携带水量估算值,约为 840 mL。也可根据 1.2 mm 口径喷嘴生成单个气泡的脱离体积(V_1),求出给定注气量(V)条件下生成气泡的数量($N = V/V_1$),进而更为精确地求得注入给定体积气体时获得的气泡上升携带的总水量,显然,

它可以被看成是单气泡上升携带水量的 N 倍,即可利用下式求解:

$$Q_{a单} = \frac{V}{V_1}(41.0V_1 + 0.357) \tag{8.9}$$

对上式进行变形可得:

$$Q_{a单} = 41.0V + 0.357\frac{V}{V_1} \tag{8.10}$$

由前述实验可知,在 35 cm 深度处以 1.2 mm 口径喷嘴施放气体时,生成单个气泡的脱离体积 V_1 约为 28.1 mm³,将其代入式(8.9),即可解算出注气量 V 为 20 mL 时,采用单气泡注入方式获得的气泡上升携带总水量的精确值为 1 068 mL。而当采用气泡群注入方式时,将注气量 20 mL 代入式(8.6),即可求得气泡群上升的携带总水量,约为 146.4 mL。采用与此完全类似的方法,不难计算出不同注气量条件下的 $Q_{a群}$ 和 $Q_{a单}$ 值,如表 8.1 所示[为计算简便,表中的 $Q_{a单}$ 值直接由式(8.4)得出]。

表 8.1　相同注气量下的单气泡与气泡群水体携带能力的比较表

注气量(V)	单气泡携带水量($Q_{a单}$)	气泡群携带水量($Q_{a群}$)	$Q_{a群}/Q_{a单}$
5	205	66.58	0.368 4
10	410	100.51	0.245 1
15	615	123.44	0.200 6
20	820	146.36	0.168 5
25	1 025	169.30	0.165 2

由上述分析及表 8.1 可见,无论是与单气泡上升携带水量的估算值相比,还是与精确值相比,气泡群的上升携带水量,均要远远小于以单个气泡形式注入相同体积气体时获得的携带的总水量。

8.4.1.2　比值关系分析

上述关于气泡群上升携带水量要远远小于以单个气泡形式注入相同体积气体时获得的携带总水量这一结论,还可从由式 8.6 与式 8.9 得到的 $Q_{a群}$ 与 $Q_{a单}$ 之间的比值关系得到更好的说明。

$Q_{a群}$ 与 $Q_{a单}$ 之间比值关系的推导过程如下:

$$Q_{a群}/Q_{a单} = \frac{4.586V + 54.65}{41.0V + 0.357(V/V_1)} = \frac{4.586 + 54.65/V}{41.0 + 0.357/V_1}$$

将前述实验得出的 $V_1 = 28.1\ \text{mm}^3 = 0.0281\ \text{mL}$ 代入上式并化简,即可得:

$$Q_{a群}/Q_{a单} = 0.085 + \frac{1.02}{V} \tag{8.11}$$

式(8.9)中,注气量(V)以 mL 为单位。对于实际的工程应用,注气量 V 显然是一个很大的数值,通常要远远大于 5 mL。即使将 $V = 5$ mL 代入式(8.10),得到的 $Q_{a群}/Q_{a单}$ 比值也只有 0.289。如将工程应用中常用的注气量 V 的实际值代入到式(8.10)中,则得到的 $Q_{a群}/Q_{a单}$ 这一比值必然更小。

综合上述分析可知,$Q_{a群}/Q_{a单}$ 的比值要远远小于 1,即 $Q_{a单}$ 远远大于 $Q_{a群}$。

8.4.2　上升气泡水体携带能力对比的工程应用启示

8.4.2.1　有利工作点的选定原则

根据上述分析得出的 $Q_{a群}/Q_{a单}$ 值远远小于 1 这一结果,不难得出对实际工程应用更具指导意义的重要结论:在注气量相同的情况下,单气泡注入方式比气泡群注入方式的水体携带能力更强。也就是说,从理论上讲,在实际工程应用中选用单气泡注入方式,可以获得相对更高的水体携带效率。

根据这一结论,为了尽可能获得较高的上升气泡水体携带效率,以单气泡方式注入气体更有利于工程应用。然而,实际的工程应用中,真正使用单气泡方式注入气体是根本行不通的,其主要原因在于单气泡注入方式存在着两大明显的缺陷:一是需要耗费大量的时间,其速效性太差(对舰船尾流抑制等军事应用)或生产效率太低(对污水曝气处理等非军事应用);二是单个气泡生成操作实现率较大,生成频率难于控制,工艺过程极为复杂。显然,对上升气泡的实际工程应用而言,单气泡注入方式存在的这两大缺陷都是极为不利的。因此,尽管气泡群注入方式的水体携带能力相对较差,却因其具有便于控制、省时省力、生产效率高等诸多优势,在工程中反而被普遍采用。

综上分析,无论是军事领域还是非军事领域,在实际工程应用中都应综合考虑气泡水体携带效率和工程生产效率(或军事上的速效性等指标)这两方面因素,统筹兼顾地选择确定一个有利的工作点,以便既能充分保证气泡对水体的携带效率,又能满足工程生产效率或速效性的需要。

8.4.2.2　军事领域工程应用的启示

水中上升气泡可广泛应用于舰船尾流抑制、舰船气幕减阻、潜艇隔声降噪等诸多重要的军事领域。

（1）舰船尾流抑制应用的启示。舰船尾流气浮式抑制技术是利用大气泡对周围水体的上升携带发挥作用，使尾流中驻留时间较长的微小气泡快速上升，从而迅速降低尾流中的特征微小气泡的数密度，缩短舰船气泡尾流的有效长度，减小其可探测的存留时间，进而削弱舰船气泡尾流场的目标特征强度，以有效对抗尾流自导鱼雷的攻击。气浮式舰船尾流抑制技术应用的关键点在于：如何选择有利的工作点，使之能够在最短的时间内获得相对较高的水体携带效率。

根据文献资料及有关实船测试结果，舰船气泡尾流可被探测的有效长度 L_A，通常可用以下经验公式表示：

$$L_A = C_A \cdot V_S \tag{8.12}$$

式中，V_S 为目标舰船的航速，单位是 m/s；C_A 为比例系数，单位为 s，与当时的海况和鱼雷尾流自导装置的检测能力有关。以俄罗斯某型鱼雷为例，三级以下海况时，$C_A = 180$ s；五级海况时，$C_A = 120$ s。

假设某舰航速为 30 节，吃水为 8 m，三级以下海况，则根据式（8.12）可得到该舰被上述某型俄罗斯鱼雷探测到的有效尾流长度 L_A 为 2 600 m，且 $V_s = 0.5 \times 30 = 15$ m/s，假如必需要将其缩短到 $L_{A1} = 500$ m 才能很好地达到有效对抗尾流自导鱼雷的目的，则人工施放的大气泡必须在 T 时间之内将大量的微小气泡携带上升至水面，而 T 值可由下式求得

$$T = L_{A1}/V_s \tag{8.13}$$

由上式可求得 $T = 33.3$ s。要在这么短的时间之内，使得舰船尾流中大量的微小气泡被人工大气泡携带至水面，如何保证其速效性是实现该目标的关键所在。也就是说，对于舰船尾流气浮式抑制技术这样的军事工程应用而言，首先要确保的是，必须在具体战术所要求的限定时间内，将舰船尾流中的微小气泡，由人工施放的大气泡携带至水面进而得以高效快速消除，而关于气泡对水体的携带能力的大小问题，在此只能将其作为第二指标放在从属位置考虑。基于气泡上浮速度与气泡尺度的关系，人工生成大气泡的上升速度为 22～35 cm/s，相对于尾流中分布最为集中的 50 μm 左右的气泡而言，其不足 1 mm/s 的上升速度，大气泡的上升速度是其的数百倍。

根据前述分析,若采取携带能力较强的单气泡注入方式,显然是无法实现上述目标的,只有采用气泡群方式注入用以形成人工大气泡的气体,才有可能较为圆满地解决这一问题。在具体实施过程中,首先要保证单位时间内注气量足够大,确保能在尽可能短的时间内,把尾流中的微小气泡携带至水面加以消除;在这一前提下,还要采用尽可能小的注气速度,以尽量使得人工形成的大气泡对周围水体中的尾流气泡有尽可能高的携带能力,进而使气体的消耗量易于得到保障和提供。

(2) 气幕弹应用的启示。气幕弹是当前水声对抗器材中唯一的无源干扰器材,具有结构简单、成本低廉、使用方便、效果显著等优点。当气幕弹被发射进入海水后,其内部的化学药柱与海水发生化学反应产生大量气泡,从而形成一定规模的气幕。由于气泡对声波有较强的散射和吸收作用,且直径在 $0.03 \sim 0.3$ cm 范围内的气泡的谐振频率覆盖鱼雷的主要工作频段,因而气幕能够对鱼雷的发射信号产生散射和反射作用而形成假回波,造成鱼雷产生主动自导的误动作;衰减鱼雷的发射信号和潜艇反射的回波信号,降低了自导鱼雷接收回波信号的强度,使之无法发现目标或丢失已探测到的目标;屏蔽潜艇辐射噪声,使鱼雷被动检测能力降低或失效等,这些都将干扰鱼雷的正常工作,从而提高舰艇的生存能力。

使用气幕弹对抗主动声自导鱼雷时,气幕的干扰作用可用下式进行分析和表达:

$$SL - 2TL + TS_g \geqslant NL - DI + DT_a \tag{8.14}$$

$$SL - 2TL - 2IL + TS \geqslant NL - DI + DT_a \tag{8.15}$$

式中,SL 为鱼雷发射声源级,TL 为目标至鱼雷处的传播损失,TS_g 为气幕总散射强度,NL 为鱼雷干扰声源级,DI 是鱼雷接收指向性指数,DT_a 是检测阈,TS 为目标反射强度,IL 为气幕形成的插入损失,上述各量的单位均为 dB。将气幕视为假目标和屏蔽层时,必须保证式(8.14)和式(8.15)成立,则鱼雷可以检测到潜艇目标。

使用被动声自导鱼雷时,气幕干扰只起单纯的屏蔽作用,可用下式表示:

$$SL - TL - IL \geqslant NL - DI + DT_p \tag{8.16}$$

式中,SL 是潜艇目标辐射噪声声源级,IL 是由于气幕的掩蔽作用造成鱼雷接收到的潜艇目标辐射能量的损失量,DT_p 是检测阈。式(8.16)成立时,鱼雷能发现潜艇目标。

　　根据前述分析可知：主、被动声自导鱼雷能否正常工作主要取决于气幕的总散射强度、气幕形成的插入损失、气幕的隐蔽作用等,而这些参数又与气幕滞留时间、气幕工作频带等密切相关。其中,气幕滞留时间取决于气泡上浮速度,这与气泡尺度直接相关；气幕工作频带的大小则取决于气泡的尺度及数量。要想发挥气幕弹的最优技战性能,除了研究其战术使用方法外,更要注重生成气泡特征的控制研究。考虑到气幕声反射是由大量气泡的反射叠加而成的,其总反射能力取决于波束所照射的气泡个数和气幕面积,也就是说气幕的密度越小,屏蔽效果就越差。因而,使用气幕弹生成气泡的过程必须是连续快速的,优先要求气泡生成的速效性,显然必须采用气泡群注入方式。诸多学者一直致力于气幕弹如何能迅速生成数量多、滞留时间长,进而形成密集连续气泡带的研究,随之也就有了多种不同配方的气幕弹被研制出来,可根据战术需求改变气幕中的气泡分布情况,进而达到屏蔽各种频率声波信号,使气幕使用效果达到最佳。

　　(3) 舰船气幕减阻应用的启示。舰船气幕减阻技术的基本原理是：利用水与空气的密度、黏度差,在船底通入空气,形成一个薄层气液两相混合流,通过混合流密度、黏度以及流动模式的改变,减少船体所受的摩擦力。对于军用舰船而言,合适的减阻技术的应用可有效降低舰船航行阻力,提高航行速度和机动性能,进而降低燃料消耗,增加续航力,增大作战半径,增强战时生存能力等。

　　基于气幕的舰船减阻技术较之边界层控制、聚合物溶液减阻等其他方法具有更为明显的经济、军事等综合优势,是国内外船舶工程、水动力学等领域研究的新热点。初期研究中,微气泡是通过船底表面缠绕的铜丝通电后经电解水产生的,由于气泡数量较少,气幕减阻的效果受到一定影响,对于船模而言,只有在很低的拖曳速度下才能达到 50% 的减阻效果。当前,广泛应用的是通过多孔材料板喷气产生微气泡,板上所开孔口的数量、孔间距、孔径形状和大小、有效开孔面积以及供气源和外围流体的速度等都将直接影响气液两相混合流的形成,从而对气泡幕的减阻效果产生影响。在船舶微气泡减阻试验研究中,通常将船模减阻率(ζ)定义为

$$\zeta = \frac{R_0 - R'}{R_0} \tag{8.17}$$

式中,R_0 为未喷射气泡时的裸船模阻力,R' 为喷射微气泡时的船模阻力。蔡

成法等的实验结果表明：减阻率的变化是喷气量、气体体积浓度、来流速度、喷气面积、吃水深度、喷气方式等诸多因素共同作用的结果。当喷气量一定时,减阻率随来流速度的增大而增大。而当速度一定时,减阻率与喷气量的关系比较复杂,减阻率随喷气量的增大而呈现增大的总体趋势,但当喷气量过大时则会引起减阻效果的降低。

综合上述分析,如何产生大量的微气泡,并使其稳定地覆盖在湍流边界层中,同时还得保持足够大的气泡数密度以获得良好的减阻效果,就成了气幕减阻技术研究的关键。因而,为达到舰船减阻目的而生成气幕时,同样首先要求在短时间内生成大量气泡,即必须采用速效性好的气泡群注入方式。其与舰船尾流气浮式抑制技术的不同之处在于,生成的气泡尺度宜更小,以使其能稳定存在并保持足够大的浓度。

8.4.2.3 民用领域工程应用的启示

在民用领域,上升气泡也有着广泛的应用,生成气泡的大小、空间分布、上升速度等特性对气液两相间的传质和反应效率等都有着重要影响。气浮法作为一种高效、快速的固液、液液分离技术,最初应用于选矿工业,发展至今已普遍应用于污水处理、石油加工、有机合成、塑料泡沫加工等工业过程中。

以污水处理为例,气浮法是通过某种方式向污水中通入空气,以微小气泡为载体,黏附废水中的乳化油、微小悬浮颗粒等污染物质,使其随气泡一起上升到水面,从而收集泡沫或浮渣,达到去除杂质、净化污水、改善水质的目的。虽然这一应用过程对时间的要求并没有军事应用那么严格,但仍然需要获得较高的生产效率。如果处理时间过长,不仅无法满足生活和工业用水需求,而且污水里的某些物质还会在阳光和其他条件作用下散发到空气中去,形成新的污染。

单气泡注入方式虽然具有较强的水体携带能力,但耗用时间较长,必然会影响一定的生产效率,不宜直接采用。气泡群注入方式易于控制,水体携带能力却相对较低,因而要寻找两种注入方式的最佳结合点,根据工程应用实际,设计合适的注气速度、施放深度等参数以生成尺度合适、空间分布均匀的气泡群,既能获得较高的生产效率,又能保证系统的方便控制和稳定运行。

气浮式污水处理过程中,气泡数量越多,则能够黏附的细小悬浮物质越多,水质净化的效率也就越高。假设一定体积的气体可以生成1万个半径为1 cm的气泡,如果用相同体积的气体生成半径为1 mm的气泡,则其数量可多达 1 000 000 万个,气液接触面积随之显著变大,被黏附携带的悬浮污染物也就大幅增加,而由于毫米级气泡具有与厘米级气泡相仿的上升速度,因此,依然可获得高的生产效率。

对于污水处理的工程设计,在相同注气量的条件下,适当减小人工气泡的尺度,不仅可以增大气泡的数密度,还能同时达到改良气泡群均匀度的目的,进而提高污水处理效率。目前,压力溶气气浮技术在水处理领域得到了广泛应用,它通过溶气水的突然释压在水中产生大量均匀的合适气泡,实现了气泡生成尺寸及数量的有效控制。

参 考 文 献

［1］ 何祚镛.声学理论基础［M］.北京：国防工业出版社，1981.

［2］ 叶平贤.舰船物理场［M］.北京：兵器工业出版社，1992.

［3］ G.K.巴切勒著.流体动力学引论［M］.沈青，贾复，译.北京：科学出版社，1997.

［4］ 王福军.计算流体动力学分析 CFD 软件原理与应用［M］.北京：清华大学出版社，2004.

［5］ 戴干策，陈敏恒.化工流体力学［M］.北京：化学工业出版社，2005.

［6］ 车得福，李会雄.多相流及其应用［M］.西安：西安交通大学出版社，2007.

［7］ 中国船舶重工集团公司.海军武器装备与海战场环境概论［M］.北京：海洋出版社，2007.

［8］ 费业泰.误差理论与数据处理［M］.北京：机械工业出版社，2010.

［9］ 朱爱民.流体力学基础［M］.北京：中国计量出版社，2010.

［10］ 朱英富，张国良.舰船隐身技术［M］.哈尔滨：哈尔滨工业大学出版社，2015.

［11］ 张建生.尾流的光学特性研究与测量［D］.西安：中国科学院西安光学精密机械研究所，2001.

［12］ 朱丽.含液多相体系中气泡聚并行为的研究［D］.天津：天津大学，2004.

［13］ 田恒斗.舰船气泡尾流抑制技术的理论与实验研究［D］.大连：海军大连舰艇学院，2010.

［14］ 金俞鑫.气液两相流中多气泡图像处理及匹配方法研究［D］.天津：天津大学，2010.

[15] 徐上.水中上升气泡携带能力的实验研究[D].大连：海军大连舰艇学院,2011.

[16] 王涌.气泡上升扰动水体的测量及表征研究[D].大连：海军大连舰艇学院,2012.

[17] 孙荣庆.海面舰船尾迹电磁散射研究[D].西安：西安电子科技大学,2013.

[18] 闫雪飞.人工大气泡群聚并艉流气泡的理论与实验研究[D].大连：海军大连舰艇学院,2013.

[19] 陈明荣.表层气/水混合艉迹特征及其抑制技术基础研究[D].大连：海军大连舰艇学院,2013.

[20] 蔡真.基于光特性的水下气泡探测技术研究[D].杭州：杭州电子科技大学,2015.

[21] 肖晨.船舶尾流气泡幕电磁特性研究[D].西安：西安工业大学,2016.

[22] 杨辉.双喷嘴连续气泡生成与聚并行为的数值模拟[D].天津：天津大学,2016.

[23] 丁跃文.气泡在水中生成及运动规律的试验研究[D].乌鲁木齐：新疆大学,2017.

[24] 徐灵双.海水中气泡可视化测量及气泡特性研究[D].天津：天津大学,2018.

[25] 吕德华.基于大气传输的船舶尾流气泡幕成像特性研究[D].西安：西安工业大学,2021.

[26] Clift R，Grace J R，Weber M E. Bubbles，Drops and Particles[M]. Now York：Academic Press，1978.

[27] Johnson B D，Cook C. Generation of stabilized micro-bubbles in sea waters[J]. Science，1981(213)：209－211.

[28] E W Miner，O M Griffin. Near surface bubble motions in seawater [R]. AD-A168395，1986.

[29] Chaudhari R V，H Hoffman. Coalescence of gas bubbles in liquids [J]. Rev. Chem. Eng，1994，10：131－137.

[30] Trevorrow M V，Svein Vagle，Farmer D M. Acoustical measurements of micro-bubbles within ship wakes [J]. Journal of Acoustical Society of America，1994，95(4)：1922－1930.

[31] 刘春嵘,周显初,呼和敖德.气泡在波浪中运动的实验研究[J].水动力

学研究与进展 A 辑,1997,12(3):315－321.

[32] 卢作伟,崔桂香,张兆顺.气泡在液体中运动过程的数值模拟[J].计算力学学报,1997,14(2):125－133.

[33] CARRICA P. M, BONETTO F. J. The interaction of background ocean air bubbles with a surface ship[J]. International Journal for Numerical Methods in Fluids, 1998, 28(5):571－600.

[34] ZHANG Xiao-dong, Marlon Lewis, Bruce Johnson. Influence of bubbles on scattering of light in the ocean[J]. Applied Optics, 1998, 37(27):6525－6536.

[35] 赵晓亮,朱哲民,周林,等.含气泡液体中声传播的解析解及其强非线性声特性[J].应用声学,1999,18(6):18－23.

[36] CARRICA P M, DREW D A, BONETTO F J. A poly disperse model for bubbly two-phrase flow around a surface ship [J]. International Journal for Numerical Methods in Fluids, 1999, 29 (5):257－305.

[37] Ship and Submarine Wake Attenuation System[P]. USP 5954009. Sep.21, 1999.

[38] Wake Bubble Coalescing System[P]. USP 6123044. Sep.26, 2000.

[39] 冀邦杰,周德善,张建生.基于舰船尾流光效应的制导鱼雷[J].鱼雷技术,2000,8(3):40－43.

[40] 顾建农,杨立,郑学龄.舰船热尾流实船测量系统[J].大连理工大学学报,2001,41(S1):99－102.

[41] 张建生,刘建康,冀邦杰,等.激光通过实验室模拟尾流的衰减特性[J].西安工业学院学报,2001,21(4):283－287.

[42] Bozzano G, Dente M. Shape and terminal velocity of single bubble motion: a novel approach[J]. Computer and Chemical Engineering, 2001, 25:571－576.

[43] 由长福,祁海鹰,徐旭常.Basset 力研究进展与应用分析[J].应用力学学报,2002,19(2):31－33.

[44] 刘慧开,杨立,沈良文,等.舰船尾流的激光散射特性[J].激光与红外,2003,33(4):265－267.

[45] Electroactive Polymer Electrodes[P]. USP 6583533 June.24, 2003.

[46] 张毓芬,田稷,耿松,等.舰船尾流光特性分析[J].光电子技术与信息,

2004,17(6)：21-25.

[47] 纪延俊,何俊华,董晓娜,等.激光通过实验室模拟尾流的衰减特性[J].光子学报,2004,33(8)：1018-1020.

[48] Xiao dong Zhang, Marlon Lewis, W. Paul Bissett, et al. Optical influence of ship wakes[J]. APPLIED OPTICS, 2004, 43(15)：3122-3132.

[49] 岳丹婷,吕欣荣,张存有,等.螺旋桨尾流流场的数值计算[J].大连海事大学学报,2004,30(1)：29-34.

[50] 朱江江,陈伯义.水面舰船尾流气泡半径变化规律的研究[J].热科学与技术,2005,4(2)：146-149.

[51] 曹静,康颖,蒋小勤,等.气泡尾流光学特性研究的发展评述[J].舰船科学技术,2005,27(6)：5-8.

[52] KULKARNIA A, JOSHI J B. Bubble formation and bubble rise velocity in gas-liquid systems a review [J]. Industrial and Engineering Chemistry Research, 2005, 44(16)：5873-5931.

[53] Wake Absorber[P]. USP 6935263. Aug.30, 2005.

[54] 马友光,余国琮.气液界面传质机理[J].化工学报,2005,56(4)：574-578.

[55] 蒋兴舟,王江安,石晟玮.尾流气泡幕的光后向散射幅度谱特性分析[J].激光与红外,2005,35(3)：154-157.

[56] 乔相信.人造舰船尾流技术研究[J].舰船科学技术,2006,28(6)：78-81.

[57] 王宏,韩明连,陆达人.舰船声尾流自导鱼雷及其防御技术[J].声学技术,2007,26(2)：193-198.

[58] 徐麦容,蒋小勤,曹静.激光探测气泡尾流研究[J].火力与指挥控制,2007,32(12)：59-61.

[59] 胡博,陈伯义.水面舰船尾流电导率特性与海水温度和气泡分布的关系研究[J].鱼雷技术,2007,15(2)：15-18.

[60] 沈艺坤,田恒斗,金宁.舰船尾流自导鱼雷防御技术发展现状[J].舰船科学技术,2007,29(4)：27-29.

[61] 朱丽,王一平,胡彤宇,等.双气泡间的聚并时间测量及其影响因素[J].化工学报,2007,58(6)：1411-1416.

[62] 韩磊,袁业立.波浪破碎卷入气泡的泡径分布理论模型[J].中国科学D

辑：地球科学,2007,37(9)：1273 - 1279.

[63] 徐炯,王彤,杨波,等.静止水下气泡运动特性的测试与分析[J].水动力学研究与进展 A 辑,2008,23(6)：709 - 714.

[64] 张书文.波浪破碎气体的卷入过程及相关统计量的估计[J].物理学报,2008,57(5)：3287 - 3292.

[65] 张淑君,吴锤结.气泡之间相互作用的数值模拟[J].水动力学研究与进展 A 辑,2008,23(6)：681 - 686.

[66] 余扬,王江安,马治国,等.激光探测舰船尾流气泡样机初步实验研究[J].激光与红外,2009,39(2)：137 - 140.

[67] 郭容,蔡子琦,高正明.黏性流体中单气泡的运动特性[J].高校化学工程学报,2009,23(6)：916 - 921.

[68] 田恒斗,金良安,丁兆红,等.液体中气泡上浮与传质过程的耦合模型[J].化工学报,2010(1)：004 - 010.

[69] 田恒斗,金良安,迟卫.船舶远程尾流场中气泡上浮运动模型[J].船舶力学,2010(11)：001 - 007.

[70] 田恒斗,张宇,金良安,等.舰船远程尾流气泡场特征分析[J].海军大连舰艇学院学报,2010(8)：011 - 015.

[71] 朱东华,张晓晖,顾建农,等.舰船尾流及其气泡数密度分布的数值计算[J].兵工学报,2011(3)：315 - 320.

[72] Schmidt R, Schneider B. The effect of surface films on the air-sea gas exchange in the Baltic Sea[J]. Marine Chemistry. 2011, 126(1 - 4)：56 - 62.

[73] 田恒斗,金良安,迟卫,等.Basset 力对液体中易溶性气泡运动的影响[J].力学学报,2011,43(4)：680 - 687.

[74] 田恒斗,金良安,王涌,等.考虑单气泡运动特性的舰船尾流气泡分布研究[J].兵工学报,2011(9)：015 - 019.

[75] 徐上,王涌,韩云东,等.注气速度对气泡水体携带能力的影响[J].化学工程,2011(6)：021 - 024.

[76] 王涌,金良安,韩云东.气泡上升高程对水体携带能力的影响[J].海军大连舰艇学院学报,2011(8)：023 - 027.

[77] 王涌,金良安,徐上,等.施放深度对气泡水体携带能力影响的实验研究[J].实验流体力学,2011(6)：010 - 015.

[78] 王涌,金良安,徐上.喷嘴口径参数对气泡上升携带水体能力的影响

[J].大连海洋大学学报,2012(1)：016 - 020.

[79]　王涌,金良安,韩云东,等.注气量对气泡水体携带能力的影响规律 [J].水动力学研究与进展,2012(5)：006 - 011.

[80]　王涌,金良安,迟卫,等.基于水中气泡特性的舰船应用技术[J].舰船 科学技术,2012(5)：005 - 008.

[81]　王涌,金良安,迟卫,等.气泡水体携带能力的测量实验研究(英文) [J].实验流体力学,2013(2)：003 - 008.

[82]　闫雪飞,王桂军,王涌,等.水溶液中气泡聚并的研究进展[J].化学工 业与工程,2013(6)：011 - 017.

[83]　闫雪飞,金良安,王桂军,等.基于 D - BPBE 的湍流场气泡群聚并过程 模型[J].海军大连舰艇学院学报,2013(10)：039 - 042.

[84]　陈彬,代莹,明德烈,等.基于海洋背景的舰船及其危机红外仿真研究 [J].计算机与数字工程,2014(7)：1248 - 1250.

[85]　金良安,闫雪飞,王涌,等.基于大涡模拟方法和修正的气泡平衡方程 的舰船尾流气泡聚并研究[J].科学技术与工程,2014(24)：026 - 030.

[86]　郭露萍,翟雨生,王琦龙,等.船舶尾流气泡幕探测技术进展与应用 [J].舰船科学技术,2016(7)：1 - 6.

[87]　张志友,金良安,苑志江,等.不同盐度下海水表面张力系数的表征研 究[J].实验流体力学,2017,31(4)：45 - 50.

[88]　张志友,金良安,苑志江,等.高温大气泡群对艉流的聚并作用机理 [J].过程工程学报,2017(5)：952 - 958.

[89]　张志友,金良安,苑志江.舰船主机尾气抑制尾流技术可行性分析[J]. 海洋工程,2017(2)：188 - 191.

[90]　张志友,金良安,苑志江,等.考虑盐度因素的水中气泡上升规律表征 研究[J].科学技术与工程,2017(15)：055 - 059.

[91]　何升阳,张志友,金良安,等.波浪中舰船远程尾流区气泡运动研究 [J].应用力学学报,2018(1)：008 - 015.

[92]　张志友,金良安,何升阳,等.波浪场中气泡运动的影响要素研究[J]. 水动力学研究与进展,2018(3)：005 - 013.

[93]　张志友,金良安,何升阳,等.气泡上浮运动与传热传质的耦合模型 [J].高校化学工程学报,2018(4)：014 - 023.

[94]　苑志江,蒋晓刚,张志友,等.基于气泡运动的液体表面张力系数测量 方法研究[J].中国测试,2018(12)：008 - 012.

［95］ 金良安,何升阳,张志友,等.传热传质耦合影响的水中气泡上浮特性研究[J].工程热物理学报,2019(5)：026－034.

［96］ 高可心,金良安,苑志江,等.舰船气泡尾流场气泡数密度衰减模型研究[J].中国测试,2019(8)：012－017.

［97］ 覃若琳,蒋晓刚,金良安,等.基于 Hough 变换的水中气泡群特征参数提取方法研究[J].兵工学报,2019(12)：015－023.

［98］ 张志友,曹延哲,蒋永馨,等.高温大气泡与艉流微气泡聚并作用研究[J].船舶力学,2020(9)：001－009.

索　引